ÜBERSICHTSKARTE DB-KURSBUCH

Gesamtausgabe

Winter 1979/80

Für Fernverbindungen bitte die Übersichten im Teil 2 auf farbigem Papier benutzen.

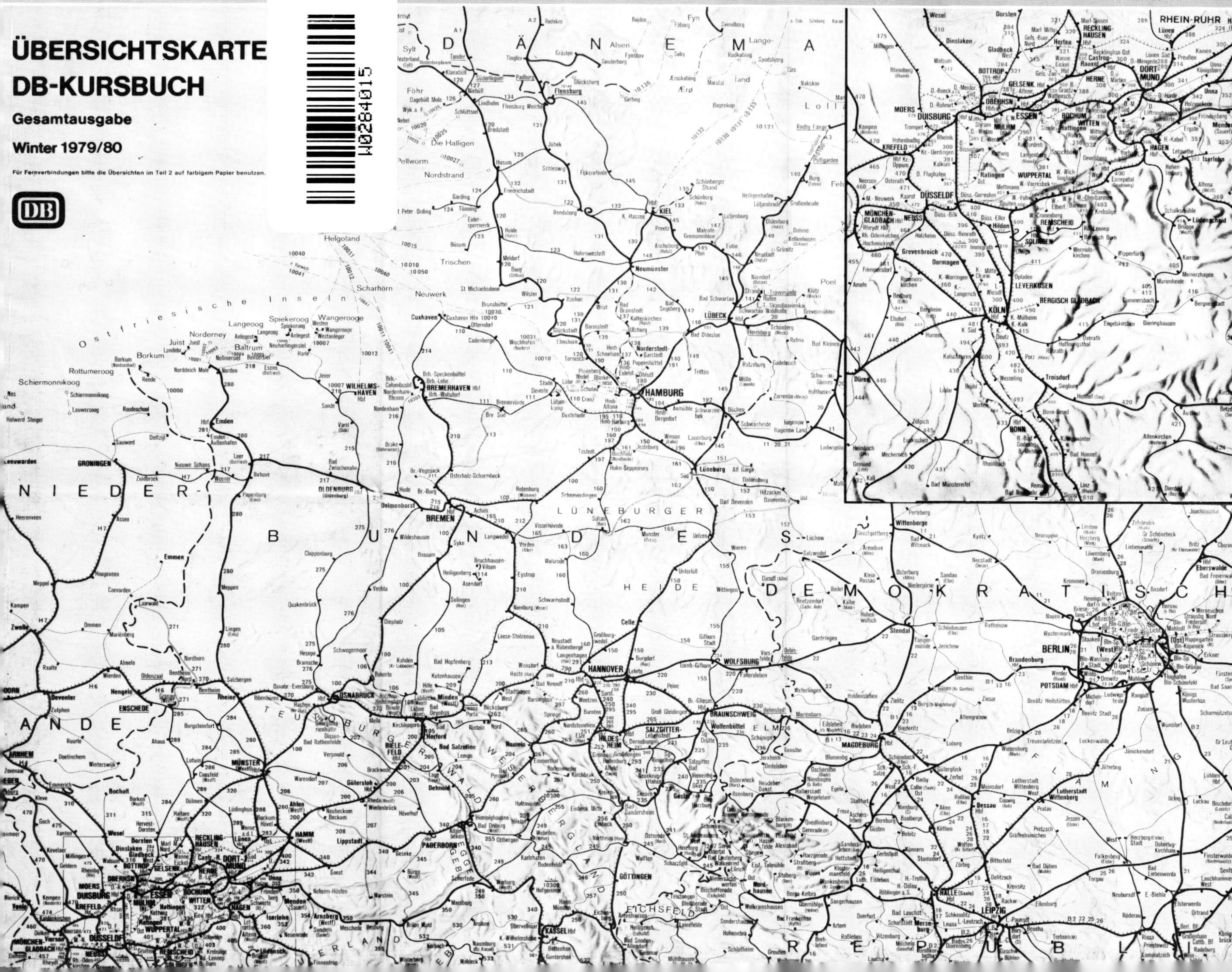

FIEGENBAUM / KLEE · ABSCHIED VON DER SCHIENE

Stillgelegte Bahnstrecken im Personenzugverkehr Deutschlands 1980–1985

WOLFGANG FIEGENBAUM / WOLFGANG KLEE

Abschied von der Schiene

MOTORBUCH VERLAG STUTTGART

Einband- und Schutzumschlaggestaltung: Siegfried Horn, unter Verwendung eines Dias von Wolfgang Fiegenbaum

Titelbild:
Triebwagen 795 463 am 19. 7. 1979 auf der Strecke 367 Haiger–Breitscheid in der Nähe des Rabenscheider Tunnels.

Vorderer und hinterer Vorsatz:
DB-Kursbuchkarte zum Winterfahrplan 1979/80. Sämtliche in diesem Band besprochenen Strecken sind in der Karte eingezeichnet.

Die Karten im vorderen und hinteren Vorsatz wurden mit dankenswerter Genehmigung der Deutschen Bundesbahn, Zentrale, Zentralstelle Technik – Karten- und Luftbildstelle –, Mainz vervielfältigt.

ISBN 3-613-01191-3

1. Auflage 1988

Eine Abteilung des Buch- und Verlagshauses Paul Pietsch GmbH & Co. KG.

Satz und Druck: Schwabenverlag AG., 7302 Ostfildern 1.
Bindung: Franz-Spiegel-Buch-GmbH, 7900 Ulm-Jungingen.
Printed in Germany.

Inhalt

Die Strecken Dieringhausen–Olpe (KBS 416), Witten–Gevelsberg (KBS 322) und Rheda–Lippstadt (KBS 207) sind zwar noch im Winterkursbuch 1979/80 aufgeführt, der Reisezugverkehr wurde hier aber schon mit Ablauf des Jahres 1979 eingestellt.
Bei den Stillegungsdaten in diesem Band wird immer der letzte planmäßige Betriebstag genannt.

Vorwort

Das vorliegende Buch verfolgt zwei Ziele. Einmal will es im Bild festhalten, was in den Jahren 1980 bis 1985 aus dem Reiseverkehr-Angebot der bundesdeutschen Eisenbahnen getilgt wurde, was an »erfahrbarer« Schienenwelt verloren ging. Angesichts der Zahl von 127 in diesem Band portraitierten Strecken mit einer Gesamtlänge von über 2600 Kilometern zwingt dieses Vorhaben natürlich dazu, die Fotoauswahl zu beschränken. Sicherlich wird deshalb mancher Leser kopfschüttelnd bemängeln, daß ausgerechnet seine Lieblingsstrecke zu kurz gekommen sei. Aber die Fotos sollen in ihrer Gesamtheit auch einen Querschnitt durch eine soeben vergangene Periode des Eisenbahnwesens freilegen. Denn es sind keineswegs nur »Bimmelbahnen« gewesen, wo heute kein Reisezug planmäßig mehr fährt. Vom schmalspurigen Inselbähnchen bis zur zweigleisigen elektrifizierten Hauptstrecke waren alle Kategorien betroffen. Selbst auf drei »internationalen« Strecken mußte in diesem Zeitraum der Personenverkehr aufgegeben werden, und die Eröffnungsjahre der jetzt eingestellten Bahnen lagen zwischen 1849 und 1963!

Während die Aufnahmen ausnahmslos aus dem Zeitraum stammen um den es hier geht, wird im Text versucht, etwas von der Historie der Strecke und von der Gegend, in der sie verlief, zu erzählen; dies ist das zweite Ziel. Auch wenn es dabei um Eisenbahn und Geschichte geht, will das Buch keine umfassende streckengeschichtliche Sammlung anbieten. Denn technische Details, Fahrzeugpark und Fahrplanentwicklung bleiben weitgehend außen vor. All das einzuarbeiten hätte den Rahmen gesprengt. Und auch das Arbeitsvermögen der Autoren: Während nämlich für viele (meist kleinere) Bahnen – ganz besonders die privaten – zum Teil ein ganzer Berg Sekundärliteratur vorliegt, sind andere bis zuletzt nicht viel mehr als ein Strich auf der Streckenkarte und eine Kursbuchnummer geblieben. Hier mußte manchmal aus den spärlichen Informationen erstmals ein Bild gemalt werden. Streckenhistorikern, die sich erfreulicherweise langsam neben Lok- und Waggonfans etablieren, bleibt noch viel zu tun.

Die Sekundärliteratur ist eben bereits angesprochen worden. Schriebe man nur über eine oder wenige Strecken, könnte man notfalls auf sie verzichten und sich selbst ein Forscherherz fassen. Bei 127 geht das nicht mehr. Die wichtigsten für diesen Band benutzten Bücher und Aufsätze sind im Anhang aufgeführt.

Natürlich wird mancher manches vermissen, vielleicht auch Fehler entdecken. Die Autoren sind deshalb für Berichtigungen und Hinweise, die dem dargelegten Konzept entsprechend in eine eventuelle Neuauflage oder in einen der geplanten Folgebände eingearbeitet werden können, jederzeit dankbar.

Wem die Autoren für den Textteil verbunden sind, steht in der Einleitung zur Bibliographie. Für die Überlassung von Fotos danken wir den im Bildnachweis genannten Bildurhebern. Ein besonderer Dank gilt hierbei Herrn Heinz Sickert.

Münster und Paderborn, im Januar 1988
Wolfgang Fiegenbaum
Wolfgang Klee

133 Kiel Hbf–Schönberg (Holstein) 22 km

Daß ausgerechnet eine sogenannte Privatbahn, also – genauer – eine nicht bundeseigene Eisenbahn (NE-Bahn), den Reigen eröffnet, ist natürlich nur ein Zufall. Eine Spitzenposition in Sachen Betriebseinstellung käme den »Privaten« auch gar nicht zu. Zwar werden uns so einige in diesem Buch begegnen, aber alles in allem muß man den Eigentümern und Betriebsführern der NE-Bahnen, voran also Ländern und Gemeinden, bescheinigen, daß sie relativ sparsam mit dem Rotstift umgegangen sind. Allerdings: Die Privatbahnen hatten das Beil zum großen Kahlschlag schon in den 60er Jahren angesetzt, als die DB aus verkehrs- und – mehr noch – beschäftigungspolitischen Gründen dies weder wollte noch konnte. In den 70er und Anfang der 80er Jahre wurde das nachgeholt. Die NE-Bahnen verfügten zu dieser Zeit bereits über einen »geschlankten« Bestand. Nimmt man ihren Vorteil, auf kleinem Raum und mit kurzen Strecken flexibler reagieren zu können als der schwerfälligere Koloß DB, hinzu, sind wohl die wichtigsten Gründe dafür genannt, daß die Privatbahnen die Jahre 1980–1985 doch relativ unbeschadet überstanden haben.

Nun aber zur Kiel-Schönberger Eisenbahn, die unter diesem Namen heute gar nicht mehr existiert, sondern nur noch eine von vielen Linien der »Verkehrsbetriebe Kreis Plön GmbH« (VKP) ist – allerdings die einzig verbliebene Schienenstrecke neben zahllosen Omnibuslinien. Zum 1. Januar 1982 war die Kiel-Schönberger Eisenbahn GmbH endgültig in den VKP aufgegangen, damals schon

Für den abendlichen Personenzug nach Schönberg stellt die MaK-Stangenlok V 82 ihren »Eßlinger«-Beiwagen im Kieler Hauptbahnhof bereit. Beide, ebenso wie die auf Ausfahrt wartende V 200, sind heute in Kiel längst Vergangenheit.

Haltestelle Landgraben, eine Wellblechbude am Feldrain: zwei Reisende steigen ein; der Schaffner beobachtet den Vorgang, der durch hohe Stufen, niedrigen Bahnsteig und den Haltegriff an der wackligen, da geöffneten Tür nicht erleichtert wird. Die junge Dame auf der Rückbank blinzelt in die Septembersonne; das Abfahrtszeichen vom Zugführer, ein Aufbrummen des langsamlaufenden MaK-›Schiffsdiesels‹ und nach wenigen Sekunden herrscht wieder Ruhe in Landgraben bis zum nächsten Tag.

Ende einer Dienstschicht. Der »Eßlinger«-Beiwagen ist abgestellt, die V 82 hat sich im Schönberger Lokschuppen verzogen, aus welchem auch noch der MaK-Beiwagen VB 181 (früher ein Triebwagen) hervorlugt. Links neben dem Schuppen ein weiterer schrottreifer MaK-Wagen (VT 80) und ein Rasenmäher, den der Kollege aus der Werkstatt ›sich einmal angesehen hat‹. Lenz-Zweikuppler von Vulcan, T3, Elna-Loks, MaK-Stangendieselloks, Eßlinger und MaK-Großraumwagen: das waren über 80 Jahre die Triebfahrzeuge bei Kiel-Schönberg. Heute vereint, ergäben sie ein schon fast repräsentatives Bild der ›treibenden Kräfte‹ des deutschen Kleinbahnjahrhunderts. Aufnahmen vom 13. 9. 1976

als ein Bahnunternehmen ohne Schienenpersonenverkehr. Dieser war nämlich am 16. Januar 1981 sang- und klanglos eingestellt worden. Den Bahnfinanzen wird das nur gut getan haben. Denn die Kohlentransporte zum Kraftwerk Dietrichsdorf dominieren seit vielen Jahren das Verkehrsaufkommen, und der Personenverkehr war eigentlich auch zur »Saison« schon uninteressant geworden, nachdem zum Sommer 1975 der Gesamtverkehr zwischen den Bahnhöfen Schönberg und Schönberger Strand eingestellt worden war. Heute fahren hier Museumszüge.

Aus Anlaß der Verlängerung nach Schönberger Strand wurde 1914 auch der Schönberger Bahnhof verlegt. Auch am anderen Streckenende gab es Verschiebungen. 1911 war der am 7. Juli 1897 eröffneten Strecke der neue Kleinbahnhof, den sie allerdings mit anderen teilen mußte (siehe KBS 142), spendiert worden. 1954 wurde das Kommando wieder zurückgenommen, und die Schönberger Züge durften wieder den zwischenzeitlich verlegten neuen Kieler Hauptbahnhof benutzen. Auch der Güterverkehr ist – wie schon erwähnt – durch das Großkraftwerk salonfähig geworden. Allerdings werden die schweren Kohlenzüge meist von DB-Loks bugsiert – die VKP verfügen nämlich gerade noch über eine einzige Diesellok, die natürlich von der heimischen Lokfabrik MaK geliefert wurde.

134 Lindholm–Flensburg Weiche 37 km

Bis zum 30. Mai 1981, als hier der letzte Schienenbus verkehrte, durfte sich die Nebenbahn (Niebüll)–Lindholm–Flensburg in dem Ruf sonnen, Deutschlands nördlichste Ost-West-Reise per Schiene anbieten zu können. Ansonsten gibt es nichts »rekordverdächtiges« über sie zu berichten.

Leck, einer der vertrauten preußischen Bahnhoftypen, wie man ihn auch in der ehemaligen preußischen Provinz Posen oder in der Mark Brandenburg finden kann. Als Frühzug nach Niebüll fungiert am 27. 5. 1980 der Schienenbus 798 770. Ungewöhnlich der auf dieser Strecke regelmäßig beigegebene Stückgutwagen und auch der Zugzielanzeiger im Führerstand des Schienenbusses.

Im Tal des Wallsbüller Strom führt die Strecke schnurgerade durch die Wälder: ein Bild, das so gar nicht zum Land ›zwischen den Meeren‹ passen will. Kilometer 11.43 – der letzte Halt in Wallsbüll – ist verlassen und wir rollen nach Schafflund.
27. 5. 1980.

Schafflund am 11. 6. 1985. Die Schienen setzen Rost an, und der Bahnsteig wird zum Rasen. Von der Fernsprechleitung auf dem oberen Bild sind nur noch die Masten geblieben, und der Wegübergang hat jetzt neue Halt-Schilder – diesmal für die Bahn. Wie gefiele Ihnen der Bahnhof als Wohnsitz?

Heute muß man schon viel Glück haben, wenn man überhaupt noch einen Zug auf ihr erspähen will. Im insgesamt sehr mageren Güterverkehr werden nur noch Sprakebüll (von Flensburg aus) und der größte Ort an der Strecke, Leck (von Niebüll aus), bedient. Trotzdem ist derzeit nicht beabsichtigt, den Gesamtbetrieb einzustellen. Vermutlich spielen strategische Überlegungen dabei keine unwesentliche Rolle.

Die Bahn von Küste zu Küste war angesichts der Tatsache, daß das Land zwischen Nord- und Ostsee dünn besiedelt und gewerbearm ist, erstaunlich früh gebaut worden; am 1. Oktober 1889 war feierliche Eröffnung. Im Westen zweigt sie im extra zu diesem Zweck errichteten Bahnhof Lindholm von der zwei Jahre zuvor fertiggestellten Marschbahn Heide–Niebüll–Tondern–Hvidding (ehem. Grenze zu Dänemark) ab und sucht unter Berührung vieler Ortschaften ihren Weg durch Wiesen und Felder an die Ostsee, um im Bahnhof Nordschleswigsche Weiche Anschluß zum Flensburger Hauptbahnhof zu finden.

In Nordschleswigsche Weiche mußte das Bähnchen dann auch die größten Baumaßnahmen seiner langen Geschichte über sich ergehen lassen. 1914 begannen in dem Eisenbahnknoten vor der Hafenstadt großzügige Umbau- und Erweiterungsarbeiten, die erst 1923 abgeschlossen waren. Dabei wurde die Niebüller Strecke unter den Einfahrgleisen zum neu angelegten Verschiebebahnhof hergeführt und erreichte so das ebenfalls nagelneue Empfangsgebäude im Personenbahnhof, der nun schon den heutigen Namen Flensburg Weiche trug.

140 Puttgarden–Burg (Fehmarn) 6 km

Strecken, die im Personenverkehr planmäßig nur noch von Schnellzügen befahren wurden, sind dünn gesät. Hier haben wir einen solchen Fall: die nördliche der beiden Verbindungskurven, die den alten Bahnhof Burg mit der »Vogelfluglinie« verknüpfen. Die Kurven waren notwendig geworden, weil die am 30. April 1963 für den Verkehr freigegebene und 14 Tage später offiziell von König Frederik IX. und Heinrich Lübke eröffnete Skandinavien-Schnellverbindung auf möglichst kurzem Weg über die Ostseeinsel zum neuen Fährbahnhof Puttgarden geschlagen worden war, ohne daß die Stadt Burg, Hauptort der Insel Fehmarn, direkt berührt wurde.

Mit Eröffnung der »Vogelfluglinie« war das letzte im Personenverkehr noch verbliebene Stück, Fehmarnsund–Burg, der alten Inselbahn aufgegeben und anschließend weitgehend abgebaut worden. Von Fehmarnsund nach Burg und von dort über Petersdorf zurück an die Südküste nach Orth lagen einst die Schienen, von der damaligen »Kreis Oldenburger Eisenbahn« am 2. September 1905 ihrer Bestimmung übergeben, wobei Burg–Orth schon Mitte der 50er Jahre für den Personenverkehr gestrichen wurde. Diese Station Burg also, »Hauptbahnhof« der alten Inselstrecke, wurde 1963 durch zwei Kurven mit der neuen »Vogelfluglinie« verknüpft: der südlichen, die ein direktes Anfahren des Astes Burg–Petersdorf erlaubte (seit dem 1. Juni 1984) stillgelegt), und der nördlichen, die Anschluß an den Fährbahnhof Puttgarden herstellt. In diesem Schienendreieck liegt an der Schnellstrecke »nur für den Dienstgebrauch« Burg West.

Nur noch von Puttgarden aus wurde zuletzt der Bahnhof Burg angefahren, und zwar von einem Zugpaar, dem »Fehmarn-Expreß«. Dieser kam also über die bekannte Sundbrücke herangebraust bis Puttgarden und setzte von dort wieder zurück nach Burg; oder eben umgekehrt. Das erklärt auch die Merkwürdigkeit in der Kursbuchtabelle 140, nämlich daß Burg offenkundig vor Puttgarden erreicht sein müßte, die Abfahrtszeiten aber genau das Gegenteil ausdrücken.

Seit dem 24. September 1983 muß sich darüber niemand mehr wundern. Der »Fehmarn-Expreß« fährt nur noch bis Puttgarden, der Name Burg taucht jetzt in der Tabelle 140 in kursiver Schrift auf – und den Nahverkehr, den haben sowieso seit vielen Jahren die Busse fest im Griff.

Burg, der romantische Hauptort der Insel Fehmarn, besitzt noch das fast unveränderte Bahnhofsgebäude der Kreis Oldenburger-Eisenbahn-Gesellschaft. Rechts führten die Gleise früher zur Fehmarnsund-Fähre, und links nach Burg West. Die Aufforderung der Reklametafel ist im übrigen wörtlich zu nehmen, denn der Zug nach Burg West ist zum Zeitpunkt der Aufnahme schon vor 8 Monaten das letzte Mal gefahren. (Siehe auch Farbteil S. 145)

142 Neumünster–Bad Segeberg 29 km

Ein kleiner Ausflug in die dänische Eisenbahnpolitik in Schleswig und Holstein sei an dieser Stelle gestattet. Kern des sich entwickelnden Eisenbahnnetzes im »Land zwischen den Meeren« war die Verbindung von Altona nach Kiel, von Nord- und Ostsee; 1844 war sie von der privaten »Altona-Kieler Eisenbahn« (AKE) eröffnet worden. Damit der dänische Staat auch fleißig Aktien zeichnete, hatte man sie dem Monarchen zur Freude »König-Christian-VIII.-Ostseebahn« getauft.

Die Verbindung von Ost- und Nordsee war eines der Hauptanliegen Dänemarks, man denke nur an die 1854 eröffnete Strecke Flensburg–Husum–Tönning. Ein anderes wichtiges Ziel des Königreichs war es, die nicht im direkten Zugriff seiner Macht liegenden Städte Lübeck und besonders Hamburg kleinzuhalten. Erst nach dem preußisch-dänischen Krieg 1864 wurde das anders. Die Preußen als neue Herren im Lande, sträubten sich nicht gegen Nord-Süd-Verbindungen, im Gegenteil. Natürlich war es die in Holstein nach wie vor dominierende AKE, die auch den Bahnbau zwischen Neumünster und Oldesloe übernahm und mit der Eröffnung am 10. Dezember 1875 erfolgreich abschloß. Neumünster hatte sich damals

Neumünster wurde bis 1984 von Personenzügen aus sieben Richtungen angefahren, von denen mittelfristig allenfalls vier Richtungen übrigbleiben werden. Die Zugzielanzeigen für den N 4871 nach Ascheberg (s. Strecke 148) und den N 4817 nach Oldesloe sind schon längst historisch; die am 17. 9. 1984 eingesetzten Wendezüge mit Silberlingen fahren heute auf anderen Strecken.

798 770, der Wagen vom Bild auf Seite 10, hat seit seiner Abnahme am 21. 3. 1960 schon mehrere, inzwischen stillgelegte Nebenbahnen kennengelernt. Am 26. 9. 1984 hält er im strömenden Regen im Bahnhof Rickling, der ebenso wie die beiden anderen Stationen Fahrenkrug und Klein-Kummerfeld ein typisch norddeutsches, mit Dachpappe gedecktes Empfangsgebäude besitzt.

»N 4815, bestehend aus 798 774/998 265/998 887, fährt am 17. 9. 1984 aus Neumünster in Bad Segeberg ein« – so ließ sich in Kurzform dieses Bild betiteln. Erwähnt werden sollen aber auch Formhauptsignale, Haltetafel, Geschwindigkeitsbegrenzung auf 40 km/h, Fahnenstange, Gepäckkarren, Viehrampe, Lagerschuppen und die in ganz Schleswig-Holstein die Kirchtürme als Landmarken ersetzenden Silogebäude.

schon zum Eisenbahnknotenpunkt gemausert, und Oldesloe war wichtigste Zwischenstation der Strecke Lübeck–Hamburg, deren Bau Dänemark jahrelang zu verhindern gewußt hatte.

Die bedeutendste Ortschaft zwischen Oldesloe und Neumünster ist und war Segeberg. Diese Stadt wiederum wurde nach der Jahrhundertwende Ausgangspunkt eines Kleinbahnnetzes, das direkte Verbindung mit Kiel (Personenverkehr 1911–1961) und Lübeck (1916–1964) gewährleistete. Damit war das agrarisch strukturierte, von zahllosen Seen und Bächen besprenkelte Land verkehrstechnisch gut bedient. Aber der preußische Staat hielt für die Strecke Neumünster–Oldesloe noch höhere Weihen bereit. Nach Verstaatlichung der AKE 1884 baute die Staatsbahn die Strecke Oldesloe–Schwarzenbek (an der Hauptbahn Hamburg–Berlin), mit der sich unter Umgehung des Nadelöhrs Hamburg im Bedarfsfall eine beinahe geradlinige Verbindung zur dänischen Grenze ergab. Allerdings wurden Kriege, für die sie gebaut worden war, nicht mehr im Norden geführt. Überhaupt blieb der Neumünster-Segeberger-Bahn trotz hoher Erwartungen nur lokale Bedeutung. Erst recht, seit die 1952 aufgenommenen Öltransporte von den örtlichen Förderanlagen über den Bahnhof Rickling Ölweiche Ende 1983 wieder eingestellt worden sind. Ganz im Gegensatz zum zuletzt nur leidlichen Zustand der Gleise stand der Status der Strecke als Hauptbahn. Das blieb die Bahn zunächst auch noch nach Einstellung des Personenverkehrs zum 29. 9. 1984; erst zum 1. April 1985 folgte die Herabstufung. Heute werden nur noch die Teilstücke Fahrenkrug–Bad Segeberg und Neumünster–Rickling mit (kurzen) Übergabezügen bedient. Das Zwischenstück ist betrieblich gesperrt.

Ganz verschwunden sind Personenzüge auf der Strecke Neumünster–Bad Segeberg noch nicht. Am Bahnhof Neumünster Süd fließt die Stammlinie der Eisenbahn Altona–Kaltenkirchen–Neumünster (AKN) in die Staatsbahn ein und benutzt sie bis zum Hauptbahnhof Neumünster mit. Der AKN-Bahnsteig in Neumünster Süd liegt jedoch so, daß er von DB-Zügen nicht benutzt werden konnte.

146 Eutin–Neustadt (Holstein) 16 km
148 Neumünster–Ascheberg (Holstein) 26 km

Die Altona-Kieler Eisenbahn (AKE), dem Staate Dänemark verbunden und verpflichtet, zeichnete auch für die Strecke Neumünster–Neustadt verantwortlich. Schon in den 1840er Jahren stand diese Route als Alternative zur Kieler Strecke zur Debatte; aus naheliegenden Gründen erhielt Kiel aber zunächst den Vorzug. In den 1860er Jahren wurden die Pläne einer weiteren Nord-Ostsee-Verbindung wieder aufgegriffen. Bald würfelte aber die »große Politik« die Eisenbahnpläne der Altona-Kieler Eisenbahn durcheinander. Preußen hatte seit 1864 in Schleswig

Der Abschnitt Eutin–Neustadt der Strecke Neumünster–Neustadt berührt die hügelige Seenlandschaft der Holsteinischen Schweiz. Mit häufigen Neigungswechseln paßt sich die Bahn – hier bei Bujendorf – den Gegebenheiten an. Heute ist auf diesem Teilstück nur noch die ehemalige Trasse zwischen den Rapsfeldern zu erkennen. 24. 5. 1980.

Moderne Wendezüge mit BDnf 735-Steuerwagen befuhren zuletzt den Abschnitt Neumünster–Ascheberg (s. a. Seite 14). Am 29. 8. 1985 hält der Schülerzug in Wankendorf, von dessen Nordbahnhof aus man bis 1961 auf direktem Weg Kiel und Segeberg mit der gleichnamigen Kleinbahn erreichen konnte. Auf dem linken Gleis warten, wie auf vielen Bahnhöfen der DB, sogenannte ›R‹-Güterwagen auf ihr Ende oder auf einen großen Verkehrsanstieg im Güterverkehr.

Zwei Bilder vom Verfall der Eisenbahn:
Mindestens 50 Jahre alt ist das Schild mit dem merkwürdigen Ortsnamen Perdoel, denn sein Hersteller residiert noch im damaligen Elberfeld.

und Holstein das Sagen. Man gestattete zwar das Projekt Neumünster–Neustadt, verpflichtete die AKE aber, von dieser Strecke eine Zweigbahn nach Kiel zu bauen. Das war der Preis für die seitens der AKE gewünschte Übernahme der Neumünster-Rendsburger Eisenbahn.

Die Kieler Zweigbahn führte zu einer Neuplanung der Streckenführung. Die Bahn wurde über Ascheberg (hier Abzweig der Kieler Strecke) nördlich am Plöner See vorbei über Eutin nach Neustadt gebaut. Inzwischen hatte sich auch noch für die Verbindung Eutin–Lübeck eine Gesellschaft gegründet, die auf ihrer Strecke 1873 freie Bahn geben konnte. Neumünster–Neustadt und Kiel–Ascheberg waren von der AKE bereits am 31. Mai 1866 eröffnet worden. Von der ursprünglichen Planung war also nicht viel übrig geblieben: Das Mittelstück der Neumünster–Neustädter Bahn war nun Teil der weit wichtigeren Verbindung Kiel–Lübeck und ist es auch heute noch.

Noch für einige Jahrzehnte durfte sich dann der 16 km lange Schienenstrang zwischen Eutin und Neustadt einiger Bedeutung erfreuen; umso mehr, als seit 1881 von Neustadt aus auch Oldenburg i. H. per Schiene erreicht werden konnte. Seit Fertigstellung der Strecke Lübeck–Haffkrug–Neustadt 1928 war der Umweg über Eutin, verbunden mit Lok- und Richtungswechsel, aber überflüssig geworden. Heute rauschen über die Direktverbindung Lübeck–Neustadt die internationalen Schnellzüge der »Vogelfluglinie«, während auf der alten Trasse von Neustadt nach Eutin am 22. Mai 1982 der Personenverkehr eingestellt wurde. Der Güterverkehr folgte zum 1. Januar 1983, die Strecke ist inzwischen abgebaut. Mit einer Ausnahme: Nach wie vor benutzt wird der alte Neustädter Bahnhof nahe der Altstadt, der per Stichstrecke vom Güterbahnhof an die »Vogelfluglinie« angeschlossen ist. Das erzwingt die eigentümliche Betriebssituation, daß durchgehende Züge, die auch Neustadt bedienen sollen, gewissermaßen zwischen Personen- und Güterbahnhof pendeln müssen, ehe sie ihre Fahrt fortsetzen können.

Zwischen Neumünster und Ascheberg gibt es derartige Reminiszenzen an die alte Eisenbahnzeit nicht. Sang- und klanglos wurde hier am 28. September 1985 der zuletzt sprunghaft zurückgegangene Personenverkehr eingestellt, obwohl bis zuletzt ein erstaunlich dichter Fahrplan angeboten wurde. Da an der hauptbahnmäßig ausgebauten Strecke keine bedeutenden DB-Kunden liegen, sind die Zukunftsaussichten sehr trübe: Der Abschnitt Ascheberg–Wankendorf wird planmäßig nicht mehr befahren und vermutlich bald stillgelegt werden. Zwischen Wankendorf und Neumünster ist der Güterverkehr schwach, soll aber vorerst erhalten bleiben.

◀ **Längs der Ascheberger Strecke hat das AW Neumünster 12 TEE-Barwagen abgestellt. Dieser hier ist erst 1971 gebaut worden, besitzt Klimaanlage und darf 200 km/h fahren. Das Verschwinden der letzten TEE-Züge und einige Steinwürfe, die dem Regen den Weg ins Innere bahnten, haben ihn zu wertlosem Edelschrott werden lassen. Aufnahmen vom 29. 8. 1985. (Siehe auch S. 14)**

158 Celle–Gifhorn Stadt 43 km

Schon einmal schien dieser Nebenbahn die Stunde geschlagen zu haben: von 1967 bis 1970 wurde im DB-Kursbuch unter der damaligen Nummer 211e vermerkt: »Zwischen Langlingen und Flettmar kein Zugverkehr.« Die fünf Kilometer lange Lücke in der Allertalbahn, hervorgerufen durch den schlechten Streckenzustand, wurde durch Busse überbrückt, die Einstellung des Personenverkehrs auf der landschaftlich reizvollen, 43 km langen Strecke, schien unmittelbar bevorzustehen. Aber eine Bürgerinitiative machte mobil und erreichte die Wiederaufnahme des durchgehenden Betriebes. Elf Jahre später, am 26. September 1981, war es aber dann doch soweit, die letzten planmäßigen Schienenbusse polterten durch die osthannoversche Moor- und Heidelandschaft, begleitet von einem modernen Triebzug der Reihe 614, den Braunschweiger Eisenbahnfreunde für eine Abschiedsfahrt gechartert hatten.

Ein ›Pottstück‹ für den Gemüseanbau und ein nicht sehr ergiebiger Apfelbaum bilden den Rahmen für die Schienenbus-Kreuzung am 10. 9. 1981 in Langlingen. Der vordere Triebwagen 798 802/998 828 fährt nach Celle; der hintere nach Gifhorn. Das Bahnhofsgebäude ist ähnlich wie die in Wilsche, Müden-Dieckhorst und Gamsen-Kästorf mit Brettern verkleidet.

Die am 24. Mai 1913 eröffnete preußische Staatsbahnstrecke sollte der landwirtschaftlich geprägten Region den Weg in die neue Zeit weisen und sie mit der Hauptstrecke Lehrte–Celle–Hamburg sowie der Nebenbahn Braunschweig–Isenbüttel-Gifhorn–Uelzen verbinden. Und wenn heute zumindest noch abschnittsweise Güterverkehr auf der Heidestrecke abgewickelt wird, so ist das ebenfalls in erster Linie der Landwirtschaft zu verdanken: Neben den bäuerlichen Bezugs- und Absatzgenossenschaften sorgt in erster Linie die Saatzuchtanstalt Flettmar (etwa auf halber Strecke zwischen den Endpunkten der Bahn) für nennenswerten Güterverkehr. Bedient wird die Strecke ab Celle zumeist bis Müden-Dieckhorst, von dort bis Gifhorn Stadt ist sie stillgelegt.

Der ›Bahnhofs‹-Neubau in Wienhausen hat die Strecke auch nicht mehr retten können. 798 748 aus Celle entläßt am 10. 9. 1981 drei Reisende in den kleinen Aller-Ort. Auch hier warten Schrottwagen auf die Zerlegung.

161 Lüneburg–Buchholz (Nordheide) 39 km

Die am Silvestertag 1874 eröffnete Strecke Lüneburg–Buchholz war das Endstück der Hauptbahn Wittenberge–Buchholz der Berlin-Hamburger Eisenbahn, die nun neben ihrer alten Stammstrecke über Büchen und Ludwigslust eine zweite, rund 8 km kürzere Verbindung nach Hamburg besaß. Dazu mußte aber die 1874 eröffnete Strecke Venlo–Münster–Hamburg der Cöln-Mindener Eisenbahn mitbenutzt werden. Einen Sinn machte die Buchholzer Bahn jedoch nur vor dem Hintergrund der geplanten Verlängerung nach Bremerhaven. Durch die Eisenbahnverstaatlichung in Preußen, die 1884 auch die Berlin-Hamburger Eisenbahn liquidierte, wurde dieses Vorhaben aber erst einmal zunichte gemacht.

Abgesehen von einigen Überhol- bzw. Ausweichstrecken war Wittenberge–Buchholz zweigleisig trassiert, aber nur eingleisig ausgebaut. In

Der mächtige Fachwerk-Ziegel-Bahnhof Wulfsen ist heute Endpunkt im Güterverkehr der Strecke Buchholz–Lüneburg. Am 23. 5. 1980 bestand der Vormittagszug nach Lüneburg aus einer fünfteiligen 798/998-Garnitur mit 998 672 an der Spitze. Sieht man von den Schienenbussen ab, dürfte es in Wulfsen weder zur Reichsbahnzeit noch zur Zeit der Berlin-Hamburger Eisenbahngesellschaft nennenswert anders ausgesehen haben. Von 1906 bis 1962 gab es in Wulfsen einen Anschluß an die unweit noch heute kreuzende OHE-Strecke Winsen–Hützel.

den letzten Tagen des Zweiten Weltkrieges wurde die rund 985 m lange Dömitzer Elbbrücke zerstört; die Verbindung Wittenberge–Buchholz hatte nun endgültig nur noch lokalen Charakter. Der ihr einst zugedachte Fernverkehr war infolge der Verstaatlichung schon überaus gering geblieben.

Während der Abschnitt Lüneburg–Dannenberg auch heute noch Nahverkehrs- und Eilzüge aufweist, wurde die westliche Fortsetzung durch die karg-schöne Landschaft der Nordheide nach Buchholz für den Personenverkehr mit Ende des Sommerfahrplans am 26. September 1981 stillgelegt. Zwischen Lüneburg und Wulfsen sind nur noch zweimal wöchentlich Übergabezüge zu sehen, Wulfsen–Marxen wird fahrplanmäßig nicht mehr bedient.

Große Karriere machte dagegen das Teilstück Jesteburg–Buchholz. Als Zuleitung zum neuen Rangierbahnhof Maschen für Güterzüge von und nach Südwesten wurde sie zweigleisig ausgebaut, elektrifiziert und zusammen mit der Neubaustrecke Jesteburg–Maschen am 23. Mai 1977 dem Güterfernverkehr übergeben.

Von der Karriere des Teilstücks Buchholz–Jesteburg als Zufuhrstrecke zum neuen Rangierbahnhof Maschen profitierte auch noch der Personenverkehr. Von 1977 bis 1981 hielten die Züge in Reindorf und Jesteburg (Bild vom 23. 5. 1980) an neuerbauten Bahnsteigen. Ob sich die Investitionen in diesem Zeitraum amortisiert haben? Mit dem links sichbaren Wartehallen-Typ wurden in Deutschland Hunderte von Bahnhöfen und Haltepunkten ausgerüstet.

163 Visselhövede–Cordingen 11 km

In Visselhövede am Westrand der Lüneburger Heide kreuzten sich einst die 1873 eröffnete zweigleisige Hauptstrecke Bremen–Uelzen–Stendal–Berlin der Magdeburg-Halberstädter Eisenbahn mit der staatlichen Nebenbahn Walsrode–Rotenburg. Letztere bestand – genauer bestanden – aus zwei Nebenbahnen: zunächst aus der Strecke Walsrode–Visselhövede, auf der zusammen mit Hannover–Walsrode am 25. 8. 1890 der Personenverkehr aufgenommen wurde (der noch heute betriebene Zweig Walsrode–Soltau kam erst 1896 hinzu); und zum anderen aus der Linie Visselhövede–Rotenburg, die längst wieder abgebaut ist.

Nicht aber deshalb ist Visselhövedes Bedeutung als Bahnhof heuer demoliert. Viel härter traf das Heidestädtchen nämlich die Teilung Deutschlands, die den Schnellzug- und Durchgangsgüterverkehr von der Route Bremen–Uelzen–Berlin

Die beiden Einfahrsignale in Visselhövede zeigen am 23. 5. 1980 sowohl für den 624 aus Richtung Soltau als auch für den 798/998 aus Walsrode Einfahrt frei, ohne Einschränkung der Geschwindigkeit. Für die Walsroder Strecke sollte sich das acht Tage später grundlegend ändern, da zwischen Cordingen und Visselhövede der Personenverkehr und später der Gesamtverkehr eingestellt wurde.

Am vorderen Bahnsteig herrscht am 8. 6. 1984 bereits Betriebsruhe. Cordingen wird nur noch am hinteren Bahnsteig der Werkbahn Wolff im Personenverkehr bedient. Der alte Gittermast trug früher auch die Oberleitung der Werkbahn, die von 1917 bis 1979 elektrisch betrieben wurde.

nahm. Heute ist Langwedel–Uelzen zum größten Teil eingleisig zurückgebaut. Später machte die Einstellung des Personenverkehrs nach Walsrode, der immerhin zuletzt noch von sieben Zugpaaren (allesamt Buchholzer Schienenbusse) aufrechterhalten wurde, am 31. 5. 1980 Visselhövede zu einem x-beliebigen Durchgangsbahnhof. Da nämlich zum Winterfahrplan auch der Güterverkehr zwischen Cordingen und Visselhövede eingestellt und die Strecke später abgebaut wurde, ist dieser Abschnitt inzwischen ganz aus dem DB-Netz verschwunden.

Aber die Nummer 163, die bis dahin zur Strecke Visselhövede–Walsrode gehörte, taucht immer noch im Kursbuch auf. Sie steht jetzt über der Strecke Walsrode–Bomlitz, die in Cordingen von der alten Visselhöveder Bahn abzweigt und von der Bomlitzer Firma Wolff mit Werkloks und angemieteten DB-Wagen für den Schüler- und Arbeiterverkehr betrieben wird.

202 Osnabrück Hbf–Dissen-Bad Rothenfelde 27 km

Die Nebenbahn von Osnabrück nach Bielefeld hatte schon immer zwei Gesichter: den steigungsreichen Abschnitt von Hörne (hier verläßt sie die alte Hamburg-Venloer Bahn) bis Dissen-Bad Rothenfelde, in dessen Verlauf der Teutoburger Wald überquert wird, und den in der Ebene trassierten Teil am Fuß dieses langgestreckten Höhenzuges bis Brackwede, wo sie in die Stammstrecke der Köln-Mindener Eisenbahn mündet. Heute gehen die Gegensätze noch weiter: Während von

Dissen nach Bielefeld die Nahverkehrszüge inzwischen fast im Stundentakt fahren, verkehrte auf dem nördlichen Teilstück am 1. 6. 1984 der letzte planmäßige Personenzug. Der Güterverkehr ist hier recht gering, und wenn sich die Bundesregierung mit ihrem Vorhaben, die in Südniedersachsen weitgehend fertiggestellte Autobahn A 33 Richtung Bielefeld weiterzubauen, gegen die nordrhein-westfälische Landesregierung durchsetzt, droht der Trasse bei Hilter sogar die Trennung. Aber es wird vermutlich noch einige Zeit darüber gestritten werden.

Obwohl die Strecke 202 die kürzeste Schienen-Verbindung zwischen den beiden Großstädten Bielefeld und Osnabrück darstellte, spielte sie für den Durchgangsverkehr fast nie eine Rolle. Schon zur Zeit ihrer Eröffnung (15. 8. 1886) war der längere Weg über Löhne der kürzere, daran hat sich bis zuletzt nichts geändert. Lediglich als Umleitungsstrecke, besonders nach den zahllosen Bombenangriffen auf die Bahnknoten Osnabrück und Löhne im Zweiten Weltkrieg, erlangte sie im Fernverkehr einige Bedeutung. Für schwere Fuhren bedeutete das an den Rampen zwischen Hilter und Wellendorf Zugteilung und Einsatz von Schiebeloks.

Bei Oesede läuft die Strecke für viele hundert Meter an den riesigen Werksanlagen der Georgsmarienhütte vorbei. Wirklich vorbei: denn es gibt zwar im Bahnhof Oesede einen Gleisanschluß zur Hütte, der aber nur noch gelegentlich genutzt wurde. Die Hütte verfügt bekanntlich über ein eigenes Eisenbahnnetz, das in Hasbergen an die Strecke Osnabrück–Münster gekoppelt ist. Allerdings hat die Georgsmarienhütten-Eisenbahn nach dem Zweiten Weltkrieg für wenige Jahre eigene Arbeiterzüge zwischen dem Werksgelände und Dissen-Bad Rothenfelde eingesetzt, weil auch

212 167 und 212 016 mühen sich bei Klein-Oesede mit ihrem Zug (N 7812) aus Umbau-Vierachsern ab. Während die vordere Maschine noch das traditionelle rote Farbkleid trägt, ist die hintere Lok im damals noch aktuellen Türkis lackiert (26. 4. 1984).

schon damals der Fahrplan der Staatsbahnzüge recht mager war.

Dennoch haben die Steinkohlenbergwerke im Teutoburger Wald, die auch für die Gründung der Hütte ausschlaggebend waren, den Bau der Bielefeld-Osnabrücker Bahn begünstigt. So wurde am 1. 11. 1881 von der Georgsmarienhütte zum Ottoschacht, der späteren Station Kloster Oesede, eine normalspurige staatliche Grubenbahn mit Personenbeförderung eröffnet, die knapp vier Jahre später in der neuen Nebenbahn aufging.

Bald darauf endete die Kohleförderung der Grube Ottoschacht, einige andere kleine Zechen hielten sich wesentlich länger, wobei sich der Bahnhof Wellendorf zu einem wichtigen Umschlagplatz entwickelte. 1963 aber war es im Teutoburger Wald mit den Kohlengruben vorbei.

Zu dieser Zeit sah es auch mit dem Personenverkehr nicht mehr allzu rosig aus. Der von Beginn an stets betonte Ausflugsverkehr in den Teutoburger Wald und zum Heilbad Rothenfelde hatte sich aufs Automobil umorientiert, ebenso der auf Osnabrück orientierte Nahverkehr. Und die DB hatte – hier wie auch andernorts – dem nie ernstlich etwas entgegengesetzt.

Noch auf vielen Bahnhöfen zu finden sind die mechanischen Stellwerke, die auf uns computergewohnte Zeitgenossen mit ihrer Mechan-Technik schon reichlich archaisch wirken. In Wellendorf waren am 26. 4. 1984 noch sehr viel mehr Zugfahrten zu regeln und Fahrstraßen festzulegen als nach der Einstellung des Personenverkehrs am 1. 6. 1984.

Wellendorf soll auch im Überblick gezeigt werden. Ähnliche Ziegel-Fachwerk-Bauten typisch preußischer Provenienz fanden sich u. a. auch in Oesede und Hilter. 211 010, eine der ältesten Serien-V 100 der DB, hat am 19. 3. 1984 ihren Zug aus Osnabrück gebracht und wird gleich nach Hankenberge weiterfahren. (Siehe auch Farbteil S. 145)

204 Hameln–Lemgo 42 km

Die Lipper gelten noch heute bei den benachbarten Westfalen und Niedersachsen als überaus sparsame Leute, und so mag es vielleicht nicht verwundern, daß das kleine Fürstentum lange überlegte, ob man sich den Luxus einer Eisenbahn leisten könne. Steckte doch hinter dem vielbelächelten »Geiz« die Tatsache, daß dieses landschaftlich ungemein reizvolle Land bis weit ins 20. Jahrhundert fast ausschließlich landwirtschaftlich strukturiert war und damit schlicht und einfach arm.

Erst 1880 fand die Hauptstadt Detmold mit der Strecke nach Herford Anschluß an den Schienenstrang. Bis 1895 wurde diese Linie nach Himmighausen (Strecke Hannover–Altenbeken) verlängert. Aber noch fehlte ein direkter Bahnanschluß Lippes nach Bielefeld in westlicher und nach Hameln in östlicher Richtung. Mit dem Bau der Strecke Bielefeld–Lage–Lemgo–Hameln wurde dem abgeholfen. Zusammen mit der Himmighausener Linie wurde für die Ost-West-Bahn mit Preußen ein entsprechender Staatsvertrag abgeschlossen, und 1897 war die »normalspurige Eisenbahn untergeordneter Bedeutung« zwischen Lage und Hameln für den Verkehr freigegeben (Lage–Lemgo 9. 7. 1896, Lemgo–Barntrup

Dokumentation einer Einkaufsfahrt von Sonneborn nach Barntrup am 5. 5. 1980: Auf dem Nachhauseweg besteigt eine ältere Frau den Akku-Steuerwagen 815 628 in Barntrup. Der 624 654 im Hintergrund ist als Eilzug E 3735 aus Münster nach Barntrup gekommen und wird als E 3742 zurückkehren. Bei den rechts sichtbaren Güterwagen handelt es sich ausnahmsweise nicht um Schrottwagen, sondern um Übergabewagen zur elektrifizierten Extertalbahn. Das Bahnhofsgebäude Barntrup ist mit seinem Barackenstil typisch für viele ländliche Gegenden Preußens und auch auf unserer Strecke u. a. in Groß-Berkel, Dörentrup und Aerzen zu finden.

Zurück in Sonneborn, folgt jetzt für unsere Reisende nur noch ein kurzer Fußmarsch mit der Einkaufstasche, der bei dem Frühlingswetter leichter fällt als im vergangenen Winter. Der Garten rechts ist frisch umgegraben, und der alte Baum am ›Schlicht‹-Empfangsgebäude beginnt zu grünen.

In Hameln stößt der Zug durch einen Tunnel ins Wesertal vor, hält noch einmal kurz am – im Einschnitt vor dem Tunnel liegenden – Haltepunkt Hameln-Klüt, um dann langsam über die baufällige Weserbrücke zu rumpeln. Akku-Triebwagen 515 520 hat es am 5. 5. 1980 nicht mehr weit bis zu seinem Ziel Hameln.

1. 11. 1896, Barntrup–Hameln 31. 10. 1897). Das Reststück bis Bielefeld ließ dann noch bis 1904 auf sich warten.

Zwar fuhren nie »große Züge« auf dieser Strecke durchs Lipperland, aber bis in die 60er Jahre hielt sich doch ein recht dichter Fahrplan. Für immer mehr Züge wurde dann Lemgo zur Endstation, ehe letztlich der Abschnitt bis Hameln für den Personenverkehr aufgegeben wurde. Seit dem 27. 9. 1980 rollen hier nur noch Güterzüge, wobei der Bahnhof Barntrup mit seinem Anschluß an die Extertalbahn die wichtigste Rolle spielt. Bedient wird die Strecke nur noch über Lage, und zwar bis Aerzen. Der klapprigen Hamelner Weserbrücke darf nämlich die Last eines Zuges nicht mehr zugemutet werden.

216 Nordenham–Nordenham-Blexen 7 km

Nachdem das oldenburgische Hafenstädtchen Nordenham durch die Staatsbahnstrecke nach Brake (eröffnet am 15. 10. 1875) Anschluß an das Eisenbahnnetz gefunden hatte, war es auch hier in der Wesermarsch mit der Beschaulichkeit bald vorbei. Der Übersee-Frachtverkehr nahm immer schneller zu, die Hafenanlagen mußten ständig erweitert werden und bald siedelten sich auch zahlreiche Industriebetriebe an. Die Ausdehnung des Bahnnetzes war nur noch eine Frage der Zeit.

Besonders große Hoffnungen setzte mancher auf den Norddeutschen Lloyd, dessen Schnelldampfer nicht weiter weseraufwärts durchkamen. Da in Geestemünde (heute Bremerhaven) die Hafenanlagen noch nicht entsprechend ausgebaut waren, kam 1890 tatsächlich ein Nutzungsvertrag mit dem Lloyd zustande. Die Verlängerung der Eisenbahn nach Blexerdeich erschien nun immer dringender. Ganz besonders offenbar dem Direktor der Staatsbahnen. Obwohl die offizielle Genehmigung des Landtags noch nicht vorlag (vom Landtag war zwar die Bausumme bewilligt worden, mehr aber nicht), hatte der Eisenbahnchef den Baubeginn angeordnet. Der Landtag war über derartige Kompetenzüberschreitungen nicht gerade begeistert. Zudem mußte er sich immer wieder Vorwürfe anhören, es werde zu viel Geld nach Nordenham gepumpt. Und darüber hinaus hatte der Lloyd nicht zugesagt, immer im Oldenburgischen zu bleiben. Jedenfalls: der Bahnbau wurde gestoppt, nach 300 Metern endete die Blexer Strecke.

Was den Lloyd betraf, sollten die Pessimisten recht behalten. 1897 wurde der gesamte Schnelldampferverkehr auf den neuen »Kaiserhafen« in Geestemünde verlagert. Die Bahn nach Blexen war nun nicht mehr so wichtig. Erst nach der Jahrhundertwende wurde das Projekt wieder aufgegriffen, 1903 folgte die Konzession und am 10. 4. 1905 war Eröffnung.

Ohne die Schnelldampfer blieb der Schienen-Personenverkehr im Raum Nordenham natürlich auf den lokalen Bedarf beschränkt; daneben dominierte der Güterverkehr, der bis heute geblieben ist. Trotzdem wurde Blexen noch ein imposantes, turmbewehrtes Empfangsgebäude spendiert, das allerdings–außerdeichs gelegen–recht verloren am Weserstrand steht. Zwar konnte man

Eher wie eine Ritterburg als wie ein Bahnhof wirkt das oldenburgische Empfangsgebäude von Nordenham-Blexen an der Wesermündung. Die wenigen Reisenden, die hier noch bis 1980 mit der Bahn ankamen, dürften den Bau kaum ausgelastet haben; eher schon die Passagiere der direkt rechts am Bahnhofsvorplatz anlegenden Fähre ins nahe Bremerhaven, deren Fahrkarten ebenfalls im Bahnhof zu erwerben waren.
16. 5. 1980.

Gut 14 Tage vor der Stilllegung des Personenverkehrs hält der 624 624 als E 3039 am Haltepunkt Kabelstraße. Ähnlich wie in Friedrich-August-Hütte hatte man am Bahnübergang ein vergleichsweise aufwendiges Empfangsgebäude errichtet. Der Zugführer hält noch einen kurzen Schwatz mit dem Bahnhofsbeamten, bevor es weiter nach Nordenham geht. Der Triebwagen 624 624 war übrigens 1987 noch eines von zwei Fahrzeugen dieser Reihe, die noch in ihrer roten Farbgebung liefen.

hier dann doch Schiffsfahrkarten kaufen, aber nur für die Fähre nach Bremerhaven, die wenige Schritte entfernt festmacht.

Während die Hauptstrecke Bremen–Hude–Nordenham 1981 elektrifiziert wurde, gönnte die DB der Nebenbahn nach Blexen keinen Fahrdraht mehr. Vielmehr wurde mit dem 31. 5. 1980 der Personenverkehr eingestellt und durch den dichten innerstädtischen Busverkehr ersetzt. Ein allzu schlimmer Nachteil für die Reisenden war das nicht unbedingt. Der Bus war zuletzt sowieso schneller als der Zug, der auf der kurzen Strecke nicht weniger als vier Zwischenhalte einlegte; direkt an Bahnübergängen, die gewissermaßen mit Kurzbahnsteigen aufgewertet worden waren und von den Schrankenwärtern betreut wurden.

218 Norden–Esens (Ostfriesland) 29 km

Ganze 18 Tage fehlten, dann hätte der Personenverkehr auf der Schiene zwischen Norden und Esens erstmals dreistelligen Geburtstag feiern können. Aber Fahrplangestaltung und Rationalisierungsbestrebungen der Bundesbahn machen vor ehrwürdigen Jubiläen nicht halt, und so wurde mit Ablauf des Winterfahrplans 1982/83 am 28. Mai 1983 auf der Nebenstrecke an der Nordseeküste der letzte Triebwagen auf die Reise durchs Land der Gräben und Kanäle geschickt.

Knapp 100 Jahre zuvor, am 15. 6. 1883, war Norden–Esens als Teil der Gesamtverbindung Emden–Norden–Wittmund–Jever eröffnet worden. Grenzstation zu Oldenburg war Asel, zwischen Wittmund und Jever gelegen. In Norden erhielt die Strecke 1892 Anschluß an Norddeich, in Esens wurde sie von 1909 bis 1953 von der Meterspurstrecke Bensersiel–Ogenbargen der Kleinbahn Leer–Aurich–Wittmund gekreuzt. Während der Abschnitt Norden–Emden über mehrere Kilometer neu trassiert und ab 1906 als Hauptbahn eingestuft wurde, blieb Norden–Esens weiterhin Nebenbahn mit einer zuletzt auf 60 km/h begrenzten Höchstgeschwindigkeit.

Wie die gesamte »ostfriesische Küstenbahn« wurde auch Norden–Esens im Personenverkehr immer mehr vom Tourismus zu den Nordseeinseln abhängig–bald im negativen Sinne. Denn die meisten Urlauber (sofern sie nicht mit dem Pkw anreisten) stiegen und steigen in Norddeich aufs Schiff; ansonsten in Bensersiel, Neuharlingersiel oder Harle. Für letztere endete die Schienenreise in Harle selbst oder in Esens. Und Esens wurde traditionell über Oldenburg–Bremen bedient, nicht über Norden. Durchgehende Eilzüge zwischen Norden und Esens waren denn auch nur »Saisonerscheinungen«, ebenso Kurswagen. Zwar wurde nach elfjähriger Pause im Sommer 1978 noch einmal eine Eilzugverbindung Wilhelmshaven–Norden eingerichtet, wo oft Oldenburger V 200 zu sehen waren, aber zum Winter 1982 war auch damit Schluß. Der Schienenverkehr zu den Ostfriesischen Inseln hatte sich längst eindeutig auf Norddeich hier und das 29 km entfernte Esens da eingespielt.

Das gilt auch für den Güterverkehr. Aus dem geringen Frachtaufkommen zog die DB zum Ende des Sommerfahrplans 1985 die Konsequenzen und legte den 12 km langen Abschnitt Dornum–Esens still. Der Bahndamm soll hier zum Radweg umfunktioniert werden. Für Norden–Dornum ist dagegen ein Museumsverkehr in der Planung.

Die Zwischenstationen der Strecke Esens–Norden machten einen ausgesprochen bescheidenen Eindruck. Holtgast, Fulkum und Roggenstedde lagen direkt – leitplankengesichert – neben der Straße Esens–Norden, und nur Hage und Dornum wiesen kleinere Baulichkeiten und Nebengleise auf. 211 002 läuft am 8. 9. 1980 mit ihrem Zug in Hage ein. Wegen der teilweise sehr engen Paralleltrassierung von Bahn und Straße fuhren die Züge auch bei Tag mit brennendem Dreilicht-Spitzensignal.

In Norden hielten die Züge aus Esens an einem eigenen schrankengesicherten Bahnsteig. Hier bot sich auch noch einmal die Gelegenheit, die schöne, stilreine Altbauwagen-Garnitur zu bewundern. Wenngleich rund ein Vierteljahrhundert jünger, so ist auch 211 002 nicht mehr bei der DB zu finden. Wie ihre ebenfalls ausgemusterten Vorserien-Schwestern 211 001, 003-005 und 007 vom Bw Osnabrück, war sie in ihren letzten Einsatzjahren häufig auf der Strecke Norden–Esens–Sande eingesetzt.

10001 Juist Anleger–Juist Bahnhof 3 km

Auch vor den ganz kleinen, dafür aber bei vielen Eisenbahnfreunden um so beliebteren Tupfern auf den Streckenkarten machte der Kahlschlag im schienengebundenen Personenverkehr nicht halt. Gemeint sind die Nordsee-Inselbahnen, jene vor bunter Vielfalt auf kleinstem Raum nur so strotzenden Verkehrsbetriebe, die lange als unverzichtbar galten–und es dann doch nicht waren. 1939 war auf Amrum Schluß, 1945 folgte Norderney und 1970 schließlich Sylt. Aber dort hat man ja den Hindenburgdamm oder kann–wie auch auf Amrum oder Norderney–mit dem Automobil umherfahren. Für Juist und Spiekeroog gilt das nicht, Kraftfahrzeuge haben hier keinen Zutritt. Aber es half letztlich nichts, die Inselbahnen waren Spezialisten, »überqualifiziert«. Ihr Zweck bestand darin, die Orte mit der Anlegestelle zu verbinden. Mit dem Bau neuer Inselhäfen wurden sie überflüssig.

Dabei war der neue Juister Hafen noch gar nicht fertig, als hier auf der meterspurigen Kleinbahn am 11. März 1982 der Betrieb eingestellt wurde. Eigentlich hätte schon zum Jahreswechsel 1981/82 der Betrieb ruhen sollen, der harte Winter verzögerte jedoch die erst wenige Monate zuvor aufgenommenen Arbeiten am provisorischen An-

›Auf hoher See‹ begann oder endete die Fahrt mit der Juister Inselbahn. Insofern war es auch kein Stilbruch, daß die Triebwagen, hier T 2, das Wappen der Reederei Norden Frisia trugen. Allerlei Fahrzeuge der letzten deutschen Meterspurbahnen hatten sich auf Juist versammelt und mit der grauen Juister Lackierung ein völlig ungewohntes ›Outfit‹ erhalten. Aus Herford, Sylt, Eckernförde, Euskirchen, Geilenkirchen, Altena, Hoya und – am weitesten – von der süddeutschen MEG stammte der Fuhrpark, allen voran die sechs Talbot-Wagen. Der T 2 hatte von 1950 bis 1959 der Euskirchener Kreisbahn gedient; nach der Stillegung in Juist kam er zur Museumsbahn Bruchhausen–Vilsen–Asendorf.

Auch im Bereich der Wattwiesen, in denen hier die Diesellok ›Carl‹ den Talbot-Triebwagen T 5 rangiert, mußte häufig ›Land unter‹ gemeldet werden. ›Carl‹ (ursprünglich bei der Herforder Kreisbahn im Dienst) durfte als einziges Triebfahrzeug auf der Insel bleiben, um als Denkmal an die Inselbahn zu erinnern. Der Triebwagen T 5 dagegen, zuvor bei der Sylter Inselbahn und bei der Eckernförder Kreisbahn im Brot, wurde verschrottet.

Die zweite Diesellok der Bahn hieß ›Heinrich‹ und war schon von Sylt her an das rauhe Meeresklima gewöhnt. Das Bild zeigt auch, wie eine zweckmäßige Uniform für den Lokführer einer Inselbahn auszusehen hat.

Noch einmal Lok ›Heinrich‹ und der Talbot-Triebwagen T 2 mit seiner ungewöhnlichen Fuhre, bei der nur die beiden Güterwagen einander halbwegs ähneln. Im Bahnhof Juist wie auch auf dem Anleger hatte man hohe S-Bahn-artige Bahnsteige angelegt, die ein stufenfreies Ein- und Aussteigen ermöglichten. Die Meterspurgleise sind sozusagen Vorläufer des heute bei modernen Stadt- und Straßenbahnen erprobten Rasengleises. Aufnahmen vom 15–20. 3. 1981. (Siehe auch Farbteil S. 146)

leger des neuen Hafens. Ursprünglich war der Zeitplan noch weiter gesteckt gewesen; daß dann doch alles ganz schnell ging hat seine Ursache darin, daß die Aufsichtsbehörde die weitere Betriebserlaubnis von der Restaurierung der Pfahljochstrecke zum Anleger im Wattenmeer abhängig machte. Der Eigentümer und Betriebsführer der Bahn, die auch für den Schiffsverkehr zuständige Reederei Norden Frisia, wollte diese erheblichen Kosten natürlich einsparen und drängte auf beschleunigte und zunächst nur provisorische Herrichtung der Hafenanlagen.

Wie auf den meisten Inseln begann der Schienenverkehr auch auf Juist mit Hilfe des »Hafermotors«. Die am 19. Juni 1898 eröffnete Strecke vom Anleger zum Dorf wurde aber schon im folgenden Jahr auf Benzolbetrieb umgestellt. Einige Jahre später wurde der Anleger weiter ins Meer hinaus verlängert, sodaß fortan bald ein Drittel der gesamten Strecke bei Flut im–oder gar unter–Wasser stand. Bis 1977 galt bei Hochwasser sogar für die ganze Strecke »Schiene unter«, erst seitdem sperrt ein neuer Deich Bahnhof und Werkstatt vom Wattenmeer ab.

Überhaupt ist die Juister Inselbahn im Lauf ihrer Geschichte fleißig umgemodelt worden. Der ursprüngliche Bahnhof wurde schon um die Jahrhundertwende auf seinen letzten Standort zurückverlegt. Mehrfach wurde die Pfahlstrecke teilweise zerstört und zuletzt durch eine neue ersetzt, die etwas höher aus der Flut ragte und weiter östlich mit einer weiten Krümmung den Ort anlief. Als die Bahn ihren Verkehr einstellte, endete damit an der deutschen Küste auch das Schauspiel, daß ein Zug auf Pfählen über–oder durch–die Nordsee fuhr. Das haben die verbliebenen Inselbahnen auf Borkum, Langeoog und Wangerooge–bei allen Gemeinsamkeiten–nämlich nicht zu bieten.

10006 Spiekeroog Anleger– Spiekeroog Bahnhof 3 km

Manchmal, so scheint's, dreht sich die Geschichte im Kreise: Am 31. Mai 1949 verkehrte zum letztenmal die Spiekerooger Pferdebahn, Deutschlands letzte Pferdebahn im planmäßigen Verkehr überhaupt. Vom nächsten Tag an brummten auf der Insel Dieselfahrzeuge, die man vom Nachbarn Wangerooge erhalten hatte, hintendran zunächst noch die alten Pferdebahnwagen. 32 Jahre später, am 29. Mai 1981: Die Spiekerooger Inselbahn hat am alten Anleger gerade die Festgäste des frischgetauften Seebäderschiffes »Spiekeroog I« an Bord genommen und begibt sich auf ihre

Blick vom Deichtor auf den Dorfbahnhof von Spiekeroog mit seinem modernen Klinkerbahnhofsgebäude mit Güterhalle. Auf den etwas wirr verlegten Meterspurgleisen sind die beiden Personenzuggarnituren sowie zahlreiche Güterwagen zu erkennen. Auch der Spiekerooger Fahrzeugpark ist von den deutschen Schmalspurbahnen zusammengesucht. Rechts hinter der Personenzuggarnitur ist der dreiständige Lokschuppen zu erkennen, in dem die drei Triebfahrzeuge der Bahn – zwei kleine Dieselloks und der Triebwagen – beheimatet waren. März 1981.

Ein typischer Inselbahnzug in typischer Dünenlandschaft beim einzigen Zwischenhalt am Haltepunkt Zeltplatz. Hinter dem Triebwagen läuft der Flachwagen mit eigenem Bordkran zum Verladen der Gepäck-Container, von denen Nr. 3 auf dem Bahnsteig zu erkennen ist. Auch auf Spiekeroog trug man eine Lederjacke zur Uniform. Im Hintergrund ist schwach die Weiche und das stark verkrautete Gleis zum Bauhof des Wasser- und Schiffahrtsamtes zu erkennen, auf deren Paralleltrasse zum Dorf heute auch z. T. der Museums-Pferdebahnbetrieb abgewickelt wird.
24. 5. 1981.

Auf dem Anleger steht am 23. 5. 1981 der Zug für den nächsten Ansturm bereit, während rechts die ›Lili Marleen‹ von der Nachbarinsel Langeoog auf Gäste wartet und knarrend an den Dalben zurrt. Vom Anleger führte eine kurze Pfahljochstrecke, neben der auch noch die Reste einer früheren Verbindung erkennbar waren, ins Dünenvorland der Insel. Auch auf Spiekeroog war man froh, als man 1981 die teure Unterhaltung dieser Anlagen aufgeben konnte. (Siehe auch Farbteil S. 146)

letzte Fahrt in den Ort. Dort wartet schon ungeduldig Deutschlands erste Pferde-Museumseisenbahn, um sodann zu ihrer ersten offiziellen Fahrt starten zu können . . .

Im Trubel der Schiffstaufe und der Einweihung des neuen, ortsnahen Hafens wird vielleicht so mancher Badegast das Ende des planmäßigen Inselbahnbetriebs gar nicht bemerkt haben. Es war ja auch nur ein winziges Stückchen Eisenbahn (-geschichte), das da verschwand. Sie war ganz einfach überflüssig geworden. Ihre Aufgabe, an der Landungsbrücke im Wattenmeer die aus Neuharlingersiel herangeschifften Menschen und Güter aufzunehmen und in den Ort zu bringen, hatte auch hier ein neuer Hafen übernommen, der nur wenige hundert Meter vom Ort entfernt liegt. Etwa ein Jahr lang wurde gelegentlich die Strecke zum alten Anleger noch für Gütertransporte genutzt, dann wurde im Juli 1982 der Betrieb endgültig eingestellt.

Am 9. Juli 1885 hatte die Pferdebahn zwischen Dorf und Strand den Verkehr aufgenommen, am 18. Juli 1896 kam die auf Pfählen gegründete Wattstrecke zum Anleger hinzu. Zur Aufnahme des Dieselbetriebs wurde letzterer verstärkt, dahinter hatte die Inselbahn eine neue Trasse erhalten und steuerte nun in einem großen Bogen nach Westen den Ort an. 1958 schließlich wurde der neue Bahnhof eingeweiht, weil die Dieselzüge auf der Straße in Dorfmitte im autofreien Spiekeroog als störend empfunden worden waren. Mit dem Bau der neuen Wagenhalle 1962, dem Ersatz des im gleichen Jahr von der schweren Sturmflut arg angeschlagenen Anlegers und einer drei Jahre später eintreffenden nagelneuen Lok, die den von allen möglichen Meterspurbahnen zusammengekauften Fahrzeugpark auffrischte, präsentierte sich die zuletzt von der Nordseebad Spiekeroog GmbH geführte Inselbahn bis zu ihrem Ende in einem aufgeräumten, leistungsfähigen Zustand.

231 Salzgitter-Lebenstedt–Derneburg (Hannover) 16 km

Die DB hätte kaum deutlicher dokumentieren können, wie wenig man mit den einst hochgepriesenen »Eierköpfen« der VT 08-Familie noch anzufangen wußte: Ausgerechnet auf der »Holperstrecke« nach Derneburg, die auf ihrer ursprünglichen Trasse westlich von Lichtenberg sich in engen Kurven durch die weiten Felder schlängelte, mußten einige der stolzen und keine 30 Jahre alten Schnelltriebzüge ihr Gnadenbrot verdienen. Würde die Bundesbahn auf allen Nebenstrecken das Schneckentempo mit so viel gediegenem Ambiente versüßen, könnte der Rückgang der Fahrgastzahlen möglicherweise gebremst werden.

Mit großen Zügen und Fahrgastzahlen hatte sich die per Gesetz vom 10. 2. 1885 der Braunschweigischen Landeseisenbahn übertragene und am 18. 7. 1886 für den Personenverkehr eröffnete Strecke Braunschweig Nord–Derneburg nie schmücken können; sie sollte einfach das agrarisch geprägte nördliche Harzvorland erschließen und wurde zu diesem Zweck etappenweise bis 1899 nach Seesen weitergeführt. Wichtigste Station zwischen Braunschweig und Harz war Derneburg an der noch vom »Eisenbahnkönig« Bethel Henry Strousberg projektierten Strecke Löhne–Grauhof, die 1875 eröffnet worden war. Das ländliche Eisenbahnidyll hätte wohl noch etwas länger vorgehalten, wenn sich die Reichsregierung nicht entschlossen hätte, die in dem Gebiet, das heute Salzgitter heißt, liegenden Erzvorkommen an Ort und Stelle in Stahl und Maschinen (nicht zuletzt Waffen) zu verwandeln. Die »Reichswerke«, geschmückt mit dem Namen Hermann Görings, entstanden. Der riesige Industriekomplex bedurfte einer leistungsfähigen Verkehrsachse, dafür kamen nicht zuletzt die Strecken der Braunschweigischen Landeseisenbahn in Frage. Zum 1. 4. 1938 wurden sie verstaatlicht, sogleich begann die Reichsbahn, das Schienennetz zwischen den Hüttenwerken und Braunschweig auszubauen.

Daran knüpfte auch die Bundesbahn an und baute sogar neue Strecken. Die Nebenbahn aus Derneburg wurde nun von Lichtenberg über den Siedlungskern Lebenstedt nördlicher nach Drütte an der Hauptstrecke Braunschweig–Seesen geführt. Drütte–Watenstedt wurde am 17. 5. 1953 eröffnet, Watenstedt–Lichtenberg am 28. 11. 1954.

Der frischgebackene Ballungsraum Salzgitter orientierte sich natürlich auf Braunschweig hin. Wichtigster Bahnhof an der »Neubaustrecke« war und ist Lebenstedt, heute gleichzeitig Endstation. Die letzten Züge nach Derneburg, die Braunschweiger »Eierköpfe« nämlich, wurden am 1. Juni 1984 eingestellt. Über Lebenstedt hinaus fuhren bis Lichtenberg seitdem noch einige Übergabezüge, dann wurde die Strecke bis Derneburg in zwei Etappen stillgelegt und abgebaut.

›Ehemaliger Fernschnell-Triebwagen auf ehemaliger Kleinbahnstrecke‹ – so ließe sich dieses Bild bei Grasdorf vom 18. 4. 1984 betiteln. 913 603, ein ehemaliger VS 08^5-Steuerwagen und 612 507, der an seinen Mitteleinstiegen als ehemaliger VT 12^5 zu erkennen ist, bilden den Nahverkehrszug 8272. In diesem Teilstück wird die ehemalige Landesbahn-Strecke befahren. (Siehe auch Farbteil S. 147)

247 Bad Lauterberg–Odertal 4 km

Von einer ganzen Reihe wichtiger Hauptbahnen geradezu umsponnen wurde in der zweiten Hälfte des vorigen Jahrhunderts der Harz. Den inmitten dieses mächtigen Mittelgebirgsrückens gelegenen Städten, die zum Teil über eine traditionsreiche metallerzeugende und -verarbeitende Industrie verfügten, half das jedoch zunächst wenig. Zahlreiche Stichbahnen, normal- und schmalspurige, wurden deshalb in die Waldregionen getrieben. Eine davon war die Nebenstrecke nach St. Andreasberg, die in Scharzfeld von der 1869 fertiggestellten Hauptbahn Northeim–Nordhausen der »Magdeburg-Cöthen-Halle-Leipziger Eisenbahn« abzweigt. In zwei Etappen (Scharzfeld–Lauterberg 10. 7. 1884, Lauterberg–Andreasberg 1. 11. 1884) übergab die Preußische Staatsbahn

Odertal mit seinem ›Bretterbahnhof‹ war nur von 1975 bis 1984 Endpunkt der Strecke aus Scharzfeld. 515 508 fährt nach kurzem Aufenthalt wieder zurück in Richtung Bad Lauterberg; die Schlußscheiben sind schon umgesteckt. Nicht besonders angenehm dürfte am regnerischen 19. 5. 1983 auch der Dienstantritt des Bahnhofsbeamten mittels Motorroller gewesen sein. Häufig sieht man auf kleinen Bahnhöfen die Fahrzeuge der Bediensteten direkt auf dem Bahnsteig geparkt. Vom Fenster des ›Aufsichtsbeamten‹-Büros kann man so sein kostbares Stück am besten im Auge behalten.

Ein schmuckes Gebäude direkt im Kurpark: das war der Haltepunkt Bad Lauterberg Kurpark, wo sogar Reisegepäck und – von der Bundespost per Sackkarre – Briefpost abgeliefert wurde. Am 5. 4. 1986 hielt dort kein Akku-Triebwagen oder gar Eilzug mehr, die Schienen waren entfernt worden, und der gepflegte Bau steht völlig leer und bietet Anlaß für Nutzungs- oder gar Abriß(?)-Spekulationen. Wie wäre es mit einer Eisdiele, einem Lesesaal oder einem Blumenladen? Das große beleuchtete DB-Emblem links neben der Eingangstür hat man jedenfalls schon einmal entfernt.

diese Route durch das romantische Odertal dem Verkehr. Trotz der Höhenlage von St. Andreasberg (428 Meter über NN) war die Trassierung nicht allzu problematisch, da man den Endbahnhof einfach am Fuß der Stadt errichtete. Rund 30 Jahre lang bedurfte es dann der Muskelkraft, um die Stadt selbst zu erreichen, ehe 1913 die St. Andreasberger Kleinbahn ihre Zahnradstrecke vom Staats- zum Stadtbahnhof eröffnete.

Ein halbes Jahrhundert später begann dann im Odertal das »Eisenbahnsterben«, wurde die Kleinbahn aufgegeben. Mit Ablauf des Sommerfahrplans 1975 folgte der Abschnitt Odertal–St. Andreasberg der Staatsbahnstrecke, die bald darauf auch abgebaut wurde. Und schließlich das– vorerst?–letzte Kapitel: Am 2. 6. 1984 wurde Odertal–Bad Lauterberg für den Güter- wie den Personenverkehr stillgelegt. Auch hier hat der Abbauzug inzwischen ganze Arbeit geleistet. Obwohl dieser letzte Abschnit nur vier Kilometer lang war, hatte er doch noch einen Zwischenhalt samt »Empfangshäuschen« vorzuweisen: den in den 60er Jahren entstandenen Haltepunkt Bad Lauterberg Kurpark. Nun müssen die Kurgäste eben zwei Kilometer eher aussteigen, wofür sie nach gesundheitsförderndem Fußmarsch durch einen um die ehemaligen Bahnanlagen erweiterten Park entschädigt werden sollen. Wegen der Kur- und Feriengäste herrschte in den letzten Betriebsjahren zwischen Lauterberg und Odertal zweimal täglich noch so etwas wie Hochbetrieb, wenn der »Heckeneilzug« aus Bielefeld ankam bzw. abfuhr, das für lange Zeit einzige lokbespannte Zugpaar überhaupt.

Mit dem Abschnitt nach Odertal verlor die Reststrecke auch ihre eigene Kursbuchnummer und rangiert jetzt als Zweig der Route Altenbeken – Walkenried unter Nr. 245.

249 Holzminden–Scherfede 49 km

Die Bergisch-Märkische Eisenbahn (BME), zu deren Besitz seit der Annektion Kurhessens durch Preußen auch die frühere Kurfürst-Friedrich-Wilhelms-Eisenbahn Warburg–Kassel (–Gerstungen) gehörte, suchte für den gewinnträchtigen Verkehr zwischen dem Ruhrgebiet und Berlin eine Strecke und einen Partner. Da bot sich folgendes Schnäppchen: Weil der braunschweigische Staatshaushalt durch die Staatsbahnschulden, die neue politische Lage (seit 1866 war der Kleinstaat durch Preußen geographisch eingeklammert) und die drohende Verlagerung des Ost-West-Verkehrs auf die in Vorbereitung befindliche Bahn von Berlin nach Lehrte in gefährliche Schieflage zu geraten drohte, wurden im März 1870 die herzoglichen Eisenbahnen in eine Aktiengesellschaft umgewandelt. Unter den Käufern befanden sich die BME und die Berlin-Potsdam-Magdeburger Eisenbahn. Mit der ehemaligen Staatsbahnstrecke Holzminden–Kreiensen–Jerxheim, mit der bestehenden Weiterführung von dort nach Berlin und mit der im Bau befindlichen oberen Ruhrtalbahn Schwer-

Markantestes Bauwerk der Strecke Holzminden–Scherfede war die Weserbrücke zwischen Boffzen und Wehrden, die besonders nach dem Zweiten Weltkrieg einige Bedeutung erlangte. Hier befährt sie am 7. 6. 1981 der ›Starzug‹ der Strecke, der Eilzug Aachen–Braunschweig, gezogen von einer 216. Im Zug läuft sogar hinter den fünf Mitteleinstiegwagen ein richtiger Schnellzugwagen 1. Klasse mit. Auch diese Brücke war natürlich 1945 beim Rückzug gesprengt worden. Im mittleren der drei linken Brückenbögen sind die Auswirkungen noch zu erkennen.

te–Bestwig–Warburg wollten die beiden großen Privatbahngesellschaften nun Kasse machen.

Dazu bedurfte es nur noch einer Verbindung zwischen Holzminden und der Ruhrtalbahn. Am besten ließ sich diese ab Holzminden bis Beverungen im Wesertal und von dort nach Scherfede realisieren. Nach vierjähriger Bauzeit wurde die Strecke am 15. Oktober 1876 eröffnet.

Zwar bedeutete die Bahn einiges für das arme, landwirtschaftlich strukturierte Gebiet zwischen Weser und Sauerland, aber die hohen Erwartungen in den Güterdurchgangsverkehr konnte sie nicht erfüllen. Nach der Verstaatlichungswelle in Preußen etablierten sich die meisten Güterzüge Ruhr–Berlin über Minden und Lehrte, in Richtung Mitteldeutschland über Altenbeken–Kassel bzw. Altenbeken–Northeim. Dennoch wurde Scherfede–Holzminden bis 1907 zweigleisig ausgebaut. Dem lagen zum einen vermutlich strategische Überlegungen zugrunde, zum anderen war die Strecke, inzwischen durch eine Verbindungskurve in Nörde mit Altenbeken–Kassel verknüpft, als Umleitungs- und Entlastungsstrecke nicht unbedeutend.

Wehrden mit seinem Fachwerk-Bahnhofsgebäude bildet einen Inselbahnhof, dessen Holzminden–Scherfeder Seite hier am 5. 5. 1980 aufgenommen wurde. Damals tummelten sich in Wehrden noch Schienenbusse, wie 998 827 (links) und 998 915 (rechts). Im Hintergrund führt die Strecke nach Scherfede unter dem Gleis nach Northeim hindurch, welches seinerseits kurz darauf die Weser überquert.

Der Haltepunkt Blankenau besticht weniger durch das bereits auf Seite 23 erwähnte Wartehäuschen in Verbundbauweise als durch seine Lage in einem Weserbogen. Der Frühzug N 5974 wird am 30. 4. 1984 mit dem Akku-Triebwagen 515 622 gefahren.

Ein Blick in den Führerstand des 515 622 und auf die noch tief stehende Sonne über der Weser am Morgen des 30. 4. 1984. Auch dieser Wagen, der 1982 noch eine ›Auslauf‹-Untersuchung E 2.8 erhalten hatte, wird bald wie alle Akku-Triebwagen der DB der Vergangenheit angehören. Begonnen hatte der Wagen seine Laufbahn nach der Abnahme am 6. 6. 1963 beim Bw Hameln, das ihn 1976 nach Hildesheim abgab.

Das zeigte sich am klarsten nach dem Zweiten Weltkrieg. Da die Corveyer Brücke der Strecke Ottbergen–Holzminden erst 1954 wieder befahrbar war, wurde kurz vor Wehrden, dem Kreuzungsbahnhof mit der Strecke Ottbergen–Northeim, zu eben dieser Bahn eine Verbindungskurve gebaut, die einen durchgehenden Verkehr Altenbeken–Ottbergen–Holzminden erlaubte. Danach wurde es wieder ruhig, das zweite Gleis verschwand nach und nach, auch die Verbindungskurve gibt es längst nicht mehr.

Abgesehen von der Umleitungsfunktion hatte die Strecke nach dem Zweiten Weltkrieg ihre Bedeutung als Durchgangsgüterzugroute endgültig eingebüßt. Heute werden die Abschnitte Scherfede–Borgholz und Beverungen–Holzminden nur noch sporadisch von Übergabezügen benutzt. Der Bahnhof Scherfede, den einst ein stattliches Empfangsgebäude, Bahnbetriebswerk und zahllose Rangiergleise zierten, gleicht einer Schotterwüste. Zwar noch intakt, aber völlig überdimensioniert präsentiert sich Holzminden.

Fast hätten wir den Personenverkehr vergessen. Aber der spielte ja auch nur die Nebenrolle. Die DB hatte zwar noch einige Haltepunkte eingerichtet, begann dann aber Mitte der 70er Jahre, den Fahrplan immer mehr auszudünnen. Zuletzt fuhr nur noch ein Hildesheimer ETA mit Steuerwagen in aller Herrgottsfrühe von Holzminden nach Scherfede und zurück. Ja, und der Paradezug der immerhin für 100 km/h zugelassenen Strecke: das Eilzugpaar 529/530 Aachen–Braunschweig, verstümmelter Rest des alten D 29/30 Aachen–Hagen–Scherfede–Holzminden–Braunschweig–Berlin Potsdamer Bahnhof. Am 2. Juni 1984 fuhr er zum letzten Mal.

252 Elze (Hannover)–Gronau (Leine) 5 km

Welcher Teufel, werden sich die Bewohner des Städtchens Gronau Mitte des letzten Jahrhunderts gefragt haben, welcher Teufel hat nur die Staatsbahnverwaltung geritten, als sie die »Hannoversche Südbahn« nach Münden über dieses Nest Elze zu bauen beschloß? Nun, es mußte gespart werden, der Bogen über Gronau war wohl »nicht drin«.

Nach Eröffnung der Südbahn (1853 war Elze erreicht) mußte das Städtchen Gronau im Leinetal noch geschlagene 47 Jahre und 2 Monate warten, ehe aus dem 5 km entfernten Elze die ersten Züge heranrollten. Am 1. 7. 1900 wurde die staatliche Nebenbahn Elze–Gronau eingeweiht und am 7. 11. 1901 bis Bodenburg verlängert. Dort hatte man Anschluß an die Strecke Großdüngen–Bad Gandersheim, die zum Teil noch heute in Betrieb ist und zusammen mit dem Elzer Zweig 1895 konzessioniert worden war.

Die im weiten Leinetal einfach trassierte Strecke Elze–Gronau (-Bodenburg) hatte stets lokale Verkehrsbedeutung. Zuletzt wurde praktisch nur noch Schülerverkehr abgewickelt, wobei Hildesheimer ETA zum Einsatz kamen. »Der Reisezugbetrieb soll noch während der laufenden Fahrplanperiode auf Busbedienung umgestellt werden.

Kein Grund zur Stillegung war der einzige nennenswerte Kunstbau der Strecke 252, die Leinebrücke bei Gronau. Sie wirkt am 22. 5. 1980 ausgesprochen gepflegt und trägt bis heute den Güterverkehr. Im Brückenbogen ist bereits das Einfahrsignal von Gronau zu erkennen.

Kurzer Aufenthalt in Gronau (Leine), das sicher manchmal mit dem Gronau an der niederländischen Grenze verwechselt wurde. Bei Bahnfahrten kann das nun nicht mehr passieren, denn nach Gronau (Leine) fährt kein Personenzug mehr. Überflüssige Gleise sind in Gronau auch schon verschwunden, und so entstanden auch hier die heute in vielen Bahnhöfen anzutreffenden Schotterwüsten.

Zeitpunkt und Busfahrplan werden zu gegebener Zeit örtlich bekanntgegeben.« So war im Winterkursbuch 1979/80 über dem Fahrplan der Strecke 252 zu lesen. Man hätte sich den Hinweis sparen können. Erst mit Fahrplanablauf am 31. 5. 1980 war Betriebsschluß; seitdem verkehren zwischen Elze und Gronau planmäßig nur noch Übergabezüge.

Der Abschnitt nach Bodenburg war schon 1966 für den Personenverkehr aufgegeben worden. Zwischen Bodenburg und Almstedt-Segeste dient er jetzt der Arbeitsgemeinschaft Historische Eisenbahn (AHE) als Museumsstrecke.

256 Einbeck–Einbeck Mitte 4 km

Ebenso wie das – allerdings weit kleinere – Gronau war auch die alte Hansestadt Einbeck von der Hannoverschen Südbahn gewissermaßen »links liegengelassen« worden. Auch nach der Annektierung Hannovers durch Preußen zeigte die Staatsbahnverwaltung wenig Interesse daran, Einbeck mit einer Stichbahn an die Hauptstrecke anzuschließen. So mußten die Stadtväter denn tief in die Kasse greifen und konnten die Braunschweigische Eisenbahngesellschaft (BEG) durch Bereitstellung von 120 000 Mark und des Grundstücks für den Einbecker Bahnhof zum Bau der 4,4 km langen Stichstrecke von der Südbahn-Station Salzderhelden (heute Einbeck) bis vor die Stadttore bewegen. Obwohl die Streckenführung – abgesehen von der Leine-Brücke – keinerlei Probleme bereitete, dauerte es von der Konzessionserteilung (16. 12. 1872) bis zur Eröffnung noch knapp sieben Jahre (für den Güterverkehr 10. 9. 1879, Personenverkehr 1. 10. 1879).

Weitere vier Jahre später, 1883, wurde die Strecke von Einbeck bis Dassel (am Osthang des Sollings) verlängert. Für diesen Abschnitt, der wohl in erster Linie den Solling-Sandsteinbrüchen und dem Eisenhüttenwerk bei Dassel seine Entstehung verdankte, hatte sich die Ilmebahn-Gesellschaft mit Sitz in Einbeck gegründet. Die Ilmebahn führte den Verkehr nicht selbst, sondern übertrug ihn an die BEG. Nach deren Verstaatlichung (Gesetz vom 23. 2. 1885; auf Staatsrechnung betrieben wurde die Gesellschaft schon seit dem 1. 1. 1884) war nun die KPEV für die Züge zwischen Dassel und Salzderhelden zuständig.

Rund 40 Jahre änderte sich am Betrieb durch die Staatsbahn nichts. Als die 1920 ins Leben gerufene Reichsbahn aber zum Reparationsobjekt umorganisiert werden mußte, verlor sie offenbar das Interesse an der Betriebsführung der kleinen Gesellschaft. Die Ilmebahn hatte sich nach eigenen Fahrzeugen umzusehen und ab 1. 9. 1924 ihre Strecke selbst zu betreiben. Durch die Umstellung mußte in Einbeck ein größerer Bahnhof mit neuem Lokschuppen und neuem Empfangsgebäude errichtet werden. 30 Jahre danach, mit Beginn des Sommerfahrplans 1954, übernahm die Ilmebahn sogar den Betrieb auf der DB-Strecke

Ausgangspunkt der Strecke nach Einbeck war der Bahnhof Salzderhelden (heute Einbeck). Wie ursprünglich alle Bahnhöfe der Südbahn trägt er an seiner Front noch heute die Kilometerangaben für die Entfernungen nach Cassel und Hannover. Auf dem linken Gleis hinter der Kleinlok wartet die 515/815-Garnitur auf ihren nächsten Einsatz nach Einbeck Mitte, während rechts 111 023 mit einem Intercity durch den Bahnhof rauscht. Spätestens 1991 wird es noch ruhiger in Einbeck werden, wenn der hochwertige Fernverkehr auf die Neubaustrecke Hannover–Würzburg abwandert.

Ein einzelner Akku-Triebwagen der Reihe 515 befährt am 30. 4. 1984 die Leine-Brücke bei Salzderhelden als N 8533. An den gelben Streifen oberhalb der Fenster kann man erkennen, daß es sich um ein Fahrzeug der Serien 515 113–119, 501–508, 639–651 handelt, die nach ihrem Ursprungseinsatzgebiet als Typ ›Bremen‹ bezeichnet werden. Nur sie besitzen ein derartig großes 1.-Klasse-Abteil mit 19 Sitzplätzen. Das Bw Hildesheim besaß von diesen Fahrzeugen am Aufnahmetag die Wagen 515 113–115, 117–119 und 501–508.

Bis Mai 1982 besorgte die Ilmebahn auch den Zugdienst auf der DB-Strecke Einbeck–Einbeck Mitte. Vor dem Empfangsgebäude Einbeck Mitte wartet Lok 601 der Ilmebahn mit einem Zweitklass-Umbauvierachser und einem Pwghs 054 als Packwagen auf die Rückfahrt. Die Maschine gehört zu den allerersten MaK-Stangendiesselloks (Baujahr 1955). 10. 5. 1980.

Einbeck–Salzderhelden, wobei für einige Zeit durchgehende Züge bis Kreiensen oder Göttingen eingesetzt wurden.

Am 31. 5. 1975 stellte die Ilmebahn den Personenverkehr ein, aber ihre beiden Dieselloks bedienten bis 1982 weiterhin den Verkehr auf der DB-Strecke Einbeck–Salzderhelden, deren Endstationen (Zwischenstationen gab es nicht) zwischenzeitlich in Einbeck Mitte und Einbeck umgetauft wurden. Neben einem sehr dichten Busverkehr blieben nach stufenweiser Ausdünnung zuletzt noch 5 Zugpaare im Fahrplan, wobei bis zur Einstellung am 28. 9. 1984 nur noch Hildesheimer ETA zum Einsatz kamen.

Von der Station Einbeck an der Nord-Süd-Strecke zur Stadt, die übrigens mit einem vorbildlich restaurierten historischen Kern aufwarten kann, herrscht heute planmäßig an Werktagen noch beachtlicher Übergabeverkehr. Auch die Ilmebahn betreibt – mit eigener Lok – ihren recht kargen Güterverkehr bis Dassel weiter.

257 Hannoversch Münden–Göttingen 34 km

Die Tatsache, daß sie ein Produkt der Kleinstaaterei war, hat der am 8. Mai 1856 eröffneten Hauptbahn Hannoversch Münden–Göttingen letztlich das Rückgrat gebrochen. Die schon mehrfach erwähnte »Hannoversche Südbahn« mußte nun einmal um jeden Preis ohne »Auslandskontakte« den südlichsten Zipfel des Königreichs, die Stadt Münden (der Beiname »Hannoversch« ist heute offiziell getilgt) am Zusammenfluß von Werra und Fulda erreichen. Und dafür wurde auch der Anstieg über die Wasserscheide bei Dransfeld (1:64 bis 1:70 auf 15,7 km) mit dem anschließenden, etwas sanfteren Abstieg ins Werratal in Kauf genommen. Dazu kamen noch die engen, teilweise nur 200 Meter Halbmesser zählenden Gleisbögen. Wegen der abzusehenden betrieblichen Probleme war Göttingen–Münden als einziger Südbahn-Abschnitt von vornherein zweigleisig ausgebaut worden, erhielt spezielle Lokomotiven und darüber hinaus bei Volkmarshausen den einzigen Tunnel im hannoverschen Eisenbahnnetz. Böse Zungen behaupten jedoch, dieser sei nur deshalb gebaut worden, weil die Welfen auch »ihren« Tunnel haben mußten.

Mit der Einverleibung Hannovers und des im Süden angrenzenden Kurhessens in den preußi-

Am 18. 6. 1983 befuhr ein DGEG-Sonderzug die seit drei Jahren im Personenverkehr stilliegende Strecke. 798 726 passiert einen Schrankenposten nördlich von Oberscheden. Beschrankte Bahnübergänge, der deutlich erkennbare Bahnkörper für zwei Gleise sowie nicht zuletzt der Kilometerstein ›130.6‹ (von Hannover) verraten deutlich die ehemalige Hauptbahn.

Der größte Zwischenbahnhof der Bahn war Dransfeld mit seinem typischen Südbahn-Empfangsgebäude. Ebenso wie Einbeck trägt es noch heute zu beiden Seiten des abgebauten Türbaldachins (2. Fenster von vorn) die Kilometerangaben nach Hannover und Cassel. Der Sonderzug mit 998 856 wird in wenigen Minuten nach Kassel zurückkehren. 18. 6. 1983.

Gleichzeitig hat es alle drei Eisenbahnverbindungen zwischen Kassel und Göttingen nicht gegeben. Von 1980 bis 1981 mußte man sogar allein mit der Strecke über Eichenberg auskommen, die im Bild mit den beiden mittleren Gleisen zu sehen ist. Ganz rechts ist provisorisch ein Gleis zur Neubaustrecke verlegt, die nun endgültig das leidige Problem Kassel–Göttingen grundlegend sanieren soll. Und links legt 212 008 am 22. 5. 1980 – neun Tage vor der Stillegung – mit ihrem Personenzug aus Kassel (über Dransfeld) die letzten Meter zum Göttinger Hauptbahnhof zurück. Diese älteste Verbindung der beiden Städte mußte der jüngsten weichen.

schen Staat 1866 ging es mit der norddeutschen Bergbahn schnell bergab. 1867 wurde die Strecke Göttingen–Ahrenshausen–Nordhausen eröffnet, fünf Jahre später Ahrenshausen–Münden durch die Halle-Kasseler Eisenbahn. Auf dem Weg von Göttingen nach Kassel mußten zwar vorerst die Züge noch in Ahrenshausen Kopf machen, aber das war immer noch einfacher als der Weg über die berüchtigte Dransfelder Rampe. Mit Inbetriebnahme der heutigen direkten Streckenführung zwischen Friedland und Bebra mit dem Kreuzungsbahnhof Eichenberg war auch damit Schluß. Seit 1876 konnte Göttingen–Eichenberg–Münden–Kassel direkt befahren werden. Diese Strecke ist zwar acht Kilometer länger als die Dransfelder, kreuzt dafür aber die Wasserscheide zwischen Leine und Werra in 231 statt in 308 Metern Höhe.

Da die Werrabrücke in Münden eher wiederhergestellt war als die der neuen Strecke bei Hedemünden, ging nach dem Zweiten Weltkrieg für kurze Zeit der Verkehr Kassel–Göttingen noch einmal über Dransfeld. Damals fehlte aber auf einigen Abschnitten schon das zweite Gleis, da für den Rußlandfeldzug Unmengen von Gleismaterial von weniger bedeutenden Strecken demontiert und nach Osten geschafft worden war. In den 60er Jahren wurde dann auf weiteren Teilstücken das zweite Gleis entfernt, nur Göttingen–Dransfeld blieb – vorerst – zweigleisig.

Mit der Elektrifizierung der Nord-Süd-Strecke verschwanden bis auf einige mit VT 08 gefahrene FD die letzten namhaften Züge von der Rampe. Wenig später verkehrten auch die »Eierköpfe« nicht mehr. Im verbliebenen kümmerlichen Nahverkehr wurden sogar 44er, V 100, Schienenbusse und ETA, die sich mehr mit der Masse ihrer Akkumulatoren als der ihrer Fahrgäste abmühen mußten, auf Berg- und Talfahrt geschickt. Zum 31. Mai 1980 war es mit dem Personenverkehr vorbei. Der Abschnitt Göttingen–Dransfeld wurde für die Arbeiten an der Neubaustrecke Hannover–Würzburg stillgelegt und abgebaut. Nur noch bei Bedarf wird Dransfeld heute ab Münden mit Übergaben bedient.

261 Emmerthal–Kirchbrak 21 km

Wenig ist von den Vorwohle-Emmerthaler Verkehrsbetrieben (VEV) geblieben: Ihr letzter planmäßiger Schienenbus fuhr am 25. 9. 1982 zwischen Kirchbrak und Hameln, zum Silvestertag 1985 stellten sie dann auch den Güterverkehr mit eigenen Fahrzeugen ein. Das recht klägliche, immer weiter geschrumpfte Frachtaufkommen wird heute bei Bedarf von der Bundesbahn für die VEV, die unter ihrem Namen bestehen blieben, bewältigt. Daß die kleine Privatbahn militärische Bedeutung (bevorzugtes Manövergebiet) haben soll, hat möglicherweise ihr endgültiges Ende und den Streckenabbau noch einmal verhindert.

Das am 9. 10. 1900 eröffnete, einst Preußen und Braunschweig berührende Bähnchen verknüpft die beiden Hauptstrecken Hannover–Hameln–Altenbeken und Holzminden–Kreiensen. Die aus Hameln kommenden Züge zweigten in Emmerthal von der heutigen Linie 260 ab, fuhren auf eigenem Gleis weiter durchs Wesertal in die Münch-

Weseraufwärts fährt am 8. 6. 1981 der VT 2 der VEV bei Hehlen. Der Schienenbus hat eine außergewöhnliche Geschichte: 1960 wurde er für die Kleinbahn Weidenau–Deuz im Siegerland als VT 27 geliefert, die ihn 1968 an die AKN in Schleswig-Holstein weitergab (VT 2.24). Im Oktober 1977 erwarben ihn dort Eisenbahnfreunde der Dampfeisenbahn Weserbergland, um ihn bei der VEV gegen deren alte Personenwagen 129 und 131 einzutauschen. Im Juni 1984 ging der Wagen wieder an Eisenbahnfreunde, diesmal an die Interessengemeinschaft Schienenbus in Seelze. Dem Aussehen nach ähnelt der Wagen der DB-Baureihe VT 98, er besitzt jedoch nur einen Motor.

Der gleiche Triebwagen befährt am 8. 6. 1981 die wuchtige Weserbrücke in Bodenwerder, die aus militärischem Brückengerät zusammengeschraubt ist. Camping-Idyll und Anglerglück werden durch das Dröhnen der Brücke nur kurz aufgeschreckt.

Bodenwerder-Linse war das betriebliche Zentrum der VEV; vor allem waren die Fahrzeuge hier beheimatet. Am 5. 5. 1980 ist VT 2 nach Kirchbrak neben dem Güterzug mit V 34.02 zum Halten gekommen. Die zuletzt drei Dieselloks der Baujahre 1955–1958 waren unpraktischerweise zwar typische Standardloks ihrer Hersteller, dafür aber gleich drei verschiedener (Henschel, Krauss-Maffei, MaK), so daß die Ersatzteilhaltung kompliziert war. Ganz rechts im Bild ist auch noch der VB 2 der Hümmlinger Kreisbahn zu sehen, der von 1976 bis 1983 mietweise bei der VEV war, und der ursprünglich von der Vorortbahn Wilhelmshaven stammte. Interessant auch die leider durchkreuzte gußeiserne Uhr und die Verkleidung der Wetterseite des Bahnhofsgebäudes mit Blechschindeln. (Siehe auch Farbteil S. 147)

hausen-Stadt Bodenwerder, überquerten dort den Fluß und rollten über Kirchbrak und Eschershausen nach Vorwohle an der Kreienser Bahn.

Solling und Weserbergland sind wichtige Naherholungsgebiete, »Sonntagsfahrer« spielten für den Fahrplan nach dem Zweiten Weltkrieg eine immer größere Rolle. Die Ausflugsgaststätte Buchhagen erhielt sogar einen eigenen Bahnsteig. Durch den Tourismus gelangten auch häufig DB-Fahrzeuge (von der BR 50 bis zum 601) auf die teilweise recht mitleidserregend ausschauenden Gleise. 1974 wurde sogar ein aus Akku-Triebwagen gebildeter Sonntagsausflugszug Hameln–Bodenwerder–Vorwohle–Holzminden–Bodenfelde eingeführt; er fuhr nur einen Sommer, längst hatten Pkw und Bus im Ausflugsverkehr die Oberhand gewonnen. Die völlig überfüllten Straßen an der Oberweser wissen an sonnigen Wochenenden ein Lied davon zu singen. Aber es fahren weiterhin Ausflugszüge auf der Kursbuchstrecke 261: Die

»Dampfzug-Betriebs-Gemeinschaft« Hildesheim hat sie für ihren »Weserberglandexpress« ausgewählt.

Als die VEV mit Ende des Sommerfahrplans 1982 ihre Reisezüge einstellte, war sie Niedersachsens letzte Normalspur-Privatbahn mit eigenem Schienen-Personenverkehr gewesen (sieht man einmal von der Wolff-Werksbahn, siehe Strecke 163, ab). Ansonsten waren die VEV nie für Superlative gut, dafür verlief ihre Geschichte, die jetzt noch rasch gestreift werden soll, um so bunter. Die 31,8 km lange Strecke war vom »Kleinbahn-Grossisten« Deutsche Eisenbahn-Betriebs-Gesellschaft (DEBG) gebaut worden. Das ursprünglich in Berlin (später Duingen) ansässige Unternehmen führte im Weserbergland auch die nur wenige Kilometer entfernte Kleinbahn Voldagsen–Duingen–Delligsen, auf der jetzt ebenfalls die »Dampfzug-Betriebs-Gemeinschaft« Sonderfahrten anbietet. Und außerdem gehörten auch die meisten der heute in der SWEG zusammengefaßten Privatbahnen zur DEBG (siehe KBS 705). Das Unternehmen tauschte fleißig Triebfahrzeuge innerhalb seiner Strecken, was zu einem abwechslungsreichen Fuhrpark führte.

1968 wurde die DEBG aufgelöst, die bis dahin unter VEE (Vorwohle-Emmerthaler Eisenbahn) firmierende Bahn war schon im Jahr zuvor in VEV umgetauft worden. Gleichzeitig stellten die VEV den Personenverkehr auf der Schiene ein, weil die alte Gesellschaft ihr Beförderungsprivileg an die Post verkauft hatte.

Fast zwei Jahre später, Ende 1968, wurden aber wieder planmäßig Reisezüge eingesetzt. Während im Norden natürlich Hameln als Endstation beibehalten wurde, endeten im Süden die Züge nun zunächst in Bodenwerder, dann in Kirchbrak und schließlich 1974 sogar wieder in Vorwohle. Seit 1. 4. 1975 war wieder Kirchbrak Endstation, zuletzt aber nur noch »bei Bedarf«. Die Busse fuhren parallel weiter. Wie das »Rennen« ausging, ist bekannt.

283 Werne (a. d. Lippe) Ost–Bockum-Hövel 12 km

Güterzug mit Personenbeförderung (GmP), Holzbänke, 50 Pfennig für zwölf Kilometer – wir sind jetzt keineswegs in den 50er Jahren angekommen! All das gab's bis zum 15. November 1985 zwischen Werne und Bockum-Hövel, dort, wo das Münsterland nicht mehr nur platt und grün ist, wo neben Eichen und Kastanien die ersten Halden und Fördertürme in den Himmel ragen.

Die Werne-Bockum-Höveler Eisenbahn (WBHE) transportiert seit dem 1. Juli 1904 (Personenverkehr seit 1. 6. 1905) zwischen Werne Ost (hier Anschluß an das Zechenbahnnetz) und der Station Bockum-Hövel (früher Ermelinghof) der Hauptstrecke Münster–Hamm, Kohlen. Während jahrelang der Transport der Bodenschätze zum Staatsbahnhof im Mittelpunkt stand, hat sich seit der Inbetriebnahme des Gersteinwerks Stokkum (etwa in Streckenmitte) im Jahre 1928 die Sache grundlegend gewandelt. Nun wurden jährlich zigtausend Tonnen Kohle von Werne wie von

Am Eingang zur ehemaligen Zeche Werne 1/2 liegt der Endpunkt Werne Ost der WBHE. Von hier aus führte das Gleis nach links weiter als Grubenbahn, u. a. bis nach Bönen an der DB-Strecke Hamm–Unna. Auf dem Rückweg bilden Lok 793 und Wagen 77204 den Personenzug, während auf dem Weg nach Bokkum–Hövel zwischen beide noch sieben Güterwagen eingestellt waren.

Hauptkunde der Bahn ist das Gerstein-Großkraftwerk in Stockum. Der Blick aus dem Gleisbildstellwerk Stockum fällt auf den Personenzug, die alte Wartehalle und die Kohleganzzüge zum Kraftwerk. Lok 793 (Typ DE 1002 BB) gehört der MaK und besitzt modernste Drehstrom-Antriebstechnik. Die Maschine war leihweise zusammen mit dieselhydraulischen Vergleichsloks (Typ G 1204 BB) bei der Ruhrkohle AG im Einsatz. Die Nummer der Lok leitet sich aus der MaK-Fabriknummer 1000 793 ab.

Keine Sonderfahrt, sondern der planmäßige Personenzug 9004. Irgend jemand hat herausgefunden, daß man hier einen Kindergeburtstag feiern kann, ohne durch normale Fahrgäste gestört zu werden (im hinteren Abteil saßen dann aber doch zwei). Da Kinder unter vier umsonst fahren und darüber nur die Hälfte bezahlen, kostete die Fahrt für 15 Personen 6,50 DM; und das bei über zwei Stunden Eisenbahnfahrt. Man hätte vielleicht noch nach einer Gruppenermäßigung fragen sollen.

Bockum-Hövel (Zeche Radbod, aber auch, per Staatsbahn herangebracht, von anderen Reviergruben) nach Stockum gefahren. Heute ist die Bedienung des Gersteinwerks das Rückgrat des Verkehrs.

Ein kurzer Blick auf die Liste der Eigentümer der WBHE lehrt ein gutes Stück deutscher Bergbaugeschichte: Ins Leben gerufen vom Georgs-Marien-Bergwerks- und Hüttenverein, ging sie im Krisenjahr 1923 mit den anderen Unternehmen des Osnabrücker Konsortiums im Klöckner-Imperium auf. Klöckner wiederum gab seine Gruben 1969, auf dem Höhepunkt der Bergbaukrise, an die Ruhrkohle AG weiter. Unter den Fittichen dieses Notnagels der bundesdeutschen Energiepolitik führt die WBHE heute ein recht auskömmliches Dasein.

Das rührt allerdings nicht vom Personenverkehr her. Der war nur aus »subventionstechnischen« Gründen bis in die heutige Zeit beibehalten worden. Gelegentlich ein paar Schulklassen oder andere Ausflügler, ansonsten hin und wieder einige Eisenbahnfreunde, das war die Kundschaft. Ein echtes Verkehrsbedürfnis bestand jedenfalls schon lange nicht mehr. Immerhin aber hat die WBHE doch noch an exponierter Stelle Einzug in

Der Zug steht am WBHE-Bahnsteig Bockum-Hövel zur Rückkehr nach Werne. Bockum-Hövel (früher Ermelinghof) liegt an der elektrifizierten Hauptbahn Münster–Hamm, die links des Schuppens verläuft. Torf, verpackt in fünfsprachigen Säkken, bildet die Kulisse für das weitgehend ländliche Idyll. Der Personenwagen 77 204 wurde 1939 in Wismar gebaut und diente bis 1977 der Osthannoverschen Eisenbahn als Triebwagen-Beiwagen 81 bzw. TA 326. Die Eisenbahnfreunde Hameln besorgten ihn dort und tauschten ihn 1977 bei der WBHE gegen deren Uralt-Personenwagen ein. Die unsinnige Nummer 77 204 für den einzigen (!) Personenwagen der Bahn wurde vom Vorgänger übernommen und der hatte sie . . .? Ganz zu Ende des Betriebs mußte auch der neue 77 204 abgestellt werden; die letzten Züge fuhren mit einem von der DB angemieteten Umbau-Vierachser. Alle Aufnahmen vom 12. 10. 1984.

die Statistiken halten können: Als die öffentliche Privatbahn mit der geringsten Personenbeförderungsleistung: so z. B. 1980 – im ganzen Jahr 108 Fahrgäste. Im Abschiedsjahr 1985 hingegen kam man – wohl auch einmalig – auf eine Beförderungssteigerung im Personenverkehr von genau 1085,7%.

284 Rheine–Coesfeld (Westfalen) 46 km

Beim Wettlauf der drei großen rheinisch-westfälischen Eisenbahngesellschaften um das größte Transportaufkommen zwischen Ruhrgebiet und Nordseehäfen hatte sich die Köln-Mindener Eisenbahn einen erheblichen Vorsprung durch die 1874 fertiggestellte Strecke über Münster nach Bremen und Hamburg (»Venloer Bahn«) herausarbeiten können. Dem wollte die Rheinische Eisenbahn eine eigene »Rollbahn« entgegenstellen. 1873 erhielt man die Konzession für die Strecke Osterfeld Nord–Coesfeld–Rheine–Quakenbrück, von wo man mittels der Oldenburgischen Staatsbahnen Anschluß an Bremen und Wilhelmshaven finden wollte. Am 1. Juli 1879 konnte die Gesamtstrecke, die fast überall in der Ebene verläuft, eröffnet werden. Sie war zwar nur eingleisig, aber für den erhofften dichten Durchgangsgüterverkehr wie eine Hauptbahn ausgebaut.

In Rheine mußte die Strecke die größten Umarbeitungen ihrer ansonsten recht ruhigen Geschichte über sich ergehen lassen, als sie für den zwischen 1911 und 1919 entstandenen neuen Rangierbahnhof Platz schaffen mußte. Beim Bahnhof Lutum ergibt sich noch heute das Kuriosum, daß die Gleise der Rheine–Coesfelder und der Münster–Coesfelder Bahn bis kurz vor Coesfeld über einige Kilometer direkt nebeneinander herlaufen, ohne verknüpft zu sein.

Die Strecke, deren Bau übrigens erstmals 1856 in einer Denkschrift angeregt worden war, erlangte letztlich nur regionale Bedeutung. Denn schon wenige Monate nach Aufnahme des Plan-

Sicher vielen Eisenbahnfreunden ein Begriff ist der Haltepunkt Hauenhorst in der Nähe des berühmten Dampflok-Bahnbetriebswerks Rheine. Am 19. 9. 1984 war zwar dort noch Dampflok-Schrott zu finden, die meisten Hallen aber standen leer. Verwaist ist inzwischen auch weitgehend das Gleis der Strecke nach Coesfeld, die hier noch mit dem 624 620 befahren wird. Eine ähnliche Barackenansammlung wie Hauenhorst besaß auch St. Arnold, dagegen fanden sich in Darfeld und Horstmar zweigeschossige Ziegelbauten.

Ein Blick auf die ›Rheinische‹ Seite des Bahnhofs Burgsteinfurt, die jenseits der Zufahrtsstraße zum Empfangsgebäude ein Bahnsteigdach auf gußeisernen Säulen erhalten hatte. Die neuangelegten Park & Ride-Plätze kamen nach dem 28. 9. 1984 nur noch den Reisenden der ›Münster-Enscheder‹ Seite zugute, deren Gleise unweit unter der Strecke nach Coesfeld hindurchgeführt werden. Triebwagen 634 665 gehört zu den wenigen luftgefederten 624 des Bw Osnabrück, die durch Umbau aus dieser Reihe entstanden und dabei die neue Reihennummer 634 erhalten haben. 20. 3. 1984.

Keine zweigleisige Strecke, sondern je eine eingleisige Haupt- und Nebenbahn führen von Lutum nach Coesfeld. Während die Hauptbahn von Rheine (links) inzwischen im Personenverkehr die Segel gestrichen hat, verkehren auf der Nebenbahn von Münster nur Eilzüge im angenäherten Stundentakt. Am 17. 9. 1984 kam es noch zu einer Wettfahrt zwischen dem 624 620 aus Rheine und dem 624 602 aus Münster, die erst am roten Einfahrsignal vor Coesfeld endete.

betriebs setzte die Eisenbahnverstaatlichung in Preußen ein, und der Güterverkehr wurde auf die zweigleisige Strecke Osnabrück - Bremen konzentriert. Nur Kohlenzüge für die Kriegsmarine in Wilhelmshaven sorgten zeitweilig für nennenswerten Durchgangsverkehr.

Der Personenverkehr war auf der Osterfeld–Quakenbrücker Bahn, der längsten durchgehenden Strecke der Rheinischen Eisenbahn überhaupt, schon von der Planung an nur ein Nebenprodukt gewesen. Nach dem Zweiten Weltkrieg verblieb zwischen Oberhausen und Oldenburg nur ein durchgehendes Eilzugpaar, ehe die Einstellung eines ersten Teilabschnittes dem ein Ende machte: Die Betriebseinstellung des Personenverkehrs zwischen Rheine und Quakenbrück erfolgte 1969. Das schnurgerade Stück Rheine–Freren dieses Abschnitts sollte später noch als Schnellfahr-Versuchsstrecke dienen, woraus aber außer erheblichen Investitionen nichts mehr wurde. Am 28. September 1984 rollte dann der letzte Reisezug zwischen Rheine und Coesfeld. Die Strecke wurde anschließend zur Nebenbahn degradiert und wird planmäßig nur noch auf den Ästen Rheine–St. Arnold und Coesfeld–Horstmar im Güterverkehr bedient.

285 Gronau (Westfalen)–Enschede 9 km

Zeitlebends ein recht kümmerliches Dasein mußte der seit dem 15. Oktober 1875 geöffnete Schienen-Grenzübergang zwischen Gronau und Enschede fristen. Keine der betroffenen Bahnverwaltungen konnte so recht glücklich mit ihm werden, und als am 26. September 1981 die »Angebotsumstellung« perfekt war, dürfte den Niederländischen Staatsbahnen (NS) und der DB gleichermaßen ein Stein vom Herzen gefallen sein. Auf ganze zehn Reisende pro Tag war laut Auskunft der Bundesbahn das Passagieraufkommen zuletzt gesunken.

Schon die ersten Besitzer der Strecke von Gronau bis Glanerbrück (von der Grenze bei Glanerbrück bis Enschede war die Bahn im Eigentum der holländischen Eisenbahnen), die Münster-Enscheder- bzw. die Dortmund-Gronau-Enscheder Eisenbahn, hatten so ihren Kummer mit dem Schienenstrang in die Niederlande. Der gewinnträchtige Fernverkehr ließ sich nämlich nicht von der wenige Kilometer entfernten, rund zehn Jahre älteren Almelo–Salzbergener Bahn abbringen; das ist bis heute so geblieben.

Die schlechte Auslastung des grenzüberschreitenden Abschnitts dürfte nicht unwesentlich zu den finanziellen Problemen der Münster-Enscheder Eisenbahn beigetragen haben. Diese führten dazu, daß der preußische Staat nach Gewähr finanzieller Hilfe das Kommando an sich zog, ehe er 1885 die Gesellschaft ganz übernahm; erkennbar besser wurde damit jedoch auch nichts. Die Dortmund-Gronau-Enscheder Eisenbahn übrigens, von Gronau bis zur Grenze zu 50 Prozent Miteigentümerin der Strecke, wurde erst 1903 verstaatlicht.

Ihren vermutlich letzten größeren Auftritt auf internationalem Parkett hatte die Bahn während der europäischen Fahrplankonferenz 1966 in

Enschede mit seinem markanten Uhrturm am Bahnhofsgebäude bildete seit Einstellung der durchgehenden Züge Münster–Amsterdam den Endpunkt für deutsche Triebfahrzeuge. Die Stadt erhielt 1866 von Hengelo aus Eisenbahnanschluß. 1950 entstand der fast neoklassizistische Bahnhofsneubau von Schelling und 1951 wurde Enschede elektrifiziert. Unter der schweren Gleichstromfahrleitung wartet am 24. 7. 1973 der Gleichstrom-Triebwagen 515 599/815 750 der DB auf die Rückfahrt nach Gronau. Trotz der Übereinstimmung im Stromsystem muß er allerdings seinen Strom aus den mitgeführten Akkus beziehen. (Siehe auch Farbteil S. 148)

Madrid. Hier wurde beschlossen zu untersuchen, ob der Schienen- durch Busverkehr ersetzt werden könne. In den Niederlanden sperrte man sich zunächst noch, 1975 regten die NS dann aber an, angesichts der ständig rückläufigen Fahrgastzahlen die Angelegenheit zum Abschluß zu bringen; was – wie gesehen – auch gelang.

Das Kapitel ist damit aber noch nicht ganz abgeschlossen. Am 15. Juni 1985 unternahm die Interessengemeinschaft BOREG (Bus op Rails Enschede–Gronau) mit einem sogenannten Lely-Bus, einer für kostengünstigen Nahverkehr entwickelten Koproduktion von British Rail und Leyland, sechs Fahrten zwischen Gronau und Enschede, bei denen rund 1000 Fahrgäste befördert worden sein sollen. Trotz dieser stolzen Zahl hat man seitdem nichts wieder vom »kleinen Grenzverkehr« gehört, und auch der Lely-Bus, der nach Demonstrationsfahrten in Dänemark auf dem Rückweg nach England war, tauchte nicht wieder auf.

Nichts zu sehen ist auch von anderen Zügen. Der Gesamtbetrieb ist zwar nicht eingestellt worden, jedoch wird der Grenzübergang zur Zeit planmäßig nicht genutzt.

307 Düsseldorf-Rath–Duisburg-Wedau 16 km
409 Hilden–Opladen 13 km

Hinter den beiden Kursbuchnummern 307 und 409 versteckten sich zwei relativ kurze Abschnitte der zweigleisigen, heute elektrifizierten Hauptstrecke Speldorf–Troisdorf, die am 19. November 1874 von der Rheinischen Eisenbahngesellschaft in ganzer Länge in Betrieb genommen worden war. Von Anfang an spielte der Personenverkehr auf dieser Verbindung eine untergeordnete Rolle, was sich am deutlichsten an der Umgehung der Stadt Düsseldorf zeigt, die nur durch eine Zweigstrecke (mit eigenem Bahnhof allerdings) angebunden wurde. In erster Linie sollte die Speldorf-Troisdorfer Bahn dem Erztransport aus dem Siegtal ins Ruhrgebiet, dem Kohlenverkehr in entgegengesetzter Richtung sowie allgemein der Entlastung der linksrheinischen Rh.E.G.-Strecke Köln – Bingerbrück dienen.

Mit Einweihung des Düsseldorfer Hauptbahnhofes, der seit 1891 die Aufgaben der Stationen der Rheinischen, der Köln-Mindener und der Bergisch-Märkischen Bahn in sich vereint, konnte die Streckennutzung geteilt werden: Der Personenverkehr zwischen Duisburg und Köln rollte über die Köln-Mindener Stammstrecke, der Güterver-

Ratingen West am 22. 9. 1983. Der vorletzte Tag des Personenverkehrs lockt einige Fotografen in den Bahnhof, die sich über die Sonne und den noch rot lackierten 515 634 freuen. Im Zug selbst außer zwei Eisenbahnfreunden: ›Business as usual‹, d. h. rund dreißig Berufstätige, die sich auf den Feierabend freuen, die Bildzeitung lesen oder sich in kleinen Gruppen unterhalten. Auf ›Rwf‹ (›f‹ für Fahrdienstleiter) verzögert man aus irgendeinem Grund die Weiterfahrt. Vielleicht kreuzt weiter nördlich ein Kalkzug der dort einmündenden Angertalbahn die Gleise?

Lintorf besitzt einen wuchtigen Ziegelbau, den man irgendwann einmal – vermutlich nach Kriegsschäden – modernisiert, sprich verputzt und ›begradigt‹ hat. Von der ›Neuen Bahn‹ ist außer der himbeerroten Uhr weit und breit nichts zu erkennen, und wie lange sich die ›Bahnhofsklause‹ noch halten kann, ist auch fraglich. 22. 9. 1983.

Immigrath im südlichen Teil der Rheinischen Bahn zeigt, wie auch einmal der Bau in Lintorf ausgesehen hat. Rundbogenfenster in verschiedenen Radien, sowie das kreisrunde Dachbogenfenster im Frontgiebel waren um 1870 beliebte Stilmittel der ›preußischen Behördenarchitektur‹. Akku-Triebwagen unter Fahrdraht waren im Rhein-Ruhr-Gebiet recht häufig anzutreffen, da es für schwaches Verkehrsaufkommen keine Elektro-Triebwagen gab oder gibt. 13. 5. 1983.

kehr über die Speldorf–Troisdorfer Bahn. Nur bei Überlastung der Köln-Mindener Strecke wurden über die Güterbahn hochwertige Reisezüge geleitet, etwa der TEE 40 »Ruhr-Paris« in den 70er Jahren. Das blieb aber eine Randerscheinung.

Der Abschnitt Hilden–Opladen war bis 1981 mit der für den Personenverkehr weit wichtigeren Strecke Düsseldorf–Solingen–Remscheid–Wuppertal unter der Kursbuchnummer 410 zusammengefaßt. Durch die Eröffnung der S-Bahnstrecke S 7 (Düsseldorf-Flughafen–Solingen-Ohligs) wurde dieses Schema durcheinandergewürfelt. Die S7 erhielt die Kursbuchnummer 397, die 410 kennzeichnete nun Ohligs – Remscheid–Wuppertal, und der auf drei Zugpaare (darunter ein Triebwagenpaar von bzw. nach Rheine) zusammengeschmolzene Rest zwischen Hilden und Opladen erhielt mit der 409 für seine letzten Tage noch eine eigene Nummer. Am 23. September 1983 fuhren hier die letzten Reisezüge, mit ihnen verschwand die Kursbuchnummer 409.

Noch schlimmer zurechtgestutzt war der Personenverkehr auf dem nördlichen Ast der Troisdorf–Speldorfer Bahn. Je ein Alibizug pro Richtung blieb hier bis zum 23. September 1983 übrig. Zwischen Düsseldorf-Rath und Düsseldorf Hbf benutzten sie die Strecke nach Essen (Nummer 396, hier fährt heute die S6) mit und rollten dann über die schnurgerade Güterstrecke nach Duisburg-Wedau. Das Sport- und Erholungsgebiet Wedau wird heute von Bundesbahnzügen nur noch vom Duisburger Hauptbahnhof aus bis zur Station Entenfang angefahren, allerdings in dichtem Taktverkehr (Strecke 385). Diese Strecke führt zwischen Wedau und Entenfang parallel zu den Gleisen der Troisdorf–Speldorfer Bahn.

312 Oberhausen Hbf–Walsum 13 km

Das Niederrheingebiet zwischen Duisburg und Wesel spielte im Laufe des Industrialisierungsprozesses eine immer wichtigere Rolle. Häfen und Kanäle lockten viele neue Betriebe an den Westrand des Reviers, und außerdem verlagerte sich der Schwerpunkt der Steinkohlenförderung langsam aber stetig Richtung niederländische Grenze. Da die alte Hauptbahn Oberhausen–Wesel–Emmerich (1856 von der Köln-Mindener Eisenbahn eröffnet) den sich daraus ergebenden Transportbedürfnissen allein nicht mehr gerecht werden konnte, erhielt die Preußische Staatsbahn 1907 die Konzession für den Bau der Strecke Oberhausen–Hamborn–Walsum–Wesel, die das Gebiet zwischen dem Rhein und der Stammroute nach Holland erschließen sollte.

Von Beginn an wurden für den Arbeiterverkehr auch Personenzüge auf der am 15. Oktober 1912 eröffneten Strecke eingesetzt, ihre zweite Hauptaufgabe war stets der enorme Güternahverkehr. Daran änderte sich auch nichts, nachdem wenige Wochen vor Ende des II. Weltkrieges die Brücke über den Wesel-Datteln-Kanal zerstört, die Strecke nahe Wesel damit (für immer) geteilt und das kurze nördliche Teilstück abgebaut worden war. Im Gegenteil: Am Kanal ließen sich neue

Kaum zu glauben, daß in dieser Idylle einmal werktäglich bis zu 79 Züge (1950) abgefahren sind und Walsum 1939 auch am ›Ruhrschnellverkehr‹ mit 34 täglichen Zügen beteiligt war. Tempi passati! Am 13. 5. 1983 hat sich morgens der einzige Zug nach Walsum aufgemacht und wird schon nach wenigen Minuten wieder zurückkehren. Fast die ganze Strecke führt auf hohem Damm, über zahlreiche Straßen, verwirrende Gleisanlagen und die Kleine Emscher. So konnten die Bahnsteige durch Tunnel und Treppe mit Überdachung im ›Gewächshausstil‹ aus dem ebenerdigen Bahnhofsgebäude erreicht werden.

Eine aufwendige Treppe mit Kinderwagenspur hat man noch kurz vor der Stillegung dem Haltepunkt Duisburg-Marxloh an der Kaiser-Friedrich-Straße verpaßt. Dort bestand Anschluß zu zahlreichen Buslinien und zur Straßenbahnlinie 901 (früher 1), doch wer steigt schon von einer Straßenbahn im 10-Minuten-Takt in eine Bahnlinie im 24-Stunden-Takt um?

Großunternehmen – unter anderem eine Aluminiumhütte und eine Erdölraffinerie – nieder, die es zu bedienen galt. Heute sind die Aufgaben so verteilt, daß die DB die Strecke noch bis Spellen selbst unter ihren Fittichen hält, ab dort liegen ausgedehnte Industrieanschlüsse; wie es überhaupt an der ganzen Strecke von Anschlußgleisen nur so wimmelt.

Von Voerde (hier hat das mächtige Steinkohlenkraftwerk Anschluß an die Strecke 312) bis Oberhausen ist die Landschaft so dicht besiedelt, daß konsequenterweise längst Straßenbahnen und Busse die Hauptlast des öffentlichen Nahverkehrs übernommen haben. Und daneben gibt's ja immer noch die Oberhausen–Weseler Hauptbahn (KBS 310). So wird die am 27. 5. 1983 erfolgte Einstellung des Personenverkehrs auf der Strecke 312 wohl zu verschmerzen gewesen sein. Denn wer das zuletzt einzig verbliebene Zugpaar nach Walsum am frühen Morgen benutzte, mußte für den Rückweg nach Feierabend sowieso auf ein anderes Verkehrsmittel umsteigen.

321 Recklinghausen Hbf–Gelsenkirchen-Buer Nord 15 km

324 Recklinghausen Hbf–Hamm (Westfalen) 48 km

sowie Verbindungsstrecken Herten (Westfalen)–Recklinghausen Ost und Recklinghausen Ost–Recklinghausen Süd

Mit der Verstaatlichung der Köln-Mindener (1879), der Rheinischen (1880) und der Bergisch-Märkischen Eisenbahn (1882) hatte sich Preußen auch das Hauptproblem dieser mächtigsten westlichen Privatbahnen aufgehalst: das chaotische Schienenknäuel im Ruhrgebiet. Ohne Rücksicht auf ein zusammenhängendes System hatten alle fleißig drauflosgebaut, stets darauf bedacht, möglichst schnell jedem potentiellen Kunden – und davon gab's im Revier genug – den Schienenstrang vor's Firmengelände zu legen. Aus diesem Wirrwarr etwas zu machen, war für einige Jahre eine Hauptbeschäftigung der mit der Verstaatlichungswelle gegründeten Königlichen Eisenbahn-Direction (KED) Cöln-rechtsrheinisch.

Ohne Neubauten war da nichts zu holen. Zunächst packte man das Problem sozusagen an Kopf und Schwanz gleichzeitig: 1889 wurde – unter anderem – der Bau neuer Verschiebebahnhöfe am Ostrand des Reviers in Hamm sowie im Westen in Osterfeld beschlossen. Als die neuen Anlagen langsam Gestalt annahmen, hatte sich das Verkehrsproblem zwischen Ruhr und Lippe aber schon weiter verschärft. Es fehlte noch eine wei-

Blick aus dem abendlichen Akku-Triebwagen auf die Strecke 324 kurz vor Bergkamen. Die Landschaft in diesem nordöstlichen Teil des Ruhrgebietes wirkt noch ein wenig ländlich, doch der Bergbau hat die ganze Gegend unterhöhlt, so daß es im Laufe der Zeit zu Bergsenkungen von mehreren Metern kommt. Bei Oberaden ist dadurch der Datteln-Hamm-Kanal immer höher aus der Landschaft gewachsen, denn sein Wasserspiegel läßt sich wegen der umgebenden Kanalabschnitte nicht absenken. Neben immer höheren Kanaluferdämmen war 1983 auch wieder mal ein rund 3 m höherer Bahndamm für die Kanalbrücke der Strecke 324 fällig.

Recklinghausen-Suderwich besitzt, ebenso wie z. B. Datteln, Lünen Süd, Herten und Gelsenkirchen-Buer Nord, ein ziemlich ›opulentes‹ Empfangsgebäude in weitgehend einheitlicher Ausführung. Architektonisch werden bei diesen Bauten schon Übergänge zu den frühen Reichsbahnbauten der Zwanziger Jahre sichtbar (z. B. Strecke Lünen–Münster). 515 661 ist der jüngste Akku-Triebwagen der DB. Seit seiner Abnahme am 15. 4. 1965 hat er das Ruhrgebiet nicht verlassen.

Kaum jemand wird für sich in Anspruch nehmen können, das Gleisnetz des Ruhrgebietes einschließlich seiner Werksbahnen einigermaßen zu durchschauen. Ein kleiner Ausschnitt: Aus Recklinghausen Hbf kommend, verläßt man nach Osten die Strecke nach Recklinghausen Süd (–Essen). Hier an der Aufnahmestelle fährt dann der Akku-Triebwagen nach rechts in Richtung Herten, während es links nach Recklingshausen Ost geht. Beide Strecken führen nach wenigen hundert Metern auf die Strecke Hamm–Gelsenkirchen-Buer Nord, die ihrerseits unweit von hier die Recklinghausen–Essener Bahn unterfährt. Das rechte Gleis am Bildrand gehört zur Zeche General Blumenthal, die u. a. durch Anschlußbahnen mit Recklinghausen Süd, mit Zeche Ewald, Hafen Wanne-Eickel und Bahnhof Westerholt verbunden ist. Im Prinzip könnte man hier z. B. über Recklinghausen Süd einen Nonstopkreisverkehr à la Modelleisenbahn organisieren.

tere Ost-West-Verbindung. Die Bahnverwaltung entschied sich für eine Neubaustrecke zwischen den neuen Verschiebebahnhöfen, wobei von Osterfeld bis Gladbeck die Quakenbrücker Bahn (siehe 284) mitbenutzt und ausgebaut werden sollte.

Die am 1. 5. 1905 eröffnete Hauptstrecke war als schnelle Güterzugverbindung gedacht. Zwar wurden für den Arbeiterverkehr auch Empfangsgebäude eingerichtet, aber diese lagen schon damals am Rand der Städte; Bergkamen, Datteln oder auch Recklinghausen Ost belegen das. Den

Fernverkehr überließ man der Köln-Mindener Stammstrecke.

Im Lauf der Jahrzehnte änderte sich an all dem wenig. Nur zwischen Buer Nord und dem Hauptbahnhof Recklinghausen, der allerdings an der Münster–Wanner Bahn liegt, hielten sich bis zuletzt einige Nahverkehrs-Zugpaare. Einer der fast immer aus ETA des Bw Wanne-Eickel gebildeten Züge benutzte dabei nicht die direkte Verbindungskurve, sondern fuhr noch einige hundert Meter in Richtung Hamm bis Recklinghausen Ost und steuerte dann »rückwärts« den Hauptbahnhof an. Von und nach Hamm selbst verkehrte zuletzt zwischen den Güterzügen nur noch ein Reisezugpaar. Mit Beginn des Sommerfahrplans am 27. 5. 1983 wurde es ebenso wie die Fahrten bis Buer Nord (Abzweig nach Haltern) eingestellt. Zwischen Bottrop und Oberhausen bzw. Haltern wurde gleichzeitig der Fahrplan völlig umgekrempelt und ein S-Bahn ähnlicher Taktverkehr eingeführt (KBS 321 und 381).

140 832 zieht einen Kohle-Ganzzug über die Brücke Hirtenstraße in Richtung Recklinghausen Ost. Einmal am Tag, um 5.12 Uhr, fuhr über diese Brücke zuletzt auch ein Personenzug, der von Recklinghausen Hbf kommend erst Ost anfuhr, dort wendete, um dann (im Bild nach links) nach Oberhausen zu fahren. Im Winterfahrplan 1979/80 war man noch origineller: Über die Brücke fuhren zwei Züge: nachmittags wie beschrieben (nur umgekehrt) der 8679, während der 5-Uhr-Morgenzug von Recklinghausen Hbf nach Ost fuhr, dort wendete und über eine weitere Kurve nach Recklinghausen Süd zurück auf die Hauptstrecke nach Wanne-Eickel gelangte (7514). Zu den bevorzugten Wohngebieten Recklinghausens gehört die Hirtenstraße im Gleisdreieck sicherlich nicht, ist man doch von Güterzügen nur so umzingelt. Dafür ist es nicht weit zur ›General Blumenthal‹, die zu einem Zentralschacht für die nördlicheren Gruben ausgebaut wird. Alle Aufnahmen 13. 5. 1983.

345 Paderborn Hbf–Büren (Westfalen) 27 km

Paderborn–Büren, eröffnet am 20. Oktober 1898, war das letzte noch mit planmäßigem Personenverkehr betriebene Teilstück der Almetalbahn Paderborn–Brilon-Wald, die seit ihrer Fertigstellung im Jahre 1901 die »Westfälische Staatsbahn« Warburg–Hamm und die »Obere Ruhrtalbahn« Warburg–Hagen miteinander verknüpft hatte. Zwischen Büren und Brilon-Wald war der Personenverkehr schon zum Sommerfahrplan 1975 eingestellt worden, abschnittsweise fahren hier noch Güterzüge; im Sommer ab Bahnhof Ringelstein auch historische Straßenbahnen, die von einem Verein namens »Westfälische Almetalbahn« mit Hilfe eines Dieselgenerators auf die Reise geschickt werden.

Aber zurück zum Abschnitt Paderborn–Büren. Wie die gesamte Strecke, zeichnete dieser sich durch bemerkenswerte landschaftliche Reize aus. Zwei kurze Tunnels sind zu passieren, siebenmal kreuzt die Bahn den Almefluß, wobei eine dieser

Da der Zug nicht wendezugfähig ist, muß in Büren die 212 085 ans andere Ende des Zuges umgesetzt werden. Das Stellwerk kündet noch von besseren Zeiten, als Büren noch aus drei Richtungen per Bahn erreichbar war.

Bei Ahden findet sich eine schöne alte Steinbogenbrücke über die Alme. Beim Vergleich mit der Autobahnbrücke (siehe Farbteil S. 148) wird deutlich, wie sehr sich in gut 60 Jahren im Verkehrswegebau die Ansprüche an die Überwindung natürlicher Verkehrshindernisse verändert haben.

Bei Paderborn-Büren bevorzugte man hohe und relativ schmale Bahnhofsgebäude. Sie finden sich in Tudorf, Brenken, Ahden und Wewelsburg. Der Bau in Tudorf besaß früher an der kahlen Giebelseite auch noch einen Güterschuppen, dessen Verschwinden zur ›Reduzierung der Anlagenrechnung‹ beiträgt. Alle Aufnahmen 8. 11. 1980. (Siehe auch Farbteil S. 148)

Brücken noch von einem mächtigen Autobahnviadukt überdacht wird.

Als zum Sommerfahrplan am 30. Mai 1981 der magere Personenverkehr nach Büren eingestellt worden war, drohte für einige Zeit die Gesamtstilllegung der Strecke. Inzwischen darf sie aber als gerettet gelten, da ein kohleverarbeitender Betrieb in Büren jährlich zigtausend Tonnen polnischer Schlammkohle per Bahn heranschaffen lassen will. In früheren Zeiten hatten die Holzabfuhr, Zement- und Agrarprodukte-Transport den Betrieb bestimmt. Apropos Zement: Bis 1961 fuhren auch Züge von Büren nach Geseke (Strecke 340). Von dieser Nebenbahn ist nur noch Geseke–Steinhausen übriggeblieben; vornehmlicher Zweck: Zementabfuhr.

Eine recht bescheidene Rolle hat stets der Personenverkehr gespielt. »Ganz und gar lokalen Charakters«, könnte man sagen, wenn, ja wenn da nicht das berühmt-berüchtigte »Heckeneilzugpaar« Bremen–Rahden–Bielefeld–Paderborn–Brilon–Korbach–Frankfurt gewesen wäre, das erst kurz vor der Stillegung des südlichen Abschnitts der Nebenbahn,über Warburg, geleitet wurde.

Völlig ist Paderborn–Büren aber auch heute noch nicht für den Personenverkehr verloren. Gelegentlich rattert nämlich ein Nostalgiezug der »Museumseisenbahn Paderborn« durch das beschauliche Almetal.

361 Olpe–Kirchen 33 km

Daß man mit einigem guten Willen auch aus Nebenbahnen, die schon als völlig unrentabel befunden worden waren, etwas machen kann, bewies die DB-Generalvertretung Siegen im Sommer 1985. Von Mai bis August ließ man von Siegen nach Sondern am Biggesee rund 20 Sonderfahrten mit sechsteiligen Schienenbusgarnituren starten, die sich besten Zuspruchs erfreut haben sollen. Bei den Ausflugstouren wurde auch die Strecke Olpe–Kirchen mitbenutzt, auf der zum Sommerfahrplan am 28. 5. 1983 der Personenverkehr eingestellt worden war. Resultat der erfolgreichen »See-Fahrten« war unter anderem, daß der bereits eingeleitete Streckenabbau des offiziell stillgelegten Teilstücks Freudenberg–Rothemühle gestoppt wurde. Ob mit dauerndem Erfolg, muß abgewartet werden.

Natürlich war die Strecke Kirchen–Olpe–Finnentrop nicht für Ausflugsfahrten gebaut worden. Die Bodenschätze und die eisenverarbeitende Industrie des Kreises Olpe brauchten nach Fertigstellung der Deutz-Gießener Bahn (1862) und der Ruhr-Sieg-Strecke (1861) dringend Bahnanschluß, um weiter bestehen zu können. 1875 hatte die Bergisch-Märkische Eisenbahn Olpe über Finnentrop »am Netz«. Am 1. Dezember 1880 wurde die Weiterführung bis Rothemühle eröffnet. Damit war vorerst einmal Schluß.

Einige Kilometer weiter südlich hatten sich die Kommunen des Fischbachtales, voran Freudenberg, für eine Eisenbahn ins Siegtal starkgemacht. Am 15. 5. 1888 wurde die Strecke, die keiner aufwendigen Kunstbauten bedurfte, für den Personenverkehr zwischen Kirchen und Freudenberg

In manchen Fällen gab es auch auf Nebenbahnen hochmoderne Bahnhofsgebäude. Dieses hier in Niederfischbach versucht sich mit seinen dunklen Klinkern den heimischen Schieferfarben anzupassen. Die ›Verkaufsstelle für Bahnreisen‹ (welch' ein Begriff!) erreicht man, indem man rechts um die Rohre herum zum Fahrdienstleiter geht. Dort wird man auch des Schienenbusses ansichtig, der hier wendet, um nach Betzdorf zurückzukehren.

Junkernthal, einer von 24 Halteorten auf der 36 km langen Strecke Olpe–Betzdorf. Mit nur 1,56 km durchschnittlichem Abstand dürfte das deutscher Rekord sein.
798 823 kommt am 7. 5. 1982 aus Olpe.

Einfahrt frei mit 40 km/h in Wehbach. Straße, Jägerzaun, Gleis und Kabelkanal begleiten den Bach durch den Ort. Ebenso prägen die alte Kirche, die ganz mit Schiefer verkleideten Häuser sowie die vier gleichen Siedlungshäuser aus den 50iger/60iger Jahren das Ortsbild. Natürlich besitzt Wehbach nicht nur einen Bahnhof: drei Haltepunkte folgen auf 1280 m Streckenlänge.

Eingezwängt zwischen Empfangsgebäude und Wehbacher Hütte liegen die Gleise des Bahnhofs Wehbach. Für den Zugangsweg zum Bahnsteig mußte sogar das Gleis 1 verschwenkt werden, und die beiden Ausfahrsignale tragen einen weißen Warnstrich. Bemerkenswert auch die schmale Ausführung des rechten Signalmastes. Wie es sich für die Gegend gehört, ist das Empfangsgebäude völlig verschiefert. Recht eigenwillig sind hingegen die Rohre an den Hüttengebäuden verlegt.

eröffnet. Bereits ein Jahr zuvor war das Teilstück Kirchen–Zeche Glücksbrunnen für den Güterverkehr freigegeben worden.

Der Raum Olpe war mit seiner Eisenbahn nach Finnentrop offenbar nicht sonderlich glücklich. Wirtschaftlich war man mehr auf Siegen ausgerichtet, insbesondere die Hochofenbetriebe. Da lag die Forderung nahe, zwischen Rothemühle und Freudenberg die nur kurze Lücke zu schließen. Aber die Staatsbahnverwaltung wollte nicht so recht, aus zwei Gründen: Zum einen war die Fischbachtalbahn schon damals ein Zuschußbetrieb, zum anderen war klar, daß in »Klein Tirol« zwischen Freudenberg und Rothemühle ein Tunnel geschlagen werden mußte. So dauerte es nach langem hin und her noch bis zum 1. 11. 1907, ehe der durchgehende Verkehr Kirchen–Olpe–Finnentrop aufgenommen werden konnte.

Der damals relativ einfache Weg durchs gewerbearme Fischbachtal wurde mit dem Aufblühen des Automobils der Bahn zum Verhängnis. Der Raum Freudenberg orientierte sich zur nahen Großstadt Siegen hin, die mit Bus oder Pkw schnell zu erreichen war. An großzügigen neuen Straßen mangelte es schließlich nicht. Die Bahnfahrt nach Siegen über Kirchen war dagegen schon fast eine »Weltreise«.

364 Berleburg–Frankenberg (Eder) 45 km

Eine Eisenbahnreise zum Genießen ... 45 Kilometer in rund 80 Minuten, eine faszinierende Landschaft, das Ederflüßchen, die Wälder des Rothaargebirges – nur die Fahrgäste fehlten, wenn man einmal von den Schülern absieht. Denn vor allem dem Schülerverkehr diente sie nach langsamer, aber stetiger Fahrplanausdünnung letztlich noch, die Nebenbahn von Frankenberg nach Berleburg, die am Abzweig Hörre in die Berleburg-Erndtebrücker Strecke einmündet. Aber nach Ablauf des Winterfahrplans 1980/81 am 30. Mai 1981 (Hatzfeld–Berleburg schon ein Tag früher) mußten auch die Schüler in den Bus umsteigen.

Die Strecke nach Berleburg zweigt in Allendorf von der am 1. Dezember 1908 eröffneten Nebenbahn Frankenberg–Winterberg ab, von der heute nur noch das Stück Winterberg–Hallenberg besteht. Für die rund 33 Kilometer lange Strecke von Allendorf zur Abzweigstelle Hörre brauchten die altvorderen Eisenbahnbauer dann gleich vier Anläufe, ehe sie durchgehend befahrbar war: Hörre–Raumland wurde am 1. Oktober 1910 eröffnet, am 17. November desselben Jahres folgte am anderen Ende Allendorf–Hatzfeld, am 1. April des Folgejahres Hatzfeld–Arfeld und schließlich am 15. August 1911 Arfeld–Raumland. Eilig hatte man es also auch damals schon nicht. Allerdings kann man den Erbauern zugute halten, daß für die recht unbedeutende Strecke immerhin ein Tunnel, dazu mehrere Brücken und Einschnitte geschlagen werden mußten.

Es darf wohl bezweifelt werden, daß die Strecke zu irgendeinem Zeitpunkt einmal ihre Kosten wieder »eingespielt« hat. Zu gering war stets das Verkehrsaufkommen. Der Personentransport bewegte sich im lokalen Rahmen, der Gütertrans-

Am Abzweig Hörre, einem idyllischen kleinen Posten auf freier Strecke, teilten sich die Strecken von Berleburg nach Frankenberg (links) und nach Erndtebrück (rechts). Am 27. 7. 1979 kommt der 798 549 aus Richtung Frankenberg und wird in wenigen Minuten Berleburg erreichen. Heute liegt da, wo auf dem Bild der Schienenbus fährt, nur noch überwucherter Schotter; die Signale, das Spannwerk und die Weiche sind abgebaut und damit auch der Posten Hörre überflüssig geworden. Sein Gebäude dient, liebevoll restauriert, als Wochenendhaus. Rechts dagegen kann man noch 17 Mal am Tag einen Reisezug bewundern (Winter 86/87).

In Beddelhausen liegen keine Gleise mehr. Am 29. 5. 1981 fuhr hier 798 518/998 283 und 998 857 in Richtung Frankenberg. Die meisten Bahnhöfe der Strecke wiesen eine sehr ansprechende Gestaltung auf, z. B. die ungewohnten Dacherker oder z. T. ovale Ortsschilder.

Reddighausen ist erreicht. Ein herrlicher Sommertag läßt die Wäsche schnell trocknen, und das Bettzeug wird im Fenster gelüftet. Auch bei Bahnen gibt es einen Schilderwald: Die diversen Pfeif-, Anfangs- und Haltetafeln wollen gewissenhaft beachtet sein. Einige hundert Meter weiter taucht der Schienenbus in den Reddighäuser Tunnel ein, der eine langgezogene Ederschleife samt der Röß-Mühle abkürzt. 27. 7. 1979.

port war zumeist von der Holzabfuhr abhängig. Inzwischen hat erfreulicherweise ein großer metallverarbeitender Betrieb in Hatzfeld sich so weit mit der Schiene arrangieren können, daß von hier bis Frankenberg recht reger Güterverkehr herrscht. Zwischen Hörre und Hatzfeld dagegen ist Ruh', die Strecke ist abgebaut.

367 Haiger–Breitscheid (Dillkreis) 12 km

Ein merkwürdiges, doppeltes »Kriegsopfer« stellt der Streckentorso Haiger–Breitscheid dar: Zweimal wurde das Unterfangen, eine Bahn durch den Hohen Westerwald von der Dill an die Lahn unter Umgehung Wetzlars zu trassieren, durch den Ausbruch der Weltkriege gestoppt.

Am 28. 5. 1913 hatte Preußen die Konzession zum Bau der Bahnlinie Haiger–Gusternhain (rund 2 km südlich von Breitscheid) erteilt, gleichzeitig mit der Konzession für die Strecke Stockhausen/Lahn–Beilstein. Das Zwischenstück hatte man noch ausgespart. Der Bau an beiden Strecken wurde aber durch den I. Weltkrieg unterbrochen und erst in den 20er Jahren wieder aufgenommen. Während Beilstein am 28. Juni 1924 erreicht war, dauerte es auf der anderen Seite etwas länger. Erst

Mit 1114 Meter Länge gehört der Rabenscheider Tunnel zu den längsten DB-Nebenbahntunneln. Das in Bau und Unterhaltung aufwendige Bauwerk stand – ebenso wie der Viadukt bei Flammersbach – stets im Gegensatz zur geringen Verkehrsbedeutung der Linie. Am 19. 7. 1979 verläßt 795 463 das westliche Tunnelportal. Auffällig die schlichte Gestaltung des Mauerwerks und der elliptische Tunnelquerschnitt für eine später mögliche Elektrifizierung der Linie. 19. 7. 1979.

Der Abendzug ist am 19. 7. 1979 in Breitscheid angekommen, der Zugführer wechselt die Zugschlußscheiben des einmotorigen Schienenbusses 795 463. Das schlichte Empfangsgebäude wirkt kaum wie der Endpunkt einer Nebenbahn. Es liegt im übrigen nur rund 2,5 km Luftlinie entfernt vom Spitzkehrenbahnhof Erdbach der Westerwald-Querbahn. (Siehe auch Titelbild)

am 15. 12. 1926 konnte die Strecke Haiger–Rabenscheid eingeweiht werden, dann kam die Weltwirtschaftskrise, die Bauarbeiten wurden wieder eingestellt. Offenbar als Arbeitsbeschaffungsmaßnahme wurden 1935 wieder Schaufel und Spitzhacke angesetzt, der Tunnel zwischen den Stationen Rabenscheid und Medenbach geschlagen, und am 15. 5. 1939 konnte das nächste Teilstück bis Breitscheid eröffnet werden. Hier war dann aber endgültig Schluß, der II. Weltkrieg setzte neue Prioritäten, wenige hundert Meter hinter dem Bahnhof Breitscheid endete die Strecke.

Neben dem Tunnel bei Medenbach weisen auch der Betonviadukt von Flammersbach und die weitläufige Kurvenentwicklung zur Höhengewinnung darauf hin, daß man mit der Strecke einst einiges vorgehabt hatte. Da es aber bei der kurzen Stichbahn blieb, wurde die als Hauptbahn konzipierte Strecke im Nebenbahnbetrieb bedient.

Entsprechend mager war auch stets das Zugangebot, zuletzt verkehrten in beiden Richtungen drei Schienenbusse für den Arbeiter- und Schülerverkehr, die entweder in Dillenburg oder in Niederwalgern, Gladenbach, Herborn oder gar Marburg endeten bzw. abfuhren.

Nach Einstellung des Personenverkehrs zum 31. 5. 1980 ist der unvollendeten Strecke ein beachtlicher Güterverkehr (Schotterwerk Medenbach, metallverarbeitender Betrieb in Flammersbach) geblieben.

369 Herborn (Dillkreis)–Schönbach (Dillkreis) 11 km

425 Montabaur–Rennerod (Westerwald) 43 km

Mit den Resten der »Westerwaldquerbahn« haben wir es jetzt zu tun. Querbahn deshalb, weil sie (anders als die Strecken Altenkirchen–Westerburg–Limburg und Altenkirchen–Siershahn–Limburg) den Höhenzug zwischen Taunus und Bergischem Land in Nord-Süd- statt in Ost-West-Richtung durchzieht. Ausgangspunkt war im Norden Herborn an der Deutz–Giessener Bahn und im Süden Montabaur an der bereits erwähnten Verbindung Siershahn–Limburg. Kernpunkt des Betriebs aber war der Kreuzungsbahnhof Westerburg.

Wie manch andere Nebenstrecke starb auch die Westerwaldquerbahn in Raten. 1959 wurde der Personenverkehr zwischen Rennerod und Steinringsberg eingestellt, sieben Jahre später folgte hier auch der Güterverkehr, gleichzeitig wurde im Norden der Personenverkehr auf das Teilstück Herborn–Schönbach zurechtgestutzt.

Herborn–Schönbach war aus betrieblicher Sicht das Interessanteste, was die Querbahn zu bieten hatte. Der steile Anstieg aus dem Dilltal wurde im Bahnhof Erdbach mittels einer Spitzkehre bewältigt: Vom Eröffnungstag der Strecke

Erdbach wurde durch seine Spitzkehre recht bekannt, deren beiden Streckenäste nach Herborn (links) und nach Schönbach (rechts) zu sehen sind. In die Schlagzeilen geriet der Bahnhof, als am 13. 8. 1973 sechzehn Güterwagen, die in Mademühlen mutwillig abgekuppelt worden waren, die Strecke herunterrasten und nach 17 Kilometern Talfahrt (mit 20 Bahnübergängen) in Erdbach zerschellten. Dabei überfuhren sie den Prellbock des rechten Gleises um rund 50 Meter und zerstörten ein Bauernhaus. Ein Toter und Millionen-Sachschaden waren die Folgen des Anschlags. Sehr selten sieht man inzwischen stilreine Wellblechhütten, hier als Stellwerk für die Einfahrweichen.

Der Endbahnhof Schönbach ist erreicht, und die Schüler wählen den direkten Weg zum heimischen Mittagstisch. Auf Nebenbahnen hat man es längst aufgegeben, Verstöße gegen die ›Betreten der Bahnanlagen verboten!‹-Schilder zu ahnden. Ähnliche Bahnhofsgebäude wie in Schönbach finden sich auch in Erdbach und anderen Stationen der Querbahn. Steuerwagen 998 841 trägt bereits die Schlußscheiben für die Rückfahrt. Auf dem rechten Bahnsteig steht eine Werkzeugkiste der Gleisbaurotte.

Bevor die Rückfahrt angetreten werden kann, macht der Zugführer über Fernsprecher die Zugmeldung. Im Dienstraum ist die Wand von Feuchtigkeit gezeichnet und mit Plastikfolie geschützt. Einige typische Utensilien wie Warnflagge (unten), Fackel, diverse Schlüssel und ein ›Dienst‹-spiegel zum Prüfen von Uniform und Frisur sind zu erkennen. Alle Aufnahmen 9. 5. 1980.

Unweit der Endstation Rennerod schlängelt sich der 515 529 am 11. 4. 1981 über die Hochfläche des Westerwaldes. Die Akkutriebwagen erlebten im Westerwald ein seltsames Schicksal: Nachdem sie dort mehr und mehr die weniger komfortablen Schienenbusse abgelöst hatten, wurden sie 1986 völlig abgezogen und wieder durch Schienenbusse ersetzt. Diese Komforteinbuße erlebte die Strecke Rennerod – Montabaur nicht mehr. Sie war längst vorher stillgelegt worden.

Auf der Strecke Montabaur–Rennerod mußte man fast immer in Westerburg umsteigen. Die Aufnahme zeigt die dortige Westerwaldquerbahnseite am 10. 10. 1979 mit dem 795 525 (im Hintergrund) aus Rennerod und dem 995 559 (vorne rechts) nach Montabaur. Auf der anderen Seite des Bahnhofsgebäudes liegen die Gleise der Strecke Limburg–Altenkirchen, die die Querbahn wenig südlich unterquert.

(Herborn–Driedorf 1. Mai 1906) bis zum Ablauf des Winterfahrplans am 31.5.1980 konnten Personenzugreisende dieses im Laufe des Jahrhunderts langsam aussterbende Instrument zur Höhengewinnung hier miterleben.

Nicht weniger als 19mal täglich fuhren zuletzt noch die Schienenbusse die Spitzkehre an, bis der Personenverkehr abrupt auf die Straße verlagert wurde. Seit September 1985 ist auch im Güterverkehr Schluß, Herborn–Schönbach wurde stillgelegt.

Auf Kniffe wie eine Spitzkehre oder Tunnels konnte man zwischen Westerburg und Rennerod (eröffnet am 16. Juli 1907) sowie Westerburg und Montabaur (1. Juni 1910) verzichten. Die Steigungsverhältnisse waren hier auf dem Hochland so, daß man mit künstlicher Längendehnung auskam. Dennoch ging es natürlich nicht ganz ohne teure Kunstbauten, wie die imposante stählerne Talbrücke bei Westerburg zeigt.

Die Westerwaldquerbahn litt von Anfang an darunter, daß sie trotz ihrer beachtlichen Länge nur wenige größere Ortschaften miteinander verknüpfte. Der Personenverkehr war mager, und im Güterverkehr waren Steinbrüche und Holzwirtschaft noch die besten Kunden. Wichtigster Bahnhof neben Westerburg war Fehl-Ritzhausen. Hier zweigte die Nebenstrecke über Bad Marienberg nach Erbach an der Strecke Westerburg–Altenkirchen ab. Von ihr existiert heute nur noch der Torso Erbach–Marienberg. Schlecht stehen die Karten auch für Rennerod–Westerburg. Am 30. Mai 1981 fuhren die letzten Schienenbusse, den allein übriggebliebenen dürftigen Güterverkehr erledigen einzelne Übergabezüge. An der anderen Ausfahrt des Bahnhofs Westerburg wurde bereits »aufgeräumt«. Mit der Einstellung des Nahverkehrs nach Montabaur – ebenfalls am 30. Mai 1981 – wurde die Strecke bis Wallmerod stillgelegt.

Kursbuchstrecke 409 siehe unter KBS 307

795 497 ist am 10. 10. 1979 mit einem Beiwagen der Reihe 995 im Bahnhof Wallmerod eingelaufen. Das Bahnhofsgebäude wirkt durch die ausgerundeten Dächer nicht so streng wie die anderen Stationen der Strecke. Damals beherrschte noch der einmotorige Schienenbus der Reihe 795 das Feld, der sich äußerlich vor allem durch die Mittelpufferkupplung samt Behelfspuffern vom Zwei-Motorer der Baureihe 798 unterscheidet.

411 Bergisch Born–Hilgen 11 km

Die 1843 gegründete Bergisch-Märkische Eisenbahn (BME) war schon wenige Monate nach ihrer Konstituierung in finanzielle Schwierigkeiten geraten und bekam das Geld für den Bau ihrer Stammstrecke Eberfeld-Dortmund nicht zusammen. Die Geschäftsführung des jungen Unternehmens wurde in höchster Not in Berlin beim preußischen Finanzministerium mit der Bitte um finanzielle Hilfe vorstellig – und hatte Erfolg. Für eine Million Taler zeichnete der Staat Aktien, verknüpfte das aber mit der Bedingung, daß Staatsbeamte die Verwaltung der Gesellschaft führen sollten. Besonders in den 1870er Jahren wurde dann seitens der Aktionäre den Beamten der Bahnverwaltung der Vorwurf gemacht, zu viele Strecken gebaut zu haben, die vielleicht der Entwicklung benachteiligter Regionen, nicht aber der Steigerung der Dividende zuträglich seien (ein beim Vergleich mit großen rein privaten Bahngesellschaften kaum haltbarer Angriff). Dieser Vorwurf war auch auf die Verbindung Bergisch Born–Opladen, eine der ersten nebenbahnmäßig gebauten Linien der BME, gemünzt.

Die in zwei Etappen eröffnete Strecke (Opladen–Wermelskirchen 15. 10. 1881, Wermelskirchen-Born 15. 5. 1876) steigt von Bergisch Born an der BME-Linie Barmen–Wipperfürth (eröffnet 1876) nach Opladen an der BME-Hauptstrecke Deutz–

Wermelskirchen war der wichtigste Bahnhof zwischen Bergisch Born und Hilgen. Wie für das Bergische Land fast selbstverständlich ist er, ebenso wie das Wohnhaus im Hintergrund, vollständig mit Schiefer verkleidet und gedeckt. Der Bahnhof Wermelskirchen besaß ab 1890 auch Gleisanschluß an die meterspurige Wermelskirchen-Burger Eisenbahn, deren letzte Überreste 1962 verschwanden.

Haan (eröffnet 1866) hinab und berührt mit Wermelskirchen und Burscheid zwei Kleinstädte, die eine sich schnell und kräftig entwickelnde Eisenindustrie aufweisen konnten. Außerdem bot die Strecke für die Industriestadt Remscheid den schnellsten Anschluß an den Großraum Köln. Diese wichtige Funktion verlor Opladen–Born (der Zusatz »Bergisch« gesellte sich erst in diesem Jahrhundert hinzu) mit der Einweihung der berühmten Müngstener Brücke 1897, denn von nun an stand eine weit schnellere Verbindung Remscheid–Solingen–Ohligs–Köln zur Verfügung. Fortan diente Born–Opladen nur noch lokalen Bedürfnissen, wobei der Güterverkehr im Vordergrund stand.

Als am 27. 5. 1983 der Personenverkehr zwischen Bergisch Born und Hilgen auf die neben der Schiene verlaufende Bundesstraße 51 verlagert wurde, war mit Wermelskirchen auch der größte Ort an der Strecke abgehängt. Andererseits erweiterte die DB das Schienenangebot von Opladen bis zum jetzigen Endpunkt Hilgen, wo die Züge im Berufs- und Schülerverkehr den dichten Busfahrplan ergänzen. Zwischen Wermelskirchen und Hilgen ist die Strecke inzwischen stillgelegt und soll, sobald es sich als notwendig erweist, abgebaut werden.

Zwei Stationen weiter erreicht der Schienenbus 795 669 den Haltepunkt Tente, dessen Ortsstraße auf einer alten Brücke über die Bahn geführt wird. Deutlich beginnt sich das Laub zu färben, und die ersten Blätter liegen im Gleis. Mit nur einer angetriebenen Achse hatten die Schienenbusse der Reihe 795 bei nassen Schienen und Laubfall manchmal ganz schön zu kämpfen, um die Steigungen zu schaffen. Mit der Abnahme des abgebildeten Wagens am 13. 9. 1955 beendete die DB den Bau von einmotorigen Schienenbussen. 23 Jahre und 3 Tage später wurde der Wagen ausgemustert. Aufnahmen vom 20. 10. 1977.

412 Wipperfürth Ost–Marienheide 12 km

Die Industriestadt Gummersbach, bedeutendster Ort im Oberbergischen, mußte lange genug auf eine Eisenbahn warten, um sich auch ausführlich Gedanken darüber machen zu können, wohin denn die Schienen gelegt werden sollten. Zunächst kam natürlich ein Anschluß an die Aggertalbahn, die seit 1882 von Siegburg aus über Dieringhausen nach Olpe vorangetrieben wurde und Gummersbach links liegen ließ, in Betracht. Daneben standen zwei Strecken in Richtung Ruhrgebiet, nach Hagen und nach Barmen, ganz oben auf dem Wunschzettel. 1893 war es endlich so weit, die Strecke (Hagen–) Meinerzhagen–Marienheide–Gummersbach–Dieringhausen war durchgehend befahrbar, zwei Wünsche waren damit erfüllt. Fehlte also noch die Bahn nach Barmen. Hier bot es sich an, ab Marienheide der oberen Wupper (= Wipper) bis Wipperfürth zu folgen. Dort war nämlich seit 1876 Endstation der Strecke Barmen – Lennep–Bergisch Born–Wipperfürth. Technische Probleme beim Bau gab es – abgesehen vom kurzen Tunnel zwischen den Stationen Gogarten und Ohl-Rönsahl – nicht, die Schienen folgten dem Flüßchen, das auch schon einer alten Poststraße den Weg gewiesen hatte. Am 15. 1. 1902 konnte Wipperfürth–Marienheide eröffnet werden.

Der kleine Ort Marienheide war damit zum

Die einzige Zwischenstation auf der Strecke Wipperfürth Ost–Marienheide war zum Schluß Ohl-Rönsahl. Das ehemalige Empfangsgebäude und der Güterschuppen sind kaum noch zu erkennen, da ihr neuer Besitzer sich durch Bäume von der Bahn abgegrenzt hat, die aber inzwischen ihre Präsenz in Ohl-Rönsahl ganz aufgegeben hat. 211 272, eine ziemlich vom Rost gezeichnete Maschine, hat mit ihrem Zug aus Remscheid-Lennep den Bahnhof erreicht.

Einen typischen kurzen Schienenbus-Bahnsteig direkt an der Wipper (Wupper) besaß Klaswipper. Als hier noch Züge hielten, konnte man von hier aus schöne Wanderungen u. a. zur Kerspetalsperre unternehmen. Am 17. 5. 1985 heißt es für den Lokführer der 211 272, den unbeschrankten Waldweg zu beobachten.

»Mini-Bahnknoten« gewachsen: Neben den Staatsbahnstrecken gab es nämlich seit 1897 auch das schmalspurige Leppetalbähnchen Engelskirchen–Marienheide, das aber schon 1949 den Personenverkehr einstellte und 1958 endgültig ausgedampft hatte.

Über zu viel Verkehr mußte sich auch die Nebenbahn nach Wipperfürth nicht beklagen, im Gegenteil. Sie stand stets im Schatten der Hagener Strecke, auf der bis Ende der 70er Jahre noch Eilzüge Köln–Hagen fuhren. Um die Wippertalstrecke dagegen kreisten schon seit den 60er Jahren Stillegungsgerüchte. Obwohl aber immer mehr Busse auf der zur Bundesstraße ausgebauten alten Postroute den Schienenbussen die Arbeit wegnahmen, erwies sich die Bahn als recht zählebig. Zum Ende des Winterfahrplans 1984/85, am 1. Juni 1985, passierte es dann aber doch, gleichzeitig wurde zwischen Marienheide und Wipperfürth Ost (dieser Haltepunkt verdankte sein Überleben der Nähe zur Stadt und zu einem Schulzentrum) auch der Güterverkehr aufgegeben. Und in der anderen Richtung, nach Lennep, sind inzwischen auch die Reisezüge eingestellt worden.

421 Altenkirchen (Westerwald)–Siershahn 39 km

Mit der Einstellung des Reisezugverkehrs auf der »Vorderen Westerwaldbahn« zwischen Altenkirchen und Siershahn am 1. Juni 1984 fand das Nebenbahnsterben im Westerwald sein – vorläufiges – Ende. Da abgesehen von der Papierfabrik Hedwigsthal (eigener Gleisanschluß), der Mineralbrunnenindustrie (Selters) und einigen Tongruben der Güterverkehr auf die Gesamtstrecke bezogen recht unbedeutend ist, droht abschnittsweise auch die Einstellung des Gesamtverkehrs.

Immerhin gönnte die DB Altenkirchen–Siershahn noch die Feier des 100. Geburtstages – mit Personenverkehr! Am 30. Mai 1884 war nämlich die Strecke von Engers (nahe Neuwied im Rheintal) nach Siershahn im »Kannenbäckerland« und von dort nach Altenkirchen eröffnet worden. Die Fortsetzung von hier bis Au an der Sieg folgte 1887. Zusammen mit der Strecke Altenkirchen–Westerburg–Limburg bildete die 1873 der Rheinischen Eisenbahn konzessionierte Strecke den

Bei Nordhofen sind Schäden an einer Bahnüberführung zu beseitigen. Der Bautrupp hat sich eine ultramoderne Bauhütte mitgebracht. Der Triebwagen fährt in Richtung Altenkirchen.

Dierdorf mit seinem für den Westerwald typischen Bahnhofsgebäude ist bis zur Betriebseinstellung Kreuzungsbahnhof für Personenzüge geblieben. Während 815 625 und 515 639 auf den Gegenzug warteten, konnte man rechts einen fabrikneuen Güterwagen der Bauart Sps 719 bewundern. Ungewohnt sind die in die Rungen integrierten Spanngurte der Niederbindeeinrichtung.

Auf der Strecke Altenkirchen–Siershahn wurden nach dem Kriege zahlreiche zusätzliche Triebwagen-Haltepunkte eingerichtet, die meist an einer Straßenkreuzung zu liegen kamen. Berzhausen im Tal der Wied stellt ein Musterbeispiel für einfachste Ausstattung (Bahnsteigkante, Schild, Haltetafel) dar.

Altenkirchens Angebot im Schienenverkehr zwischen 15.06 Uhr und 17.42 Uhr auf einen Blick. Der Zug 15.10 Uhr wird wenige Monate später entfallen, mit ihm die Strecke nach Siershahn und auch der Schienenweg von dort nach Neuwied ist bald Vergangenheit. Der Frankfurter Eilzug über Limburg verrät dem Uneingeweihten nicht, ob er über Siershahn oder über Westerburg fährt. Er wählt die neun km kürzere Westerburger Strecke, auf der aber in Altenkirchen die Lok umsetzen muß. Alle Aufnahmen 20. 1. 1984.

Rahmen für die Erschließung des Westerwaldes.

An beiden Endpunkten des für den Personenverkehr aufgegebenen Abschnittes ergibt sich heute die kuriose Situation, daß durchgehende Züge kopfmachen müssen: In Siershahn auf der Route Neuwied–Limburg (die schnellsten Züge benötigen für die 62 Kilometer geschlagene 100 Minuten), in Altenkirchen auf der Strecke Au-–Limburg (110 Minuten für 78 Kilometer). Angesichts dieser Daten ist es nicht verwunderlich, daß über kurz oder lang auch der Personenverkehr der Strecke nach Neuwied stillgelegt wird. Im Bahnhof Flammersfeld (unweit Altenkirchen) zweigte seit 1912 die teilweise im Zahnradbetrieb befahrene Strecke nach Linz ins Rheintal ab. Nach dem Zweiten Weltkrieg war der Verkehr bis Flammersfeld erst gar nicht wieder aufgenommen worden, die letztlich ohne überörtliche Bedeutung gebliebene Strecke wird heute nur noch von Güterzügen zwischen Linz und Kalenborn befahren. Verschwunden ist auch die meterspurige Kleinbahn Selters–Hachenburg, die das Bergland zwischen den Strecken Altenkirchen–Limburg und Altenkirchen–Siershahn erschloß.

Im Mittelpunkt des Personenverkehrs auf der vorderen Westerwaldbahn stand in den letzten Jahren die Abwicklung des Schülerverkehrs, insbesondere die Bedienung des Schulzentrums Dierdorf. Obwohl bis zuletzt neun Zugpaare einen recht dichten Fahrplan auswiesen, herrschte – abgesehen von den Schülerzügen – in den Limburger ETA zumeist gähnende Leere. Auch in besseren Zeiten war das Angebot nicht wesentlich aufregender. Nur der Schiene-Straße-Bus der DB, der hier bis 1967 fuhr, sorgte zeitweilig für Aufmerksamkeit.

Kursbuchstrecke 425 siehe unter KBS 369

432 Kall–Hellenthal 17 km

Nach Fertigstellung der Strecke Köln–Düren–Aachen 1842, also der Stammlinie der Rheinischen Eisenbahngesellschaft, dauerte es natürlich nicht mehr lange, bis sich erste Bemühungen zeigten, auch die Eifel durch Seitenbahnen zu erschließen. Denn das junge Verkehrsmittel bot endlich eine realistische Chance, die oft katastrophale wirtschaftliche Situation der abgelegenen Waldregion spürbar zu verbessern. Bei allen Überlegungen spielte Düren als Ausgangspunkt eine entscheidende Rolle. 1853 erhielt eine »Eifel-Eisenbahn-Gesellschaft« ihre Konzessionsurkunde, wobei aber – abgesehen von Düren – der Streckenverlauf noch völlig unklar war und schnell Gegenstand langer und erbitterter Auseinandersetzungen wurde.

Auch das Schleidener Tal mit seinen Berg- und Hüttenwerken hatte sich große Hoffnungen gemacht, zunächst aber vergebens. Die Rh. E. G., die das Eifelbahn-Projekt inzwischen in ihre Hand genommen hatte, entschied sich für die billigere Route Düren–Euskirchen–Kall–Jünke-

Am 16. 5. 1981 steht 211 066 mit drei Umbauvierachsern im Endbahnhof Hellenthal zur Rückfahrt nach Kall bereit. Die Maschine besitzt einen dauerhaft angebauten Schneepflug. Sind Ihnen schon einmal die unterschiedlichen Frontfenster (links in schwarzem Gummi, rechts in einem klappbaren silbernen Metallrahmen) aufgefallen? Bei einem Modellbahnhersteller, der die V 100 anbietet, hat das schon zu Reklamationen geführt, weil ›vergessen‹ wurde, beide Fensterrahmen silbern einzufärben.

Hauptsignale müssen normalerweise rechts vom Gleis stehen. Wo dies aus Platzgründen nicht möglich ist, auch links (mit entsprechendem Zusatzzeichen) oder über dem Gleis wie hier in Gmünd am Zusammenfluß von Olef und Urft. Derartige Signalbrücken an eingleisigen Strecken sind sehr selten geworden. 16. 5. 1981.

Der bekannteste Abschnitt der Strecke ist natürlich die Ortsdurchfahrt von Olef auf der Dorfstraße. Hier muß der Schaffner aus Sicherheitsgründen dem Zug voranschreiten, um Kollisionen zwischen ungleichen Gegnern (hier am 19. 4. 1978 Ford Taunus 1.6 mit 75 PS und 211 086 mit 1100 PS) zu verhindern. Bei derartigen Verhältnissen spielt es auch keine Rolle mehr, daß der Zug in Richtung Hellenthal im in Deutschland unüblichen Linksverkehr durch Olef fährt.

Rosenstöcke in frisch umgegrabenen Gärten und einige Häuser von Blumenthal bilden die Kulisse des Nahverkehrszuges Kall–Hellenthal, der gerade über einen Nebenbach der Olef poltert. Hier oben in der Eifel hat sich der Frühling ein wenig verspätet, die Bäume haben am 16. 5. 1981 erst ein schütteres Laubkleid.

rath (-Trier), 1865 war Kall erreicht, 1871 Trier; Schleiden aber blieb außen vor. Hier mußte man die Hoffnungen fortan auf eine Stichstrecke nach Kall stützen, und hatte Erfolg. Inzwischen war die Rh. E. G., die sich von der Sache nicht viel versprochen hatte, verstaatlicht worden, und die KED Cöln linksrheinisch übernahm die Fertigstellung der Sekundärbahn ins Schleidener Tal, die über Schleiden hinaus gleich bis Hellenthal geführt wurde. Die einfach trassierte Strecke folgt den Bächen Urft und Olef und hat eine Maximalsteigung von 1:70 zu bewältigen. Teure Kunstbauten sollten vermieden werden. Am 8. März 1884 war Eröffnung.

Der Personenverkehr war natürlich nur auf die lokalen Erfordernisse eingestellt. 1953 wurde die Strecke komplett auf Schienenbusse umgestellt, neue Haltepunkte kamen hinzu. Die vielen Stops (neun zwischen den 17 km voneinander entfernten Endpunkten) blieben, die roten »Nebenbahnretter« wurden in den 70er Jahren durch lokbespannte Züge und immer mehr Busse, die heute in dichtem Fahrplan auf der neben der Bahn verlaufenden Bundesstraße fahren, ersetzt. Für einige hundert Meter benutzten Bus und Zug sogar die gleiche Trasse: in Olef sind die Schienen in die Straße eingelassen, hier mußte der Zugführer dem Schienengefährt durch den Ort vorangehen und dafür sorgen, daß dem Zug seitens der Autofahrer auch der gebührende Respekt entgegengebracht wurde. Seit dem 30. Mai 1981 müssen sich die geplagten Automobilisten nur noch über die gelegentlich zwischen Kall und Hellenthal verkehrenden Nahgüterzüge oder Manövertransporte ärgern.

434 Prüm (Eifel)–Gerolstein 24 km

Als der preußische Generalstab Ende des letzten Jahrhundert die Eifel als Aufmarschgebiet gegen Frankreich entdeckte, bedeutete das für die dünn besiedelten Waldregionen, daß schon relativ früh so manche Eisenbahnstrecke gebaut wurde, die sonst nur später oder überhaupt nicht entstanden wäre (siehe auch 601). Die Kriegslust gegen Frankreich ist heute Vergangenheit – mit ihr so mancher Schienenstrang.

1878 wurde der Landkreis Prüm erstmals mit der Bitte bei der Regierung vorstellig, die Vorarbeiten für den Bau einer Bahn von Gerolstein über Prüm und Pronsfeld nach Bleialf zu genehmigen – in friedlicher Absicht: In Bleialf wurden Erze abgebaut, das versprach 30 000 Tonnen Fracht pro Jahr. Das Ministerium stimmte zu, allerdings mit der Auflage, daß die Bahn bis St. Vith (heute Belgien) weitergeführt und für Militärzüge bis 120

Die Bahnhöfe von Müllenborn: Der ›Original‹-Bahnhof lag abseits vom Ort zwischen Oos und Neu-Oos. Am 26. 9. 1980 ist 998 608 mit dem Mittagsschülerzug aus Gerolstein dort angekommen. Gerade werden die Kilometersteine neu geweißt, es fehlt nur noch die Ausmalung der Ziffern mit schwarzer Farbe. Das schöne Sandsteingebäude fällt besonders durch den in die Seitenwand halb eingelassenen Kamin aus dem Rahmen.

Müllenborn Ort liegt einen Kilometer östlich vom Bahnhof Müllenborn. Auf der Trasse des früheren zweiten Gleises hat man den Bahnsteig angelegt, zwei Lampen ergänzen die Minimalausstattung, die wir z. B. in Berzhausen auf der Strecke 421 kennengelernt haben. Auch hier sind es natürlich hauptsächlich Schüler aus Gerolsteiner Schulen, die das Verkehrspotential bilden. Viel Mühe hat man sich mit dem Pufferteller-Warnanstrich des Steuerwagens 998 608 gemacht. Der Wagen gehört zur allerersten 998-Serie, die WMD 1955 geliefert hat. 26. 9. 1980.

In Prüm wartet am 26. 9. 1980 die Diesellok 211 220 mit ihrem Güterzug darauf, daß der hier endende Nahverkehrszug aus und nach Gerolstein mit 798 828 als treibender Kraft wieder abfährt. Der Schaffner steckt die Schlußscheiben um. Der Triebwagen wurde als vorletzter DB-Schienenbus überhaupt am 3. 4. 1962 von der DB abgenommen und beim Bw Marburg in Dienst gestellt. Auch in Prüm ist der Landhandel Kunde der DB, ein Lagerhaus und moderne Silos gehören dazu.

Achsen ausgebaut werden sollte. Daraus wurde jedoch nichts, die Bleigruben machten wenig später zu, die Trassierungsvorgaben für die Truppentransporte erwiesen sich als immens kostentreibend und die Rheinische Eisenbahngesellschaft, die für den Bahnbetrieb in Frage kam, verspürte wenig Lust, ohne kräftige Finanzspritze des Staates die verlustträchtige Strecke zu bauen.

Wenig später hatte sich der Wind gedreht. Die Rh. E. G. war in der KED Cöln linksrheinisch aufgegangen, die Militärs halbierten ihre Forderungen auf 60-Achsen-Züge und das hartnäckige Drängen des Landrates von Prüm auf Hilfe für die arme Region zeigte Wirkung. 1881 erhielt die KED den Auftrag, mit den Vorarbeiten zu beginnen, am 22. 12. 1883 wurde mit den üblichen Feierlichkeiten die Strecke Prüm–Gerolstein eingeweiht, am 1. 10. 1886 war Bleialf erreicht, genau zwei Jahre danach St. Vith. Mit Gesetz vom 14. 5. 1908 wurde dann der zweigleisige Ausbau von Gerolstein bis Pronsfeld angeordnet, um den militärischen Vorgaben zu genügen.

Zwei Kriege kamen, schon nach dem ersten mußten der Raum Malmedy mit dem Bahnknoten St. Vith an Belgien abgetreten werden. Die strategische Bahn in der Schnee-Eifel war weitgehend wertlos geworden. Für rasche Truppenbewegungen standen schon im Zweiten Weltkrieg Panzer und Lkw zur Verfügung; für den Nachschub gab es leistungsfähigere Strecken.

Was blieb, war lokaler Verkehr. Der Personenverkehr nach Belgien (St. Vith) wurde nach dem Zweiten Weltkrieg nicht wieder aufgenommen, Ihren war nun Endstation. Dieser Status kam bald darauf Pronsfeld zu, von wo aus 1907 zwei Nebenstrecken nach Neuerburg bzw. Waxweiler eröffnet worden waren. Seit 1972 endete der Personenverkehr dann in Prüm.

Das »Nebenbahnsterben« in der Schnee-Eifel endete dann am 27. 9. 1980, als planmäßig der letzte Schienenbus von Prüm nach Gerolstein rollte. Aber so ganz tot sind die Nebenbahnen noch nicht. Bei Bedarf fahren durch Pronsfeld (über Prüm) noch Nahgüterzüge nach Bleialf, Waxweiler und Neuerburg. Zwischen dem heutigen Bus-Knoten Prüm und Gerolstein fahren planmäßig noch verhältnismäßig üppige Nahgüterzüge durch das Prüm- und Oosbachtal.

445 Düren–Euskirchen 30 km

Wenige Jahre nur durfte sich Düren als »Eisenbahntor zur Eifel« preisen. Dabei hatte man hier die Initiative ergriffen, wurden von hier aus die ersten Schienen in die westlichsten Grenzgebiete Preußens gelegt (siehe 432). 1846 war in Düren erstmals zum Bau einer Schienenstrecke in die Eifel aufgerufen, 1853 die erste Konzession erteilt worden. Dann übernahm die Rheinische Eisenbahngesellschaft die Angelegenheit. Damit war eigentlich schon klar, daß Düren als »Tor zur Eifel« nur eine Übergangslösung war.

Anstatt nämlich von Düren aus den direkten

Weg zu suchen, wurde auf teilweise schnurgerader Trasse erst einmal Euskirchen ans Bahnnetz geholt, am 6. 10. 1864 wurde die 30 km lange Strecke in Betrieb genommen. Ab Euskirchen erst ging es in die Berge, dabei mußten die aus Düren kommenden Züge kopfmachen, ehe sie weiter Richtung Kall und Jünkerath rollen konnten. Offenkundig hatte die Rh. E. G. schon damals einen Anschluß Euskirchens an Köln und Bonn im Hinterkopf, 1875 (nach Köln) bzw. 1880 (nach Bonn) war es soweit.

Obwohl der preußische Staat, die Notwendigkeit der Erschließung der verarmten Eifel vor Augen, der Rh. E. G. auf das Anlagekapital der eigentlichen Eifelbahn ab Kall eine vierprozentige Zinsgarantie gewährte, wurde die Gesellschaft mit ihrer Strecke nach Trier nicht so recht glücklich: Einmal war das örtliche Verkehrsaufkommen doch recht gering, zudem hatte der Staat mit dem Bau der »Kanonenbahn« im Abschnitt Koblenz–Trier für Konkurrenz gesorgt.

Der Fernverkehr Rhein/Ruhr–Saar rollte größtenteils durchs Moseltal. Die »Kanonenbahn« war zwar länger, bereitete aber durch ihre großzügige Trassierung im Vergleich zur kurven- und steigungsreichen Eifelstrecke weit weniger Probleme.

Am 19. 4. 1978 waren die Züge noch aus V 100 und zum Teil aus Altbau-Personenwagen gebildet. Nur wenige Reisende haben um 13.50 Uhr in Bubenheim den Nahverkehrszug aus Düren verlassen. Von Düren bis Bubenheim lagen damals sogar noch zwei Gleise. Manchmal wurde die Strecke für spektakuläre Umleitungen genutzt, so z. B., als durch den ›Überland‹-Transport eines riesigen Braunkohle-Tagebau-Baggers die Strecke Aachen–Köln gesperrt wurde.

An einem typischen Hauptbahn-Bahnwärterhaus entstand in der Nachkriegszeit der Haltepunkt Nemmenich nur einige Kilometer südöstlich vom einstigen Privatbahnknotenpunkt Zülpich. Nemmenich besaß mit Nemmenich-Lüssen bis 1952 auch eine Station an der meterspurigen Euskirchener Kreisbahn. 19. 4. 1978.

In Euskirchen besaß die Dürener Strecke mit Gleis 46 ein eigenes ihr zugeordnetes Bahnsteiggleis, dessen ehemaliges Lokumlaufgleis rechts vom Akku-Triebwagen noch zu erkennen ist. Für Verwirrung unter ortsunkundigen Reisenden sorgen oft die hohen – früher betriebsinternen – Gleisnummern, die immer mehr die durchgehende Bahnsteiggleiszählung ersetzen. 26. 9. 1980.

Die »Kanonenbahn« und die Strecke Euskirchen–Kalscheuren (nahe dem heutigen Betriebsbahnhof Köln-Eifeltor) hatten sehr schnell das Schicksal der Düren–Euskirchener Eisenbahn besiegelt. Sie spielte fortan nur noch eine Nebenrolle. In den 1970er Jahren wurden ihr schließlich sogar die wenigen Eilzüge nach Bonn und in die Eifel entzogen. Aber nicht einmal die »Kartographen« der Bundesbahn hatten das mehr bemerkt. Noch im Winterkursbuch 1979/80 war die Strecke 445 halbfett gedruckt, Eilzüge fuhren aber gar nicht mehr. Nur einige wenige Nahverkehrszüge mühten sich im Kampf mit dem Straßenverkehr, der sich in der weiten Ebene zwischen Düren und Euskirchen mehrere gut ausgebaute Wege aussuchen kann, das Fähnlein der Schiene aufrecht zu halten. Nach dem 27. Mai 1983 ist das Fähnlein an die Nahgüterzüge übergegangen, die insbesondere zur Zeit der Zuckerrübenernte viel zu tun haben.

448 Stolberg (Rheinland) Hbf–Jülich 22 km

455 Jülich–Hochneukirch 24 km

460 Rheydt-Odenkirchen–Mönchengladbach Hbf 7 km

Durch die drei Kursbuchnummern darf man sich nicht verwirren lassen: es handelt sich hier um nur eine Strecke, nämlich die Verbindung Stolberg–Mönchengladbach der BME. Bis als erster Teilabschnitt Jülich–Hochneukirch zum Sommerfahrplan 1980 am 30. 5. den Personenverkehr verlor, war die Gesamtstrecke unter der Kursbuchnummer 455 eingereiht. Stolberg–Jülich (hier war am 27. Mai 1983 Schluß) erhielt dann die Nummer 448, Mönchengladbach–Odenkirchen rangierte zuletzt unter der Nummer 460, zusammen mit der Hauptstrecke Rheydt–Köln.

Auf einem rund sieben Kilometer langen Streckenstück benutzt diese heute sehr bedeutende Fernverbindung übrigens die Trasse der alten Stolberg–Gladbacher Bahn mit, etwa zwischen Rheydt-Odenkirchen und Hochneukirch. Erst 1899 war nämlich die direkte Verbindung Köln – Rheydt (– Mönchengladbach–Venlo) dem Verkehr übergeben worden. Um diese bei der Einfädelung in die Aachen–Krefelder Bahn entlasten zu können, war die alte Strecke zwischen Odenkirchen und Mönchengladbach mit dem 26. Mai 1968 sogar auf elektrischen Betrieb umgestellt worden. Trotzdem spielte sie auch fortan keine Rolle, am wenigsten im Personenverkehr. Bis auf ganz wenige Ausnahmen fuhren alle Züge natürlich über Rheydt Hbf. Da die Stadt Rheydt schon lange auf die Beseitigung der immerhin 13 Bahnübergänge (auf 4,5 km) hinarbeitete, wurde die eingleisige elektrifizierte Hauptbahn zwischen

Zehn Tage vor der Stillegung ist 515 586 als Zug 8172 nach Aachen Hbf im Bahnhof Eschweiler Tal eingelaufen. Das schön renovierte Bahnhofsgebäude liegt nur ca. einen Kilometer vom Hauptbahnhof Eschweiler entfernt, wofür man aber per Zug mit Umsteigen in Stolberg 17 Minuten benötigen würde.
17. 5. 1983.

Am 17. Mai 1983 um 6.42 Uhr in Weisweiler. Trotz bedeckten Himmels und Sommerzeit zeigt sich bereits die Morgensonne und beleuchtet hell den 515 586 auf dem Wege nach Aachen. 28 Minuten später ist der Personenverkehr des ganzen Tages schon wieder gelaufen, denn dann hat der Gegenzug aus Aachen den Bahnhof Weisweiler in Richtung Jülich verlassen.

Wo einst Züge aus fünf Richtungen einfuhren, herrscht heute eine riesige Schotterwüste. Auf einem der stillgelegten Jülicher Bahnsteige stand noch lange dieser Zugzielanzeiger mit den gegensätzlichen Anzeigen Stolberg und Mönchengladbach. Am 17. 5. 1983 waren die letzten Züge nach Mönchengladbach schon drei Jahre zuvor abgefahren; nach Stolberg sollte noch ganze zehn Tage der Zug verkehren, und danach blieb bis heute nur noch die Strecke nach Düren – wie lange noch?

Der Fachwerk-Flachbau des Bahnhofs Welldorf bildet am 22. 4. 1980 die Kulisse für den Nahverkehrszug nach Mönchengladbach, bestehend aus zwei 515 und dem 815 735 am Zugschluß. Auf diesem Teilstück verschwand schon 1980 der Schienenverkehr und die Gleise sind inzwischen abgebaut. Autobahnen und neue Straßen stehen in nächster Nähe bereit.

In Hochneukirch mündete die Nebenbahn aus Jülich in die elektrifizierte (allerdings viel später gebaute) Hauptbahn Köln–Mönchengladbach ein. Nach der Stillegung der Jülicher Strecke wendeten dort zweitweilig die Züge, die von Mönchengladbach über Rheydt-Geneicken fuhren. Einen solchen Zug am westlichen ›Jülicher‹-Bahnsteig zeigt die Aufnahme vom 16. 5. 1983. Rechts der alten Holzbalken-Bahnsteigkonstruktion sind die obligatorischen ›R‹-Güterwagen zu sehen.

Ein Jahr später fuhr der Zug über die östliche Umgehung von Rheydt Hbf nicht mehr mit der Baureihe 515, sondern mit der Reihe 111. Eine der Düsseldorfer S-Bahnloks, die 111 181, ist im September 1984 mit ihren drei leeren Silberlingen in Rheydt-Geneicken eingelaufen. Moderne Elektroloks der DB waren nicht die ersten Elektrolokomotiven in Geneicken. Von 1912 bis 1956 bediente eine normalspurige Elektrolok der meterspurigen Rheydter Straßenbahn die dortigen Industrieanschlußgleise. Von 1900 bis 1952 kreuzte in Geneicken zudem die Straßenbahn die Gleise, und als die DB 1968 die Strecke elektrifizierte, mußte eine bisher einmalige Lösung für die hier kreuzenden O-Busse gefunden werden: Sie fuhren mit abgezogenen Stangen und durch Hilfs-Benzinmotor angetrieben über die beiden Bahnübergänge und legten dann jeweils automatisch die Stangen wieder an die Fahrleitung. 1973 verschwanden die letzten O-Busfahrleitungen, 1985 die DB-Fahrleitungen und der größte Teil der Strecke.

Über den ersten Bahnhof von Geneicken ist nicht viel bekannt. Dieser hier – der zweite – dürfte kurz nach der Jahrhundertwende entstanden sein. Auch im Inneren des Baus finden sich viele liebevoll gestaltete Details, wie z. B. die aufwendigen Fenster in den Eingangstüren. Mit Junior-, Familien- und Senioren-Paß kann man heute nur noch eine Bahnreise im 1,5 km entfernten Hauptbahnhof antreten, einmal abgesehen davon, daß diese Sonderangebote seither auch schon wieder modifiziert worden sind.

den Stadtteilen Mülfort und Geneicken am 31. Januar 1985 stillgelegt und ist inzwischen auch schon abgebaut.

Zurück zu den Anfängen der ursprünglich 57,8 km langen Stolberg–Gladbacher Bahn. Durch sie wollte die BME das aufstrebende Industriegebiet um Stolberg und Eschweiler an eigene Strecken anbinden. Dafür kam natürlich zunächst die Aachen–Krefelder Bahn, die 1866 von der BME geschluckt worden war, in Betracht (siehe KBS 473/74). Um gleichzeitig den noch weitgehend unerschlossenen Jülicher Raum mit ans Netz zu holen, wurde die eingleisige Strecke durchs Indetal in die alte Festungsstadt geführt; und von dort unter Berücksichtigung möglichst vieler Ortschaften weiter durch die Tiefebene nach Mönchengladbach. Gleichzeitig mit ihrer Zweigbahn Jülich–Düren wurde Odenkirchen–Stolberg am 1. Oktober 1873 freigegeben, Odenkirchen – Gladbach war bereits seit dem 1. Februar 1870 in Betrieb. Die 2 km lange Verbindung zwischen Stolberg Hbf (an der Aachen–Kölner Bahn) und der BME-Strecke in Eschweiler Aue eröffnete die KPEV am 15. Oktober 1884.

Von der Stolberg–Gladbacher Bahn werden – von der Köln-Rheydter Strecke abgesehen – nur noch drei Teilstücke im Güterverkehr befahren. Zunächst die beiden Äste Mönchengladbach–Geneicken und Odenkirchen–Mülfort (beide inzwischen ohne Fahrleitung), außerdem noch Stolberg–Frenz (nahe Weisweiler). Ansonsten hat der Abbauzug zwischen Hochneukirch und Frenz bereits reiche Ernte einfahren können.

452 Stolberg (Rheinland) Hbf–Herzogenrath 20 km

Ebenso wie das Ruhrgebiet erlebte auch das Steinkohlenrevier an der Wurm nördlich von Aachen in der zweiten Hälfte des 19. Jahrhunderts einen dramatischen Aufschwung. Langsam verlagerte sich dabei das Hauptabbaugebiet weiter nach Westen mit dem Schwerpunkt Alsdorf. Aber da reichten die Hauptstrecken Aachen–Mönchengladbach und Aachen–Köln nicht hin. Zunächst baute man von der Alsdorfer Grube Anna zur Station Herzogenrath an der nahegelegenen Mönchengladbacher Bahn eine Pferdebahn; 1862 wurde sie eröffnet. Das war nur ein Behelf. Aber das Hauptabsatzgebiet der Wurmkohlen war vorerst ja noch der Raum Stolberg/Eschweiler. Die

Unter einer großen Kastanie abseits des Empfangsgebäudes begann die Fahrt von Herzogenrath nach Stolberg. Am 16. 5. 1983 steht der Baum in voller Blüte und bedeckt den Bahnsteig mit seinen Blütenblättern.

Rheinische Eisenbahngsellschaft, die auf gute Fracht auch für ihre Stammstrecke hoffen konnte, ließ sich nicht lange bitten und eröffnete am 5. 1. 1871 (Güterverkehr bereits seit dem 29. 12. 1870) die Strecke von Stolberg nach Alsdorf. Damit waren die Gruben erst einmal ihre größten Sorgen los.

Die Absatzmärkte der Zechen wuchsen aber bald über den örtlichen Rahmen weit hinaus. Als Anschluß an das Fernverkehrsnetz erschien eine Verbindung von Alsdorf nach Herzogenrath, die die Aufgabe der alten Pferdebahn übernehmen sollte, immer dringlicher. Außerdem kamen immer neue Zechen nahe der niederländischen Grenze hinzu. Am 15. 7. 1891 konnte die Strecke dann eingeweiht werden, Bauherr und Betreiber war nun schon die Preußische Staatsbahn.

Bis heute ist der Kohle- und Kokstransport zen-

Am Haltepunkt Wilhelmsschacht zeigt sich als Symbol aller Kohlenreviere ein Förderturm. Neben dem hübschen Pavillonbau, in dem sich auch ein Schrankenposten befindet, hat 515 587 aus Alsdorf angehalten. Der Wagen lief seit seiner Anlieferung 1962 je zehn Jahre beim Bw Düsseldorf und beim Bw Wanne-Eickel, bevor er 1982 zum Bw Düren kam. Aachen übernahm dann Ende 1983 die Unterhaltung der vormals Dürener Wagen.

Typische Bergarbeiterhäuser finden sich nicht nur im Ruhrgebiet. In der östlichen Ausfahrt des Bahnhofs Alsdorf fährt 515 628 an einigen Siedlungshäusern aus dem vorigen Jahrhundert vorbei. Kassel, Worms, Düren (zum Zeitpunkt der Aufnahme) und Aachen waren die Heimatorte des 1963 gebauten Triebwagens, der 1985 ausgemustert wurde. Alle Aufnahmen vom 16. 5. 1983. (Siehe auch Farbteil S. 149)

trale Aufgabe der Nebenbahn geblieben, wobei der westliche Abschnitt Mariagrube–Herzogenrath (Mariagrube–Stolberg im Osten ist stillegungsbedroht) die Hauptlast des Verkehrs trägt.

Das galt – nicht ganz so drastisch – auch für den Personenverkehr. Das dichte Bus- und Straßennetz, das im Gegensatz zu den Schienensträngen auf das Oberzentrum Aachen ausgerichtet ist, nahm der Bahn in den 60er und 70er Jahren immer mehr Kunden im Arbeiter- und Schülerverkehr weg. Die wenigen Getreuen fanden in den letzten Betriebsjahren in den ETA 150, die den gesamten Personenverkehr im Raum Alsdorf abwickelten, fast immer einen schönen Fensterplatz.

Aber nicht deshalb war und ist Alsdorf ein beliebtes Ausflugsziel: Die Zeche Anna setzt auch heute noch Dampfloks ein. Allerdings müssen seit dem 29. 12. 1984 die Eisenbahnfreunde über die Straße anreisen. Am Tag zuvor war letztmals ein planmäßiger Personenzug zwischen Stolberg und Herzogenrath gefahren. Es war der letzte auf den vielen Nebenstrecken des Wurm- und Indereviers überhaupt.

453 Mariagrube–Grube Emil Mayrisch 6 km
454 Aachen Nord–Jülich 28 km

Wieder geht es um Kohlen! Um das »schwarze Gold« der nicht von der Stolberg–Alsdorfer Bahn berührten Schächte in Würselen und Hoengen zu konkurrenzfähigen Preisen an den Mann bringen zu können, wurde 1873 unter Beteiligung mehrerer Grubenbesitzer die »Aachener-Industriebahn-Actiengesellschaft« gegründet. Die neue Bahn erhielt in der alten Kaiserstadt eine eigenen Endbahnhof (Aachen Nord), der sowohl als Kohlenumschlagplatz für die Stadt als auch als Personenbahnhof für den regen Arbeiterverkehr diente. Um beim Abtransport der für den Versand bestimmten Kohlen nicht von einer der großen Privatbahnen abhängig zu sein, erhielt die Industriebahn Anschluß an die Rheinische Bahn (in Rothe Erde) wie an die Bergisch-Märkische (in Eschweileraue, Strecke Stolberg–Mönchengladbach). Nach der Verstaatlichung war diese Sicherheitsvorkehrung überflüssig geworden, schon 1884 wurde Eschweileraue aufgegeben und der Anschluß an die Stolberg–Alsdorfer-Bahn verlegt.

Als erste Strecke der Industriebahn war am 26. 9. 1875 Würselen–Hoengen eröffnet worden. Aachen Nord–Würselen und die Anschlußstrecken folgten bis zum 31. 12. desselben Jahres. Das kleine Unternehmen gedieh prächtig und konnte

Den Übergang von der DB-Strecke zur Grubenanschlußbahn zeigt unser Bild aus dem Bahnhof Siersdorf. Das Grubenanschlußgleis verzweigt sich im Hintergrund in die geradeausführende Güterstrecke in das Zechengelände und die nach rechts abzweigende Personenzugstrecke zum Endbahnhof Grube Emil Mayrisch. Links hinter dem Zechenzaun rangiert am 16. 5. 1983 die Dampflok 2, ein Vierkuppler, der 1940 von Krupp gebaut wurde.

Mitten in der Natur liegt der seltsame Endbahnhof Grube Emil Mayrisch, der bis Ende 1982 werktags außer samstags von 5.49 Uhr bis 5.55 Uhr von einem DB-Akku-Triebwagen ›heimgesucht‹ wurde. Fußnoten wie ›nur für den Werkverkehr‹ aber auch ›Zug kann jederzeit ausfallen‹ zeugten im Kursbuch von seiner Existenz. Der nur im Personenverkehr genutzte Endpunkt lag im übrigen einige hundert Meter vom Eingang der Zeche (im Bild rechts) entfernt. 16. 5. 1983.

Das ›moderne‹ Empfangsgebäude des Bahnhofs Aachen Nord diente schon lange vor der Stilllegung der Strecke einem Autohändler als Verkaufs- und Werkstattraum. Der schmale Durchgang rechts führte auf den Bahnsteig, wo man sich u. a. auch nach einem ›Gebrauchten‹ umsehen konnte. Damit ist nicht der bereitstehende 515 564 gemeint, der allerdings am 22. 4. 1980 auch schon 19 Jahre (abzüglich zwei Tage) auf dem Buckel hatte. Dieses Alter werden die diversen Fahrzeuge im Hintergrund nicht erreichen.

am 1. 10. 1882 die Verlängerung seiner Stammstrecke über Hoengen hinaus nach Jülich feiern. Gleichzeitig gönnte man sich auch einen wohlklingenderen Namen und firmierte fortan unter »Aachen-Jülicher Eisenbahn«. Aber auch dieser Titel wurde nicht alt, denn am 1. 5. 1887 ging das Unternehmen in den Preußischen Staatsbahnen auf.

Unter der neuen Regie wurde am Südkopf des Bahnhofs Mariagrube, wo die Stolberg–Alsdorfer-Bahn gekreuzt wird, eine Verbindungskurve hinauf zu dieser Strecke gebaut. Ansonsten blieb erst einmal alles beim alten. Nach dem Zweiten Weltkrieg aber kam neues Leben auf die recht angejahrten Gleise der Aachen-Jülicher Bahn, die für den Kohlentransport inzwischen kaum noch eine Rolle spielte. 1952 nahm die neue Grube »Emil Mayrisch« des Eschweiler Bergwerks-Vereins (EBV) nahe Siersdorf die Förderung auf. Dorthin war schon 1941 mit Beginn der Abteufungen durch den EBV ab Mariagrube »Talbahnhof« eine neue Stichstrecke gelegt worden; außerdem erhielt Mariagrube Güterzuggruppengleise und eine neue Verbindungskurve, damit die Kohlenzüge von »Emil Mayrisch« Richtung Alsdorf (Kokerei) und Herzogenrath durchrollen konnten. Die alte Südkurve wurde daraufhin abgebaut. Und schließlich wurde auch noch etwas für den Personenverkehr getan. An der oberen, der Stolberger Bahn, spendierte die DB, an die der EBV 1953 die Strecke nach »Emil Mayrisch« bis Siersdorf abgetreten hatte, einen Haltepunkt »Mariagrube«, von dem es nur ein paar Schritte hinunter zum Bahnhof gleichen Namens waren. Daneben gab es direkte Personenzüge über die neue Verbindungskurve. Vorher mußten »Umsteigewillige« einen etwa 700 Meter langen Fußweg von Mariadorf in Kauf nehmen. Den Kumpels, die natürlich nach wie vor den Personenverkehr bestimmten (ab Siersdorf war die Strecke 453 nur für den Werksverkehr freigegeben), glaubte man es wohl zumuten zu können.

Die junge, knapp 6 km lange Bahn hat die Aachen-Jülicher schließlich überlebt. Der

Fast wie eine Straßenbahn fährt 515 564 durch die Straßen von Würselen. Würselen Mitte – nur einen Kilometer vom Bahnhof Würselen entfernt –, lag, wie der Name schon sagt, relativ zentral. Von daher bot sich natürlich auch an, die Seitenwand des Wartehäuschens als Plakatfläche zu nutzen. Die Bundesbahn riß zwar immer wieder die Plakate ab, aber was nutzte es? 22. 4. 1980.

Kreuzungs- und Abzweigbahnhof Mariagrube mit Blickrichtung Grube Emil Mayrisch und Jülich. Im Rücken des Fotografen wird die abgesenkte Strecke Richtung Aachen Nord von der Linie Herzogenrath–Stolberg überquert, samt Verbindungskurve zwischen oberer und unterer Bahnlinie. Am Bahnhofsgebäude erkennt man die alte Höhenlage der Gleise; die für die Absenkung nötige Stützmauer hat einen Unterstand für die Reisenden – meist Bergleute – erhalten. Links eine Abraumhalde, die man mit Büschen zu begrünen versucht. 16. 5. 1983.

Stammstrecke war neben den üblichen »Totengräbern« der außerhalb des Stadtkerns liegende Bahnhof Aachen Nord zum Verhängnis geworden. Am 30. 5. 1980 war im Personenverkehr Schluß, von »Emil Mayrisch« nach Mariagrube zum Silvestertag 1982. Während nach »Emil Mayrisch« aber weiterhin die Kohlenzüge rollen, ist es um die Strecken der alten Aachen-Jülicher Bahn schlecht bestellt. Mariagrube–Würselen und Mariagrube–Aldenhoven sind bereits abgebaut, ab Jülich wird noch Kirchberg bedient, ansonsten nur noch Aachen Nord–Rothe Erde sowie Würselen–Stolberg.

Kursbuchstrecke 455 siehe unter KBS 448

456 Heinsberg (Rheinland)–Lindern 12 km

Am 26. September 1980, mit der Einstellung des Personenverkehrs nach Lindern an der Aachen–Gladbacher Bahn, begann für die Kreisstadt Heinsberg ein Eisenbahnabschied auf Raten, der immer noch nicht abgeschlossen ist. Bis 1983 diente das Empfangsgebäude des Kopfbahnhofs noch dem Fahrkartenverkauf, der Abfertigung von Reisegepäck sowie der Annahme und Ausgabe von Expreßgut. Dann wurde das Gebäude abgerissen, um einem neuen Busbahnhof Platz zu machen. Denn die Busse, das hatte schon 1978 eine Untersuchungskommission festgestellt, fahren sowieso viel günstiger. Und der letzte Schritt steht unmittelbar bevor: Die Bahnanlagen sollen ganz aus Heinsberg verschwinden, die Stadt möchte das Gelände »neu überplanen«.

Auch Heinsberg besitzt ähnlich wie viele Bahnhöfe nahe der niederländischen Grenze einen typischen Nachkriegsbau als Empfangsgebäude. Im Raum Heinsberg fanden im letzten Kriegsjahr erbitterte Abwehrkämpfe beim Rückzug der deutschen Truppen statt, denen ein Großteil der Bahnanlagen zum Opfer fiel. 515 616 ist am 22. 4. 1980 in Heinsberg eingelaufen und wird bald nach Lindern zurückkehren.

Ziemlich heruntergekommen ist der Bahnhof von Randerath, und das Ladegleis dürfte schon länger nicht mehr benutzt worden sein. 515 616 ist als Zug 8210 auf dem Weg nach Heinsberg. Ein paar Reisende aus Lindern verlassen den Zug in der kleinen Wurm-Gemeinde. 22. 4. 1980.

Ein großer Verlust wäre das nicht mehr. Das bis heute verbliebene Frachtaufkommen bis Heinsberg ist minimal. Die Strecke lebt allein vom »Enka-Glanzstoff«-Werk, drei Kilometer weiter in Oberbruch gelegen. Zwei Übergabepaare montags bis freitags sorgen dafür, daß die Schienenoberkanten nicht völlig verrosten.

Seit Jahrzehnten schon war der Güterverkehr auf der am 1. Juni 1890 von den Preußischen Staatsbahnen eröffneten Strecke von dem Textilunternehmen abhängig gewesen. Kohlengruben gibt es um Heinsberg nicht, obwohl das Wurmtal – wie der gesamte südliche deutsch-niederländische Grenzraum – ansonsten damit gut bestückt ist. Eine ganz gewöhnliche Nebenbahn ohne aufregende Bauwerke, ohne aufregende Geschichte war also die Strecke 456. Ihr Ende unterstreicht das nur.

457 Dalheim–Baal 18 km

sowie Verbindungskurve Hückelhoven–Baal Nordbahnsteig

Kein anderer Nebenbahnknotenpunkt in Westdeutschland ist in den letzten 20 Jahren so arg gerupft worden wie Jülich. Aus sechs Richtungen konnte man früher per Bahn in die auf ein römisches Castell zurückreichende Stadt reisen, heute nur noch aus Düren. Was mit den Strecken nach Aachen, Stolberg und Mönchengladbach geschah, haben wir bereits gesehen. Es gibt aber noch die Kreisbahn nach Puffendorf, auf der immerhin noch Güterzüge fahren. Fehlt also noch eine: Jü-

Kreuzungsbahnhöfe wurden in Deutschland relativ selten angelegt. Neben den bekannten Beispielen (z. B. Osnabrück und Köln-Deutz) haben wir vor zwei Kapiteln bereits Mariagrube kennengelernt. Nicht weit davon findet sich mit Baal eine ähnliche Anlage. Ein Triebwagen der Reihe 515 mit Steuerwagen 815 778 ist am 22. 4. 1980 aus Dalheim am unteren Bahnsteig des Bahnhofs angekommen. Auf dem oberen Bahnsteig warten Reisende auf die Anschlüsse nach Aachen und Mönchengladbach. Die Strecke unter dem Bahnsteig hindurch führte früher nach Jülich.

Ein gravierender Nachteil von Kreuzungsbahnhöfen zeigt sich, wenn Züge von einer auf die andere Strecke übergehen sollen. Entsprechende Verbindungskurven vorausgesetzt, kann man dann entweder den Zug zweimal im Bahnhof halten lassen (z. B. Züge Oldenburg–Münster in Osnabrück) oder aber es wird ein Bahnsteig weitab vom eigentlichen Bahnhof an der Verbindungskurve eingerichtet. Unser Bild zeigt Baal Nordbahnsteig an der für den Güterverkehr elektrifizierten Verbindungskurve Hückelhoven–Baal Gbf (16. 5. 1983). Links im Bild die Hauptbahn in Blickrichtung Baal (–Aachen). Im Kursbuch kam der Nordbahnsteig nur als Fußnote bei einem Zug vor: »hält in Baal am Nordbahnsteig, Entfernung von den anderen Bahnsteigen etwa 700 Meter«.

In Hückelhoven ist nur das Durchgangsgleis elektrifiziert und das in der einfachsten Fahrleitungs-Bauart (Re 100 = Höchstgeschwindigkeit) ohne Y-Beiseile. Für die langsamen Kohlenzüge zur Zeche ist das mehr als genug. 515 544 hat am 22. 4. 1980 hier einen kurzen Zwischenstopp, bei dem der Bahnhofsvorstand dem Zugführer entgegeneilt, um einen »EDS mit Zug«-Dienstbrief entgegenzunehmen. Recht ungewöhnlich ist der Bahnhofsbau mit seinen verworrenen Stil- und Dachformen.

lich–Dalheim. Das war auch die längste, denn Dalheim liegt direkt vor der holländischen Grenze an der Strecke Rheydt–Roermond.

Die am 15. 12. 1911 eröffnete Nebenbahn wurde in Baal unter der Hauptstrecke Aachen–Mönchengladbach hindurchgeführt. In Höhe der Kreuzung erhielt Baal einen neuen Bahnhof, außerdem ein Verbindungsgleis Rheydt–Dalheim. Über diese Verbindung bedient die Bundesbahn heute die Zeche Ratheim (nahe Hückelhoven) mit Kohle-Ganzzügen, bis Ratheim ist die Nebenbahn auch elektrifiziert.

Ansonsten ist von der Strecke durch das Rurtal wenig übriggeblieben. Zwischen Jülich und Baal lief der Personenverkehr mit dem Sommerfahrplan 1968 aus. Der Güterverkehr zwischen Baal und Linnich folgte 1974, anschließend wurden hier die Gleise entfernt. Stillgelegt ist inzwischen auch der Abschnitt Ratheim–Dalheim.

Nachdem die Züge nach Jülich nicht mehr verkehrten, bot die Bundesbahn von Baal nach Mönchengladbach (und umgekehrt), gewissermaßen als Alternative zur direkten Verbindung über die Aachener Bahn, eine Rundfahrt durch den Naturpark Maas-Schwalm-Nette an. Vom Bahnsteig der Nebenbahn, just unter der Hauptstrecke, ging die Reise an Zechen, Schlössern und Ruinen vorbei nach Dalheim und von dort über die Roermonder Strecke (eingleisige Hauptbahn mit Grenzübergang für den Güterverkehr) nach Rheydt und schließlich Mönchengladbach. Aber die Fahrgastzahlen hinkten den Erwartungen doch weit hinterher. Schon im Winterkursbuch 1979/80 wurde mit der jederzeit möglichen Einstellung des Schienenverkehrs zwischen Dalheim und Baal gedroht. Etwas verfrüht: Erst am 27. 9. 1980 fuhr wirklich der letzte planmäßige ETA, nachdem man die Züge schon im Sommer-Kursbuch 1980 nicht mehr erwähnt hatte.

Kursbuchstrecke 460 siehe KBS 448

473 Mönchengladbach-Neuwerk–Krefeld Hbf 15 km

474 Kaldenkirchen–Kempen (Niederrhein) 18 km

Zum 1. 7. 1860 wickelte die Rheinische Eisenbahngesellschaft ein folgenreiches Geschäft in trockene Tücher und übernahm die 1856 fertiggestellte Strecke der Köln-Krefelder Eisenbahn. Das war für die Rh.E.G. der Auftakt einer Reihe von Ankauf- und Neubauaktionen am linken Niederrhein und offenbar lange vorbereitet worden. Zuvor hatte die Gesellschaft nämlich schon die Konzession für den Bau der Strecke Krefeld–Kleve (-Nijmegen) erhalten. Als seit 1863 am linken Niederrhein die Züge nach Holland rollten, bekam die rechtsrheinische Strecke Oberhausen–Emmerich (–Arnhem) der Köln-Mindener Eisenbahn erstmals ernsthafte Konkurrenz.

Der Verkehr mit den Seehäfen Rotterdam und Amsterdam war so verlockend, daß sich die finanzkräftige Rh.E.G. gleich den nächsten Happen schnappen wollte: die noch gar nicht fertiggestellte Strecke Venlo–Kaldenkirchen–Viersen sowie die Konzession für Kaldenkirchen–Kempen (an der Klever Strecke) der »Preußisch-Niederländischen-Verbindungsbahn«. Aber da war noch ein anderer hungriger Konkurrent, die Bergisch-Märkische Eisenbahn, der natürlich Viersen–Venlo auch bestens ins Konzept paßte. Nach langer Vorbereitung hatte die BME zum 1. 1. 1866 nämlich die »Aachen-Düsseldorfer Eisenbahn« (Aachen–Mönchengladbach–Neuss–Obercassel) und die »Ruhrort-Krefeld-Kreis Gladbacher Eisenbahn« (Ruhrort–Krefeld–Viersen–Mönchengladbach) übernommen.

Beide Unternehmen waren um die Jahrhundertmitte unter die Verwaltung der »Königlichen Direction der Aachen-Düsseldorf-Ruhrorter Eisenbahn« in Aachen gestellt worden, da sie nach den Unruhen von 1848 nur durch finanzielle Hilfe aus Berlin ihre Projekte auch hatten ausführen können. Nun aber brauchte Bismarck Geld; der neue Ministerpräsident regierte ohne Parlamentsdeckung und führte teure Kriege, die Bahnen wurden an die – ebenfalls staatsverwaltete – BME verschachert.

Zwei Bilder aus Mönchengladbach-Neuwerk, dem Endpunkt der Strecke aus Krefeld. Auf hohem Damm liegt diese kuriose Endstation, deren wuchtiges Empfangsgebäude durch den im Vordergrund sichtbaren Treppenabgang und einen Tunnel zu erreichen ist. Der Zugführer schaut auf die Uhr, denn eine Bahnsteiguhr gibt es hier schon lange nicht mehr. 3. 5. 1982.

Fast an verfallene Berliner S-Bahnhöfe erinnert dieses Bild. An dem kühlen Maimorgen warten einige wenige Reisende im Windschutz des arg ramponierten Treppendaches. Es ist kurz vor 7.00 Uhr, und unter der großen Bahnunterführung wenige Meter von hier herrscht lebhafter Bus- und Autoverkehr.

Einziger markanter Zwischenbahnhof der Strecke Kaldenkirchen–Kempen war Grefrath. Schon 1916 strich die hier einmündende Zweigstrecke der Krefelder Eisenbahn die Segel im Gesamtverkehr. 66 Jahre später endete der Personenverkehr ganz. Am 3. .5. 1982 machte 515 637 seine ›Alibi-Zug‹-Tour, die ihn von Oberhausen (ab 5.27 Uhr) über Moers–Krefeld (s. Strecke 476) nach Neuwerk (s. o.) und anschließend von Kempen nach Kaldenkirchen und zurück über Krefeld nach Oberhausen (an 10.29 Uhr) führte. Somit wurden in fünf Stunden die jeweils einzigen Zugpaare auf drei Strecken gefahren.

Ein Gemüsegarten, der Anfang Mai die ersten Blätter zeigte, grenzt in Kamperlings an die Bahnlinie Kempen–Kaldenkirchen. Während der Zugführer die einsteigenden Passagiere beobachtet, interessierte sich der Lokführer entweder für den Stand des Gemüses oder für den Fotografen. 3. 5. 1982.

BME und Rh.E.G. arrangierten sich bei der Verbindungsbahn: die BME erhielt die Gesamtstrecke Viersen–Kaldenkirchen und von dort das linke Gleis bis zur Grenze; die Rh. E. G. die Konzession für Kempen–Kaldenkirchen (am 1. 1. 1868 für den Personenverkehr eröffnet) und von dort das bereits liegende rechte Gleis bis zur Grenze. Mit diesem 1866 geschlossenen Kompromiß ließ es sich leben.

Schon 15 Jahre später schwappte die Verstaatlichungswelle über das Durcheinander hinweg. Kempen–Kaldenkirchen wurde für große Aufgaben nicht mehr gebraucht und verkam zur Nebenbahn. Wichtigste Station war noch Grefrath, das seit 1874 von der Krefelder Privatbahn (Strecke nach Straelen) gekreuzt wurde. Heute hat Grefrath nur noch Anschluß an Kaldenkirchen, nachdem nach Einstellung des in den letzten Jahren einzig verbliebenen Personenzugpaares Kempen–Kaldenkirchen (zum 21.5.1982) das Teilstück nach Kempen ganz stillgelegt worden ist.

Auch auf der am 15.11.1877 eröffneten Strecke zwischen Neuwerk und Krefeld fuhr zuletzt nur noch ein Zugpaar, auch hier war zum 21.5.1982 Schluß. Die Gemeinsamkeiten gehen noch weiter: Auch diese Strecke gehörte einst der Rh.E.G., und auch sie kann als Beispiel für die oft recht seltsame Streckenplanung der großen Privatunternehmen herhalten. Was der Rh. E. G. in den Hochburgen der Textilindustrie nämlich noch fehlte, war eine Verbindung von Krefeld nach Mönchengladbach und Rheydt. Man suchte den direkten Weg. Von der Klever Strecke zweigte die Bahn in Krefeld ab und verlief – am anderen Ende – hart am westlichen Stadtkern Mönchengladbachs vorbei nach Rheydt (ähnlich der heutigen, aber weiter außerhalb trassierten Güterumgehung).

Zwischen 1903 und 1908 entstand in Mönchengladbach der neue Hauptbahnhof, die Schienen der »Rheinischen« und deren protziger Bahnhof Bökel verschwanden aus dem Stadtbild; wo früher Gleise lagen, sind heute Straßen und Anlagen. Geblieben ist lediglich der Güterbahnhof Speick, der aber seit jüngster Zeit auch nicht mehr bedient wird. Da sich der Verkehr nach Krefeld längst über Viersen eingerichtet hatte, verzichtete die DB darauf, die Ende 1944 zerstörte Brücke der Krefelder über die Viersener Bahn wieder herzustellen. Seitdem war für die auf der direkten Strecke aus Krefeld kommenden Züge im Mönchengladbacher Vorort Neuwerk Endstation.

Neben dem Torso Krefeld–Neuwerk, der nach wie vor im Güterverkehr bedient wird, existiert übrigens heute noch ein anderes Überbleibsel einer längst vergessenen Rh.E.G.-Strecke im Mönchengladbacher Raum: Kaarst–Neuss, Teil der 1878 eröffneten Nebenbahn Viersen–Neuss, die in Neersen die Krefeld–Gladbacher-Bahn kreuzte.

476 Hohenbudberg Bayerwerk–Rumeln 3 km Moers–Duisburg-Meiderich Süd 13 km

Trotz manch neuer Güterzugstrecke war um die Jahrhundertwende die preußische Staatsbahn im rheinischen Industriegebiet längst nicht aller Sorgen ledig. Besonders schlimm war die Situation an den Rheinübergängen. Neben den festen Brücken von Rheinhausen (1873 von der Rheinischen Eisenbahn eröffnet) und Düsseldorf (Bergisch-Märkische Eisenbahn 1870) war immer noch die alte Homberg-Ruhrorter Trajektanstalt in Betrieb. Seit 1854 wurden hier, als Verbindung der Ruhrort-Krefeld-Kreis Gladbacher Eisenbahn und der Strecke Oberhausen–Ruhrort der Köln-Mindener Eisenbahn, Güterwagen mittels Pontons und später per Dampffähre übergesetzt. Man kann sich leicht ausrechnen, daß dieses Verfahren nicht gerade zur Beschleunigung des Verkehrs beitrug.

Die preußische Staatsbahn packte das Problem durch den Bau einer neuen zweigleisigen Güterzugstrecke samt Rheinbrücke an. Per Gesetz vom 14. 5. 1908 wurden dafür sowie für die Umgestaltung der Bahnanlagen rund um Hohenbudberg (Strecke Duisburg–Krefeld) die Grundlagen geschaffen. Mit der Einfädelung der neuen Strecke stieg Hohenbudberg zu einem der bedeutendsten Verschiebebahnhöfe auf.

Im Osten ist Oberhausen West der Ausgangspunkt, von dort geht es weiter über Meiderich Süd (heute KBS 384; dieser Abschnitt war bereits am 11. 4. 1904 eröffnet worden) und die Blockstelle Buschmannshof (dort mündeten die ebenfalls neuen Gleise von Meiderich Nord ein, die über die Strecke Ruhrort–Sterkrade durchgehende

Eine von zwei Rheinbrükken, deren Schienen-Personenverkehr zwischen 1980 und 1985 eingestellt wurde, ist die Haus-Knipp-Brücke im Rheinbogen zwischen Beeckerwerth und Baerl. Am 13. 9. 1983 passiert sie der Triebwagen 515 635 in Richtung Moers. Links neben der Brücke auf der linken Rheinseite ist ein Wetterschacht zu erkennen. Militärischen Zwecken dient die Auskleidung der Schienenzwischenräume mit durch Panzer befahrbaren Platten, ebenso wie die an beiden Ufern vorhandenen Straßenrampen.

Beim Aussteigen in Duisburg-Beeck sollte man aufpassen, um nicht über Grasbüschel oder gar einen Akazienbusch zu stolpern. Der Zugang zum Bahnsteig erfolgt über eine Treppe im Hintergrund zur Friedrich-Ebert-Straße mit der Duisburger Straßenbahnlinie 901 (vergleiche Strecke 312). Hinter der Kreuzung mit den dicken Rohren wird auch eine Werksbahn unter- und die Alte Emscher überquert. (Siehe auch Farbteil S. 149)

Züge Richtung Wesel ermöglichten) auf die 398 Meter lange Rheinbrücke (Knippbrücke). Nach wenigen hundert Metern am linken Rheinufer knickte die Strecke am längst aufgelassenen Haltepunkt Baerl ursprünglich nach Süden ab auf Hohenbudberg zu. Dabei kreuzte sie in Trompet sowohl die alte Ruhrort-Krefeld-Kreis Gladbacher Eisenbahn als auch die Strecke Rheinhausen–Moers–Kleve.

Kehren wir noch einmal nach Baerl zurück, denn hier teilte sich die am 1. 10. 1912 eröffnete Neubaustrecke. Während der eine – bereits vorgestellte – Ast auf Hohenbudberg zulief, war noch ein zweiter vorgesehen, der schnurgerade in westlicher Richtung sich durch die Tiefebene ziehen und bei Geldern auf die Strecke Krefeld–Kleve treffen sollte. Aber daraus wurde wenig, nur bis zur Kreuzung mit der Rheinhausen–Klever Bahn bei Moers wurde das Projekt realisiert, der Rest bis Geldern blieb ein Torso, von dem aber heute noch Brücken, Wege usw. künden.

Über diese Verbindung bei Moers rollt heute der Verkehr. Die andere bei Baerl abzweigende Trasse ist längst abgebaut, obwohl auch in der Moerser Heide noch Dämme und Brücken verraten, was da einst war, bevor Schnellstraßen und Siedlungen kamen. Über die Moerser Verbindung wurde im Sommerfahrplan 1929 auch erstmals Personenverkehr auf der Güterstrecke eingerichtet. Das war zwar ein Umweg im Nahverkehr Oberhausen – Krefeld, schloß aber dafür die Stadt Moers über deren Hauptbahnhof mit ein. Dabei wurde ursprünglich von Trompet bis Uerdingen die alte Trasse der Ruhrort-Krefeld-Kreis Gladbacher Eisenbahn mitbenutzt. Die fiel aber 1961 der Erweiterung des Uerdinger Bayerwerkes zum Opfer, womit fortan die Züge Krefeld–Moers–Oberhausen die Nordost-Einfahrt des Bahnhofs Hohenbudberg benutzen mußten, also wieder die 1912 erbaute Güterstrecke.

Seit dem 23. 9. 1983 fahren dort keine Personenzüge mehr. Zum Sommerfahrplan 1983 schon war die einzige durchgehende Verbindung gestrichen worden, Moers war damit für vier Monate Ausgangs- bzw. Endpunkt für ganze drei Züge auf der Oberhausen–Hohenbudberger Bahn; drei Personenzüge wohlgemerkt, Güterzüge rollen auf der zweigleisigen und elektrifizierten Strecke weiterhin jede Menge.

494 Bonn Rheinuferbahnhof–Bonn West 1 km

Natürlich soll hier niemandem weisgemacht werden, auf der »Vorgebirgsbahn« der Köln-Bonner Eisenbahnen (KBE) führen keine Züge mehr. Die Strecke ist nach wie vor unter derselben Nummer im Kursbuch zu finden. Allerdings wurde sie im Herbst 1985 zwischen Bonn und Schwadorf auf Stadtbahnbetrieb umgestellt, ist also keine »richtige« Eisenbahn mehr. Und: am 25. Oktober 1985 wurde im Zusammenhang mit dieser Umstellung letztmals der Bonner Rheinuferbahnhof der KBE angefahren, noch im selben Jahr wurde er ebenso wie das Gebäude des Westbahnhofs abgerissen. »Nach uns die Straßenbahn« stand auf einem Transparent am letzten traditionellen KBE-

Elektrotriebzug, der wie seine Artgenossen den Stadtbahnwagen der KBE, der Kölner Verkehrsbetriebe und der Stadtwerke Bonn weichen mußte. Statt des Rheinuferbahnhofs steuern diese nun ab Bonn West unterirdisch den nahegelegenen U-Bahnhof Bonn Hauptbahnhof an. Ebenso wie die bereits 1978 auf Stadtbahnbetrieb umgestellte Rheinuferbahn, die dem verschwundenen Bahnhof zu seinem Namen verholfen hatte. Das am 25. Oktober 1985 endgültig stillgelegte Teilstück Bonn Rheinuferbahnhof–Bonn West war ursprünglich am 11. Januar 1906 als Endstück der Rheinuferbahn im Normalspur-Personenverkehr eröffnet worden. Der kurze Abschnitt änderte mehrmals

Nachdem die Rheinuferbahn ab 1978 in Bonn West im Untergrund verschwand, mußte die Vorgebirgsbahn kurz vor der Tunnelrampe (links im Bild) aus den Gleisen ausgefädelt werden, um weiterhin den Rheinuferbahnhof anlaufen zu können. Diese Änderung bildete den auch nur vorläufigen Abschluß einer Vielzahl von Umbauten und völligen Neutrassierungen, wie sie fast ohne Beispiel in der Eisenbahngeschichte sind. ET 56 kreuzt von Köln-Barbarossaplatz kommend die Gleise zur Tunnelrampe. Kurz vorher hat er am im Hintergrund erkennbaren Bahnsteig des Bahnhofs Bonn West gehalten. Bis 1987 ist dort eine moderne überirdische U-Bahn-Station entstanden. ET 56 wurde im März 1987 nach 31 Dienstjahren verschrottet. (Siehe auch Farbteil S. 150)

sein Gesicht bis hin zum U-Bahn-Bau in den 70er Jahren. Während am südlichen Ende dieser Abschnitt durch den am 15. Mai 1935 eröffneten neuen Rheinuferbahnhof leicht verkürzt wurde, wurde der nördliche Anschluß an Bonn West 1905, 1954 und 1968 jeweils vollständig neu trassiert.

Die ältere »Vorgebirgsbahn« war zwischen Brühl und Bonn Ellerbahnhof am 1. August 1897 (Brühl–Köln folgte am 20. Januar 1898) von der »Aktiengesellschaft der Vorgebirgsbahn Cöln–Bonn« als Meterspurstrecke eröffnet worden und damit Stammstrecke der 1917 in »Cöln-Bonner Eisenbahn AG« umbenannten Gesellschaft. Sie diente – und dient – neben dem Personenverkehr der Versorgung Kölns und Bonns mit den Agrarprodukten des Vorgebirges, dem Braunkohlentransport aus der Ville und natürlich den mit der Braunkohle zusammenhängenden Industriekomplexen. Der südliche Abschnitt Brühl–Bonn (hier ist die Strecke zumeist auch eingleisig) hat aber seinen Charakter als »Obst- und Gemüsegarten« der Region bis heute bewahren können.

Um dem ständig wachsenden Verkehrsaufkommen und der Zusammenarbeit mit der Staatsbahn gerecht zu werden, wurde die »Vorgebirgsbahn« nach und nach auf Normalspur und – für den Personenverkehr – auf elektrischen Betrieb umgestellt. 1929 fauchte zum letzten Mal der »feurige Elias«, wie das »Bähnche« von der Bevölkerung liebevoll-spöttisch genannt wurde, ab 1. Juli 1934 wurde zwischen Bonn Ellerbahnhof und dem neuen Bahnhof Brühl Mitte elektrisch auf Normalspur gefahren, drei Monate später war die Vorgebirgsbahn komplett umgestellt.

Mit Aufnahme des elektrischen Betriebs hatten die KBE die Weichen für eine bemerkenswerte Karriere gestellt. Sie galten im Personenverkehr vielen Fachleuten als eine der leistungsfähigsten privaten Eisenbahnen der Welt. Daß sie für den Bereich der Bundesrepublik eine Spitzenstellung einnahmen, bedarf keiner weiteren Erläuterung.

Nun ist das also alles nicht mehr. Für Stadtbahnen gelten andere Maßstäbe. Wenn auch die Umstellung die Leistungsfähigkeit nicht schmälerte (vom Komfort wollen wir hier nicht reden), so hat sie doch mancher Zeitgenosse bedauert. Mit den gelb-roten Zügen der KBE verschwand wieder ein Stück regionaler Eisenbahngeschichte.

495 Brühl Nord–Wesseling 7 km

sowie Verbindungskurve Brühl-Brücke–Brühl-Vochem

Aus den DB-Kursbüchern war sie schon seit Jahren verschwunden, aber sie fuhr doch, die »Querbahn« der KBE von Brühl Mitte nach Wesseling. Nach dem 30. Mai 1981 paßten sich dann die Tatsachen dem offenbar zu ungeduldigen Papier an. Fortan diente die Verbindungsstrecke zwischen »Rheinuferbahn« und »Vorgebirgsbahn« neben dem beträchtlichen Güterverkehr noch den elektrischen KBE-Triebzügen zur Überführung zum Bw Wesseling und umgekehrt.

Die »Querbahn« hatte im Personenverkehr nie die bedeutende Stelle eingenommen, die den beiden KBE-Verbindungen zwischen Bonn und Köln zugewachsen war. Im Güterverkehr ist sie dafür

Das Stadtgebiet von Brühl wurde bis zur Stillegung der Querbahn der KBE von zehn Bahnhöfen bzw. Haltepunkten des Schienenverkehrs erschlossen. Seither muß man auf zwei davon (Brühl-Brücke und Brühl-Ost) verzichten, womit Brühl aber immer noch sehr gut mit Bahnanschlüssen ausgestattet ist. Beim Haltepunkt Brühl-Brücke kreuzt die KBE-Querbahn die DB-Hauptstrecke Köln–Bonn. Hier begegneten sich am 4. 9. 1982 zwei epochemachende Fahrzeuge, nämlich der ›Silberpfeil‹ ET 201 der KBE auf Sonderfahrt und der 403 der DB als Lufthansa-Airport-Express LH 1005 auf dem Weg zum Frankfurter Flughafen. Leider waren viele KBE-Triebwagen in einem kaum glaublichen Ausmaß von Bränden betroffen, die auch vor den Silberpfeilen nicht halt machten. Von zehn Einzelwagen überlebten bisher nur drei, einige waren sogar zweimal abgebrannt. Der Prototyp ET 201 soll als Museumsfahrzeug in Köln verbleiben, die zwei restlichen Wagen laufen in Salzburg.

Nur selten waren Silberpfeile im Plandienst auf der Querbahn zu sehen. Meistens liefen dort die ältesten Fahrzeuge der Bahn, also z. B. der ET 31 (zweite Triebwagengeneration) oder die ET 32 und 33 (dritte Triebwagengeneration). Wenn nicht das Nichtrauchersymbol die ›Neuzeit‹ verraten würde, glaubte man sich beim Blick in das 1.-Klasse-Abteil des ET 31 b in längst vergangene Zeiten versetzt. Auch dieser Wagen, der seine letzten Jahre fast ausschließlich auf der Querbahn verbrachte, endete ebenso wie der oben erwähnte ET 33 durch einen Brand. 7. 7. 1977.

Auch Wesseling war mit sechs Haltepunkten der KBE nicht schlecht bedient. Zwei davon (Berzdorf und Berzdorf Nord) entfielen mit der Stillegung der Querbahn im Personenverkehr. Entfallen ist auch der untere Bahnsteig von Wesseling Nord, den ET 42 am 25. 9. 1980 passierte. Der Tunnel im Vordergrund führt die erst 1941 eröffnete eingleisige Verbindungskurve von der Querbahn nach Wesseling unter den Gleisen der Rheinuferbahn hindurch. Da der Personenverkehr stets auf Brühl und Wesseling orientiert war, entstand 1951 auch am anderen Ende der Querbahn eine direkte Verbindungskurve Brühl-Brücke–Brühl-Nord, wobei aber weiterhin auch Züge über Brühl-Vochem (mit Richtungswechsel) fuhren. ET 42 (Baujahr 1940) wurde 1982 verschrottet.

um so wichtiger. Am 31. März 1901 war die Strecke Godorf–Wesseling–Brühl dreischienig eröffnet worden. Mit der Meterspurstrecke allein wollte man sich den wachsenden Anforderungen des Güterverkehrs nicht stellen; 1915 verschwand die Meterspurschiene wieder. In den folgenden Jahren entwickelte sich der Verkehr zwischen den Braunkohlegruben und dem Rheinhafen Wesseling, zu dem sich noch gigantische petrochemische Industriekomplexe gesellten, so sehr, daß die Strecke zweigleisig ausgebaut werden mußte. Zur Verbesserung des Arbeiterverkehrs mit den zu kriegsentscheidender Bedeutung aufgerückten Kohleverflüssigungsanlagen wurde 1942 der zu-

ET 42 hat am 25. 9. 1980 seine Endstation Wesseling erreicht. Auf dem Rheinuferbahngleis begegnet ihm Triebwagen 7465 der Stadtwerke Bonn auf der Fahrt nach Köln. Derartige Stadtbahnwagen B laufen inzwischen in mehreren hundert Exemplaren bei zahlreichen U- und Stadtbahnen Deutschlands. Auch die KBE hat sich davon 13 Wagen (2095–2099, 2192–2199) als ihre sechste Elektro-Triebwagengeneration zugelegt.

vor nur auf wenige Zugpaare beschränkte Personenverkehr zwischen Brühl und Wesseling spürbar ausgeweitet, so daß die KBE es 1951 sogar als sinnvoll erachteten, die »Querbahn« zu elektrifizieren. Schon 25 Jahre später aber waren die Beförderungsleistungen so abgefallen, daß der Fahrplan entsprechend kräftig durchforstet wurde und man sogar darauf verzichtete, ihn im DB-Kursbuch überhaupt noch kundzutun.

503 Heimboldshausen–Philippsthal 3 km

Zahllose Eisenbahnstrecken wurden nach dem Zweiten Weltkrieg durch die innerdeutsche Grenze zerschnitten. Für die meisten war die Trennung endgültig, einige wenige haben sich im grenzüberschreitenden Verkehr behaupten können. Dazu gehören auch die Reste der Nebenbahn Gerstungen–Vacha–Bad Salzungen, die zwischen 1903 und 1906 von den preußischen Staatsbahnen in Betrieb genommen worden war. Obwohl diese Strecke mit der vielleicht kuriosesten Nachkriegsgeschichte aufwarten kann, ist sie doch kaum jemandem bekannt.

Zwischen den Bahnhöfen Widdershausen und Philippsthal liegt die Bahn heute auf bundesdeutschem Territorium. Ihr Sinn und Zweck besteht inzwischen allein darin, Kalitransporte über Gerstungen in der DDR und von dort weiter nach Bebra abzuwickeln. Schon im Febraur 1946 waren die Kalitransporte über Gerstungen wieder angelaufen, gleichzeitig entwickelte sich für die Beschäftigten der Bergwerke auch ein bescheidener Personenverkehr zwischen Bebra und Philippsthal. Das friedliche Treiben blieb jedoch von den zunehmenden Spannungen zwischen den beiden deutschen Staaten nicht lange verschont. Gleich zweimal im Jahre 1952 wurde von der DDR der Grenzverkehr gestoppt, bis 1954 war dann die Strecke dicht. Das war auch das Ende des Personenverkehrs. Am anderen Ende, zwischen Vacha und Philippsthal, schloß sich die Grenze endgültig am 29. September 1962; die DDR brauchte das bundesdeutsche Teilstück für ihre Kali-»Transitzüge« nach Gerstungen nicht mehr.

Dann, am 1. Dezember 1967, fiel der Schlagbaum erneut zwischen Gerstungen und Widdershausen. Ostberlin verlangte mehr Geld für die Streckenbenutzung, das Bonner Verkehrsministerium wollte die geforderten Summen aber nicht zahlen. Erst knapp zwei Jahre später fand man zu einer Einigung, die Züge rollten wieder.

Während der »Blockaden« hatte stets die Hersfelder Kreisbahn aushelfen können und die Kalizüge über ihre Strecke vom Anschlußbahnhof Heimboldshausen nach Bad Hersfeld abrollen lassen, was sich natürlich auch für die kleine Privatbahn als erfreuliches Zusatzgeschäft zu den eigenen Kalizügen erwies. Ausgeholfen hatte die Kreisbahn auch im Personenverkehr, indem sie ihre Züge von Heimboldshausen über die DB-Strecke nach Philippsthal (eröffnet am 2. Oktober 1905) weiterfahren ließ. Heute fahren die Kreisbahntriebwagen auf dem Parallelgleis der Grubenbahn bis zum Werk Hattorf, einige hundert Meter vor Philippsthal.

Hattorf (im Kursbuch nur mit Fußnote erwähnt) ist seit dem 29. Mai 1981 Endstation für die wenigen noch über Heimboldshausen hinaus verkehrenden Personenzüge der Hersfelder Eisenbahn-Gesellschaft (so der heutige Name). Natürlich dienten die Fahrten dem Arbeiterverkehr, wie überhaupt der Personenverkehr, der heute größtenteils mit eigenen Bussen abgewickelt wird, schon immer von den Kaligruben dominiert wurde.

Rechte Seite oben:
Der letzte Personenzug in Philippsthal fuhr am 29. 5. 1981. Unser Bild zeigt ihn an diesem Tag kurz vor der Rückfahrt nach Heimboldshausen. ›Triebfahrzeug‹ ist der VT 54 der Hersfelder Kreisbahn, der nach dem Vorbild der spanischen Schienenbusse einen Faltenbalgübergang zum nächsten Wagen besitzt. Ursprünglich lief die abgebildete Garnitur dreiteilig mit zusätzlichem Mittelwagen, der aber mangels Reisender in den letzten Jahren meist abgestellt blieb. So schiebt VT 54 nur den Steuerwagen VS 55, dessen Schlußscheiben für die Rückfahrt noch abgenommen werden müssen.

Wenngleich von der Hersfelder Kreisbahn bedient, so gehörte Philippsthal zur BD Frankfurt. Von dort wird auch die Anordnung zur Einsparung des Wasserkrans ergangen sein. Löwenzahn, bei der ›Renaturierung‹ von gepflasterten Flächen immer voran, beginnt mit der Eroberung der Stufen zu den Türen. 12. 5. 1981.

516 Bad Hersfeld–Niederaula 11 km Treysa–Oberaula 34 km

Manchmal hat die leidgeprüfte Bundesbahn auch »Glück«: Will sie eine verlustbringende, wenig genutzte Nebenstrecke schließen, hagelt es zumeist Proteste; auch von Leuten, die selbst schon jahrelang nicht mehr mit dem Zug gefahren sind. Bei der Strecke Treysa–Bad Hersfeld halfen letztlich »höhere Gewalten«, das Verfahren abzukürzen. Am 22. 8. 1977 unterbrach nach einem Dammbruch im Kirchheimer Seepark eine Flutwelle die Gleise nahe dem Bahnhof Kirchheim. Seitdem wurde der Personenverkehr zwischen Niederaula und Oberaula mit Bussen abgewickelt. Obwohl die Wiederherstellung der Strecke ein Fall für die Versicherungen gewesen wäre, lehnte die DB die Reparatur ab, hatte man so doch ein gewichtiges Stillegungsargument mehr. Trotzdem dauerte es noch fast 7 Jahre, ehe am 1. 6. 1984 (Treysa–Oberaula) bzw. einen Tag später (Bad Hersfeld–Niederaula) auf den verbliebenen Streckenästen der Personenverkehr eingestellt wurde. Bis dahin konnte man das recht gewöhnungsbedürftige Schauspiel beobachten, daß die Zugschaffner im Bahnbus zwischen Ober- und Niederaula Fahrkarten verkauften.

Die ehedem 60 Kilometer lange Nebenbahn war in zwei Etappen (Hersfeld–Oberaula 1. 5. 1906; Oberaula–Treysa 1. 8. 1907) eröffnet worden und verknüpfte mit zahlreichen Kurven

Kleinropperhausen, ein Haltepunkt am Dorfrand, steht für viele romantische Schienenbusstationen im Hessischen. Verwundert staunt man über die gepflegte Wartehalle fast ohne Beschriftungs- oder Zerstörungsspuren. Im Vordergrund kreuzt ein kleiner Bach sowohl die Bahn als auch den Überweg. 23. 5. 1984.

In Oberaula ist Endstation für den Schienenbus mit 998 695 an der Spitze, seitdem ein Staudammbruch in Kirchheim eine Brücke aus dem Bahndamm gerissen hat. Die DB hat schnell reagiert und nicht etwa die Brücke repariert, sondern zwischen Nieder- und Oberaula einen Buspendel eingerichtet, der hier gerade am Bahnhof Oberaula vorfährt. Reisende aus dem MAN-Bus brauchen nur in den Steuerwagen einsteigen, wenn sie in einem MAN-Fahrzeug weiterfahren wollen. 23. 5. 1984.

Ein Zugschaffner mit Kursbuch unter dem Arm und Fahrkartenzange im Jackett, der Bahnfahrkarten an die Schüler verkauft: das gab es im Busdienst nur im Schienenersatzverkehr zwischen Ober- und Niederaula. Die runden Formen zeigen, daß wir nicht einen Standard-Linienbus, sondern einen älteren Daimler-Benz benutzen. Unvergeßlich auch die schwarz marmorierten roten Bahnbussitze. 2. 8. 1979.

Noch ein Kurpark-Bahnhof, den die Stillegungswelle erwischt hat. Ebenso wie bei Bad Lauterberg wollen wir auch Bad Hersfeld Kurpark im Portrait vorstellen. Die Nutzungsfrage hat sich hier schon geklärt: Er dient zusammen mit einem stilistisch angepaßten Anbau als komfortables Wohnhaus. 29. 8. 1986. (Siehe auch Farbteil S. 150)

und Steigungen die Strecken Kassel–Gießen und Fulda–Bebra. Der Bahnhof Niederaula im Fuldatal wurde bald Knoten für zwei weitere Nebenbahnen. 1914 wurde die Strecke nach Schlitz, das selbst seit 1898 mit einer Stichbahn über Bad Salzschlirf zu erreichen war, eröffnet. In Niederjossa, kurz hinter Niederaula an der Strecke nach Schlitz, bestand seit 1916 durchgehend eine Verbindung nach Alsfeld.

Wenig ist geblieben von diesen Nebenbahnen zwischen Fulda und Knüllgebirge. Mit dem Winterfahrplan 1973/74 endete der Personenverkehr zwischen Alsfeld und Niederaula, zehn Jahre zuvor schon zwischen Niederjossa und Bad Salzschlirf. Wiederum im Zehnjahresabstand, diesmal nach vorne, erwischte es also die beiden Teilstücke der Strecke 516.

Anschließend konnte sich der noch im Güterverkehr betriebene Ast Hersfeld–Niederaula–Grebenau (Strecke nach Schlitz) sogar einige Zeit in eigener Sache bewähren: Hier rollten zahlreiche Materialtransporte für die Neubaustrecke Hannover–Würzburg. Ansonsten blieben Übergabezüge. Treysa–Oberaula hat den besten Kunden ebenfalls in einem »Staatsunternehmen« – der Bundeswehr mit dem Truppenübungsplatz Schwarzenborn. Niederaula–Oberaula wurde zum Winterfahrplan 1984/85 für den Gesamtverkehr stillgelegt und inzwischen größtenteils abgebaut.

522 Kassel Hbf–Eschwege 66 km
524 Eschwege–Wanfried 12 km
525 Malsfeld–Treysa 40 km
526 Wetzlar–Lollar 18 km

Die vier Strecken, die uns auf den folgenden Seiten beschäftigen werden, stehen allesamt in engem Zusammenhang mit der »Kanonenbahn«; sie waren zumindest abschnittsweise oder sogar ganz (Malsfeld–Treysa, Wetzlar–Lollar) Teil dieser wohl bekanntesten aller strategischen Bahnen.

Die »Kanonenbahn« Berlin–Wetzlar–Metz war der letztlich mißratene Versuch, eine zuallererst militärischen Interessen dienende, aus der Mitte des Reiches an die neue Westgrenze in Lothringen führende zweigleisige Hauptbahn zu bauen, die eine problemlose und schnelle Truppenverlegung gewährleisten sollte. Es wurden weder Mühen noch Kosten gescheut (man denke nur an den Kaiser-Wilhelm-Tunnel bei Cochem), um den Anforderungen des Generalstabes gerecht zu werden. Einen Faktor hatte man aber außer acht gelassen: Die Natur hatte die Landschaft zwischen Leinefelde und Eschwege nicht so ausgerüstet, wie es die militärischen Vorgaben erfordert hätten. Das Mittelgebirge ließ hier die Mindestradien und Maximalsteigungen nicht zu und immer wieder gab es Ärger mit den Tunnels, in denen Gestein nachsackte. Mitte der 20er Jahre dieses Jahrhunderts wurde dieser Abschnitt schließlich zur Nebenbahn degradiert.

Ihren Ursprung findet die »Kanonenbahn« in den Erfahrungen des Frankreichfeldzuges 1870/71. Einerseits hatte der preußische Generalstab unter Helmuth von Moltke erstmals konsequent den Mobilitätsgewinn der Schiene genutzt. Aber der deutsch-französische Krieg hatte auch zahllose Mängel im Eisenbahnnetz aufgedeckt. Abgesehen von den Problemen, die durch das Vorherrschen des Privatbahnwesens gegeben waren, sind hier in erster Linie die Engpässe Frankfurt und Gießen sowie das Fehlen einer Moseltalstrecke zu nennen. All das sollte mit der »Kanonenbahn« ausgebügelt werden.

Der Verlauf der »Kanonenbahn«, die entgegen der ursprünglichen Planung zu einem nicht unerheblichen Teil bestehende Strecken mitbenutzte, wird für uns interessant im Trennungsbahnhof Silberhausen (nahe Leinefelde an der Halle-Kasseler Eisenbahn). Von hier wurde eine neue, für zwei Gleise vorbereitete Trasse (nicht auf allen Abschnitten wurde das zweite Gleis auch später gelegt) nach Treysa an der Main-Weser-Bahn geschlagen. In Niederhone (heute Eschwege West) wurde die Nord-Süd-Strecke gekreuzt – und zwar mittels Überführungsbauwerken, was damals durchaus noch als Luxus galt. Von Niederhone verläuft die Strecke dann über Waldkappel und Malsfeld nach Treysa. Von dort wurde bis Lollar die Main-Weser-Bahn mitbenutzt, ehe durch die Verbindungsbahn nach Wetzlar das Nadelöhr Gießen umgangen wurde. Von Wetzlar ging – und geht – es dann weiter über die alte Lahntalbahn nach Koblenz und schließlich per »Neubaustrecke« nach Metz. 1885 war die gesamte »Kanonenbahn« befahrbar.

Die »Kanonenbahn« sollte – wie erläutert – hohen Zielen dienen, da blieben lokale Verkehrsbedürfnisse außen vor. Natürlich wurden auf den neu gebauten Abschnitten auch Bahnhöfe eingerichtet, aber die lagen häufig weit vom Ort entfernt. Auch der Personenfernverkehr wußte nichts mit der Route Berlin–Wetzlar anzufangen. Alle großen Städte wurden ja umfahren.

Da bis zum Ersten Weltkrieg der Ausbau des »zivilen« Eisenbahnnetzes große Fortschritte gemacht hatte, erwies sich die »Kanonenbahn« schnell als »Rohrkrepierer«. Lediglich als Umleitungsstrecke (etwa im II. Weltkrieg zwischen Malsfeld und Treysa) konnte sie gelegentlich ihre Potenz aufblitzen lassen.

Mit diesen einleitenden Bemerkungen ist über die Abschnitte Malsfeld–Treysa (eröffnet 1. 8. 1879 – Personenverkehr eingestellt zum 30. 5. 1981) und Wetzlar–Lollar (eröffnet 15. 10. 1878 – Personenverkehr eingestellt am 30. 5. 1980) schon das Wichtigste gesagt. Hinzuzufügen wäre: In Malsfeld kreuzte die »Kanonenbahn« das Fuldatal samt der Kassel–Bebraer Bahn auf einer mächtigen Stahlträgerbrücke, stieg dann kontinuierlich bis zum Oberbeisheimer Tunnel (911 m lang, heute zugeschüttet), kreuzte wenige Kilometer weiter auf einer weiteren imposanten Brücke das Efzetal und stieg dann langsam nach Treysa hinab. Von Homberg (hierher fahren noch Übergabezüge aus Treysa) bis Oberbeisheim ist die Strecke inzwischen abgebaut, die Efzetalbrücke steht aber noch und wurde als Baudenkmal wieder hergerichtet. Über die südliche Verbindungskurve zur Kassel–Bebraer Bahn (die nördliche ist zugewachsen und teilweise entfernt) werden von Malsfeld noch bei Bedarf kurze Übergabezüge auf die »Kanonenbahn« geschickt: Richtung Treysa bis Oberbeisheim, Richtung Waldkappel bis Spangenberg. Auf dem Abschnitt Malsfeld–Waldkappel war der Personenverkehr schon zum Sommerfahrplan 1974 beendet worden, Spangenberg–Waldkappel wurde anschließend abgebaut.

Wir beginnen unsere Reise nach Eschwege (Strecke 522) in Kassel-Kirchditmold. Diese innerstädtische Station und mit ihr das eigene Gleis der Eschweger Bahn von Kassel Hbf nach Kassel-Wilhelmshöhe fielen den Bauarbeiten an der Neubaustrecke Hannover–Würzburg zum Opfer, die in Kassel-Wilhelmshöhe einen neuen Bahnhof erhält. Am 16. 5. 1985 sind die Gleise bereits entfernt; im Hintergrund zieht 150 080 einen Zug nach Kassel Hbf. Über der Lok sind schwach die Anlagen des Schlosses Wilhelmshöhe zu erkennen.

Ein moderner Bahnhof aus den fünfziger Jahren, elektrifizierte Gleisanlagen und ein Zug mit 216-Traktion; so sah u. a. das Ende des Personenverkehrs auf der Strecke Kassel Hbf – Eschwege aus. In Kassel-Bettenhausen kreuzen zwei Züge von (rechts) und nach Eschwege. Übrigens hatten eine Reihe weiterer Bahnhöfe und Haltepunkte der Strecke moderne Bahnhofsgebäude erhalten. Am 11. 1. 1985 ist der Schneeräum-Dienst für die drei Bahnarbeiter mit Schaufeln noch nicht beendet.

Zwischen Eschwege West (an der Nord-Süd-Strecke) und Eschwege pendelte neben den durchgehenden Zügen nach Kassel ein allein fahrender Schienenbus. Die einzige Zwischenstation trug den sinnigen Namen Ober-Niederhone. Bis vor wenigen Jahren lag auf diesem Abschnitt ein zweites Gleis, wie man auch noch an der Brücke im Hintergrund erkennen kann. Die Strecke war damit eine der ganz wenigen zweigleisigen Nebenbahnen der DB. 798 655, ein Uerdingen-Wagen des Baujahres 1959 besitzt zwei verschiedene Dachantennen. 15. 5. 1981.

Noch einmal der Pendel-Schienenbus in Eschwege, dem Endbahnhof der Strecke 522. Die Bahnanlage und die Gebäude entstanden beim Bau der Kanonenbahn Berlin–Metz. Im Hintergrund steht eine dreiteilige Schienenbusgarnitur mit 998 854 an der Spitze, die soeben aus Wanfried (Strecke 524) in Eschwege angekommen ist. 15. 5. 1981.

Ein Regenschauer läßt Schienenbus und Natur am 15. 5. 1981 wie ›neu‹ aussehen. Während das für die Natur Mitte Mai auch zutrifft, hat der 998 854 schon 22 Jahre Fahrdienst hinter sich. Grebendorf an der Kanonenbahn (Strecke 524) besaß noch mehrere handbediente Schranken, so daß der Bahnhof bei Zugfahrten besetzt werden mußte.

Der bekannteste Fotopunkt der Strecke war der Abzweig der Strecke 524 von der Kanonenbahn bei Schwebda mit Schloß Wolfsbrunnen im Hintergrund. Dieses Schloß diente einige Jahre als deutscher Hauptsitz der Baghwan-Bewegung, deren rotgekleidete Sanyassins gut mit dem ausgeblichenen Rot der Schienenbusse harmonierten. Am 18. 6. 1983 kehrte die Schienenbusgarnitur mit 998 856 an der Spitze als DGEG-Sonderfahrt aus Wanfried zurück. Rechts sind die ehemaligen Gleise der Kanonenbahn nach Leinefelde und der Strecke nach Heiligenstadt zu erkennen, die im nahe gelegenen Friedatunnel enden.

Ebenfalls am 18. 6. 1983 entstand die Aufnahme des 798 726 im Endbahnhof Wanfried. Über dem Triebwagen ist einer der großen Doppel-Telegrafenmasten zu sehen, die noch immer die Strecke säumen.

Letzter Tag im Personenverkehr der Strecke 524 war der 30. 5. 1981. Als letzter Personenzug in Wanfried ist 798 810 noch einmal hierher gekommen, um wenig später nach Eschwege zurückzukehren. Nur wenige haben sich eingefunden, diese Fahrt noch einmal zu erleben.

10.01 Uhr im Bahnhof Oberbeisheim an der Kanonenbahn am 22. 5. 1980. Kein Reisender verläßt oder besteigt den 798 519, der im Einmannbetrieb von Treysa nach Malsfeld unterwegs ist. Der Triebwagen besitzt keine Außenspiegel; dafür sind die Türgriffe der hinteren Türen von außen durch einen Blechkasten verdeckt. Im Hintergrund ist der Oberbeisheimer Tunnel zu erkennen, der wie alle Bauten der Kanonenbahn für zwei Gleise projektiert war.

Einige Jahre später gebot die Sh-2-Haltscheibe und ein Eisengitter den Zügen Halt vor dem Tunneleingang. Die vorgesehene Zweigleisigkeit erleichterte übrigens der DB die Unterhaltung. So wurde im Tunnelinneren ein Teilstück mit einer neuen Betonschale ausgekleidet und das eine vorhandene Gleis in die Tunnelmitte verschwenkt.

Auch in Homberg enden heute die Gleise im Güterverkehr. Zwei Tage vor der Einstellung des Personenverkehrs herrschte hier noch einmal ein reges Treiben. Natürlich haben sich so kurz vor ›Toresschluß‹ auch einige Fotografen eingefunden, die, im Hindergrund auf den Gleisen stehend, den 798 725 samt Beiwagen auf die Platte bannen.

In der Nähe von Remsfeld kreuzte die Kanonenbahn das Efze-Tal auf einer großen Stahlbrücke. 798 725, 998 320 und 998 775 (links) rumpeln am 29. 5. 1981 donnernd über das Tal. Auf dem Bauernhof gehört natürlich heute auch ein PKW in den Stall, zumal die nächste Autobahn-Auffahrt nur einen Kilometer, der nächste Intercity-Bahnhof aber je nach Anschluß 40 bis 92 Minuten entfernt liegen.

Der neugotische Bahnhof von Lollar mit seinen Spitzbogenfenstern ist als Inselbahnhof konzipiert. Auf der ›Kanonenbahnseite‹, auf der heute keine Personenzüge mehr verkehren, ist am 8. 8. 1979 798 572 aus Wetzlar eingefahren. Auch auf dieser Seite sind die Gleise bei der Elektrifizierung der Main-Weser-Bahn (rechts neben dem Empfangsgebäude) mit überspannt worden.

Dorlar besaß einen beschrankten Übergang zum Mittelbahnsteig sowie einige Park & Ride-Parkplätze. ›Parken am Gleis‹ und ›Automobil am Ziel‹ hat aber auch hier die Linie nicht retten können, ebensowenig wie schon rund 30 Jahre zuvor die in Abendstern niveaugleich kreuzende schmalspurige Biebertalbahn. 8. 8. 1979.

In Wetzlar mündete die Kanonenbahn kreuzungsfrei mit verschiedenen Verbindungskurven in die Lahntalbahn nach Koblenz ein. Dazu waren u. a. auch die rechten Überbauten der Lahnbrücke erforderlich, während die linken Überbauten der Strecke Gießen–Koblenz bzw. Hagen dienten. Noch vor der Überführung der Kanonenbahn über die Strecke Gießen–Wetzlar lag der Bahnhof Garbenheim, der nur auf der Kanonenbahn erreichbar war, da sich zwischen ihm und der Gießener Strecke der Wetzlarer Rangierbahnhof ausbreitete. 8. 8. 1979. (Siehe auch Farbteil S. 151)

Mit Talbrücken und Tunnels konnte die nur 18 km lange, stets eingleisige Umgehungsstrecke Wetzlar–Lollar nicht aufwarten. Dafür waren hier nach dem Zweiten Weltkrieg noch einige Haltepunkte zusätzlich eingerichtet worden, gleich deren neun gab es schließlich zwischen den Endpunkten. Aber was nützt alle zwei Kilometer ein Halt, wenn die weitaus größte Stadt der Region, nämlich Gießen, von den Nahverkehrszügen umfahren wird? Anlaß für die Betriebseinstellung war der Bau einer Umgehungsstraße. Da sich niemand von der Strecke noch etwas versprach, wurde sie unterbrochen. Planmäßig befahren – allerdings schwach – wird nur noch die verbliebene Stichstrecke Wetzlar–Abendstern.

Die »Kanonenbahn« nur abschnittsweise mitbenutzt hat der Verkehr auf den Routen 522 und 524. Unter der Nummer 524 fand sich eine Strecke, die durch die Teilung Deutschlands ihren Zweck eingebüßt hatte: Die am 1. Mai 1902 eröffnete Nebenbahn (Eschwege–)Schwebda–Treffurt(–Eisenach), die im Bahnhof Schwebda von der strategischen Bahn abzweigte. Letzter Halt auf bundesdeutschem Gebiet war bis zum 30. 5. 1970 Heldra, dann wurde von dort bis Wanfried der Personenverkehr eingestellt. Einziger Zwischenhalt auf dem 7 km langen Torso Schwebda–Wanfried war zuletzt Frieda. Auf dem am 15. 5. 1880 eröffneten Kanonenbahnabschnitt wurde von den beiden Schienenbuspaaren neben Schwebda noch Grebendorf bedient. Bis Großburschla, direkt an der innerdeutschen Grenze, rollen heute noch gelegentlich Übergabezüge. Der Personenzug nach Wanfried wurde am 30. Mai 1981 eingestellt.

Verschont von »Grenzfällen« blieb Kurhessens erste Nebenbahn (Eschwege–) Waldkappel–Kassel, die durch die Täler des Kaufunger Waldes von der »Kanonenbahn«-Station Waldkappel (Eröffnung Niederhone – Waldkappel – Malsfeld 15. 5. 1879) ihren Weg in den Hauptbahnhof der ehemaligen Residenzstadt fand. In zwei Etappen (Bettenhausen–Waldkappel 1. 12. 1879, Kassel-Wilhelmshöhe–Bettenhausen 15. 3. 1880) war die Strecke, die insbesondere der Erschließung der Bodenschätze sowie der Holzabfuhr dienen sollte, eröffnet worden. Wie so mancher anderer Nebenbahn wurde ihr letztlich eine gleich nebenan verlaufende und heute bestens ausgebaute Bundesstraße zum Verhängnis. Da konnten zuletzt auch die Kasseler 216 – obwohl oft nur mit einem »Silberling« belastet – nicht mehr mithalten. Während hier, zwischen Kassel und Eschwege West (ehemals Niederhone), der Fahrplan immer mehr ausgedünnt worden war und schließlich am 31. 5. 1985 der letzte Zug fuhr, pendelte nach Eschwege Stadt stets fleißig der Schienenbus. Aber auch damit war auf dem am 31. 10. 1875 eröffneten »Kanonenbahn« Abschnitt zum Sommerfahrplan 1985 Schluß, genauer: am 1. Juni.

Mit dem Personenverkehr endete zwischen Waldkappel und Walburg auch der Güterverkehr. In Walburg, das von Kassel aus bedient wird, gibt es auch heute noch einiges zu sehen. Zum einen muß noch das Gleis nach Großalmerode (an der 1915 eröffneten Nebenbahn Walburg–Eichenberg) beschickt werden, zum anderen ist Walburg Endstation für zahllose Reisezugwagen, die hier der Zerlegung in einem nahen Schrottverwertungsbetrieb harren.

Reichlich Güterverkehr gibt es noch am westlichen Ende der Strecke bis Kassel-Bettenhausen. Bettenhausen – bis hierhin ist die Strecke sogar elektrifiziert – verfügt auch über ein großzügiges, modernes Empfangsgebäude. Geradezu schäbig nahm sich dagegen das kleine Stationshäuschen in Kassel–Kirchditmold aus, das an dem einst bis in den Hauptbahnhof führenden Gleis der Eschweger Bahn lag. Mit Ende des Winterfahrplans am 2. Juni 1984 wurde es nicht mehr angefahren. Auch das alte Eschweger Gleis ist zum Teil abgetragen worden, um Platz für den neuen Bahnhof Wilhelmshöhe zu schaffen.

Strecke 140:
Auf Fehmarn herrscht oft eine steife Briese, und die ließ am 8. 6. 1984 das Lichtsignal, von welchem diese Aufnahme entstand, beachtlich schwanken. Aus dem Fährhafen Puttgarden kommend, fährt eine 218 in Richtung Hamburg; vorne zweigt die nur wenige 100 Meter lange Verbindungskurve nach Burg ab, die im weiten Bogen durch die Rapsfelder führt. Im Rücken des Fotografen liegt der unbesetzte Bahnhof Krz Burg West, ein flacher Bau im Stahlblech-Einheitsdesign der Vogelfluglinie.

Strecke 202:
Unter einer schönen Steinbogenbrücke und vorbei an großen westfälischen Bauernhöfen fährt der 624 623 durch die Felder bei Hankenberge. Die noch recht modernen und sehr gut gepflegten 624/924 sowie die weniger komfortablen vierachsigen Umbauwagen bildeten in den letzten Jahren das DB-Angebot zwischen Osnabrück und Dissen-Bad Rothenfelde. April 1983.

Strecke 10001:
Ein besonderes Sorgenkind der Juister Inselbahn und der Aufsichtsbehörde war stets die Ptahljochstrecke im Watt, die durch Sturmfluten mehrmals schwer beschädigt bzw. völlig zerstört worden war. März 1981.

Strecke 10006: Kurz hinter dem Deichtor kommt uns am 22. 3. 1981 der Triebwagen 5 der Spiekerooger Inselbahn entgegen, welcher 1933 im fernen Wismar erbaut wurde. Vor seiner Ankunft in Spiekeroog war er dreißig Jahre lang bei der Kreisbahn Emden–Pewsum–Greetsiel tätig, einer Bahn, die heute selbst Eisenbahnfreunde kaum noch kennen. 1981 wurde der Triebwagen an die DB verkauft, die ihn als eines ihrer ältesten Fahrzeuge seither unter der Nummer 699 001 auf der Nachbarinsel Wangerooge einsetzt.

Strecke 231:
913 603 und 612 507 fahren am 18. 4. 1984 den N 8266, welcher hier in Luttrum einen kurzen Zwischenstop einlegt. Verglichen mit den Bahnhofshallen von z. B. Basel, Paris, Brüssel und Kopenhagen, welche diese Züge früher anfuhren, wirkt die ›Halle‹ von Luttrum zwar in der Formgebung durchaus dynamisch, sonst aber wenig weltstädtisch.

Strecke 261:
Der lange Bahnsteig von Buchhagen hat schon große Sonderzüge, u. a. auch den TEE-Triebzug der Baureihe VT 11^5, gesehen. Am 5. 5. 1980 hält an der bekannten Ausflugsgaststätte nur der T2 und niemand steigt ein oder aus. Sehr zweifelhaft ist, ob der Fahrer – wie die Buskollegen – Umsatzprozente bekommt, wenn er Buchhagen mit dem Zug ansteuert.

Strecke 494:
Das 50jährige Jubiläum hat der Klinkerbau des Bonner Rheinuferbahnhofs der KBE noch erlebt; kurz darauf wurde er abgerissen, und heute parken auf dem Gelände Autos. Am 9. 6. 1978 sind noch alle Gleise in Betrieb, da auch die Rheinuferbahn über Wesseling noch von hier abfährt. Nach deren Umwandlung zur Stadtbahn verschwanden die Gleise der linken Bahnhofshälfte. Von links nach rechts sind ET 60, ES 152, ET 46 und ET 52 zu erkennen, sämtliche Fahrzeuge der Stahlbauart der Baujahre 1940–1956. Nur ET 60 hat überlebt und gelangte zur Linzer Lokalbahn in Österreich, die anderen Fahrzeuge auf dem Bild wurden zwischen 1985 und 1987 verschrottet.

Strecke 516:
Während der Bahnhof Neukirchen noch im letzten Sonnenlicht liegt, braut sich im Hintergrund ein gewaltiges Gewitter zusammen. Die dreiteilige Garnitur mit 998 695 am Zugschluß ist am 23. 5. 1984 auf dem Weg nach Treysa.

Strecke 522:
In Fürstenhaben (H N) ist der Bahnsteig am 11. 1. 1985 erst teilweise geräumt. Für 216 216 (von dieser ›Nummernspielerei‹ gab oder gibt es im Nummernplan der DB 27 Fahrzeuge) ist es kein Problem, den einen Silberling mit Heizdampf zu versorgen, einmal ganz zu schweigen von der Traktionsleistung von 1900 PS für die Fortbewegung. H N hinter dem Ortsnamen steht, wie man vielleicht noch aus dem Geschichtsbuch weiß, für die preußische Provinz Hessen-Nassau.

Strecke 548:
Bahnhof Eiserne Hand im dichten Schneetreiben am 14. 1. 1983. 517 003 und 517 002 haben sich und vor allem ihre jeweils 18 t schweren Akkumulatoren auf den Taunuskamm geschleppt und haben nun nur noch die Abfahrt nach Wiesbaden vor sich. Heute wäre es technisch kein Problem mehr, einen größeren Teil der beim Aufstieg verbrauchten Energie bei der Talfahrt wieder in die Akkus einzuspeisen. Aber moderne Akkutriebwagen wird es nicht mehr geben.

Strecke 606/607: 998 619 ziert ein Bild vom Hunsrücker Hbf. Am Zugzielanzeiger finden sich einige Namen, die heute nur noch mit dem Bus zu erreichen sind; nur die Bahnhöfe der rechten Hälfte werden noch von 213-bespannten Zügen erreicht. Im Kopf des Frosches links ist die Bremsprobe-Anzeige des Wagens zu erkennen. Darunter kann man im RIC-Raster feststellen, wo der Schienenbus überall laufen darf. Österreich, Frankreich, Dänemark und Luxemburg sind die verbliebenen zugelassenen Länder. Langenlonsheim am 7. 6. 1978.

Strecke 623: Fast von der Natur zurückerobert ist das Bahnhofsgelände von Plein; bald auch werden die letzten Züge gefahren sein und einige Jahre später die Schienen verschwinden. 798 650 hat am Abend des 26. 9. 1980 nur noch den an Kunstbauten reichen Abstieg in das Moseltal vor sich.

Strecke 632:
Noch fünf Jahre vor der Stillegung waren auf der Strecke Dillingen–Primsweiler Dampfloks im Personenzugdienst eingesetzt. 052 990 befährt am 24. 5. 1975 die Theelbrücke bei Körprich, deren Widerlager nach dem Krieg erneuert werden mußten. Die in Österreich 1942 bei Floridsdorf gebaute Lokomotive gehörte zu den letzten Loks der Reihe 50 bei der DB und wurde erst 1976 ausgemustert.

Strecke 644:
Im Gegensatz zu vielen Strecken, auf denen zum Schluß nur noch ein ›Alibi‹-Zug oder Zugpaar fuhr, war Ottweiler–Schwarzerden mit zehn werktäglichen Zügen (außer samstags) noch recht gut belegt. 795 138 hat am 8. 6. 1978 die Endstation Schwarzerden erreicht. Lupinen konnte man längs der Strecke vielfach beobachten. Recht selten ist dagegen der holzverkleidete Wasserturm neben dem Empfangsgebäude aus den Dreißiger Jahren. Er war notwendig, um hier wendende Lokomotiven der drei Strekken nach Türkismühle, Kusel und Ottweiler zu versorgen.

Strecke 683:
Bei Kapellen-Niederhorbach quält sich am 3. 8. 1981 798 509 über die reichlich verkrauteten Gleise. Das ›0^{5}‹-Schild hinter dem Triebwagen weist auf eine Langsamfahrstelle mit 5 km/h zugelassener Geschwindigkeit hin. Für den Einmann-Betrieb hat der Triebwagen große Außenspiegel erhalten. Der Wagen gehört zur ersten Serie zweimotoriger Schienenbusse der DB und wurde am 18. 8. 1955 für das Bw Rosenheim abgenommen.

Strecke 731:
Einer von insgesamt 50 gebauten ›Eßlingern‹ ist der VT 109 der SWEG, der hier bei Wollbach am 19. 11. 1976 aufgenommen wurde. Der Wagen wurde 1955 für die AKN in Schleswig-Holstein geliefert und kam 1961 in den Süden. Da auch Privatbahnen auf den letzten Pfennig angewiesen sind, vermieten sie oft die Seitenwände der Fahrzeuge für Werbungszwecke. VT 109 fährt daher den bekannten Vornamen des Braunschweiger Fußballclubs durch die südbadische Landschaft.

Strecke 866:
Etwa auf halber Strecke zwischen Deggendorf und Metten begegnet uns am 15. 7. 1977 der Triebwagen VT 02 der Regentalbahn. Sein Zustand ist nach rund vierzigjähriger Betriebszeit als vorbildlich zu bezeichnen. Typisch für die Regentalbahnfahrzeuge sind die rot lackierten Schneeräumer und die Mehrklangsignalhörner. Während quasi links der Gleise der Bayrische Wald beginnt, fließt unweit rechts die Donau.

Strecke 875:
Im letzten Abendlicht kommt die Regenbrücke in Miltach besonders gut zur Geltung. Derartige zierliche Brückenkonstruktionen kamen auf vielen bayerischen Lokalbahnen zur Ausführung. Im Hintergrund ist das Einfahrsignal von Miltach aus Richtung Straubing erkennbar.

Strecke 905:
Merklingen und Oppingen besaßen zwei sehr ähnliche romantische Bahnhofsgebäude, während die anderen Gebäude der Laichinger-Bahn eher prosaisch wirkten. Triebwagen T 31, der in den letzten Jahren, ebenso wie T 30, in den neuen WEG-Farben Blau, Grau, Orange lackiert worden war, ist am 26. 2. 1985 in Merklingen eingelaufen. Imposant, aber für die Schulkinder zum Klettern nicht ganz ungefährlich, ist der große Holzstapel im Hintergrund.

Strecke 972:
627 004 hält am 4. 9. 1984 in Schwarzerd an der B 12-Straßenkreuzung bei Einöde. Durch die neue autobahnähnliche Ersatzbundesstraße und den Abbau der Gleise hat die Blinklichtanlage ausgedient. 627 004 und auch der im Schwarzweiß-Teil abgebildete 627 008 haben in den letzten Jahren ihre Mittelpufferkupplungen gegen normale Schraubenkupplungen und Puffer getauscht. Im Einsatz stehen sie heute beim Bw Tübingen, wo sie helfen, das Leben der Kinzigtalbahn Freudenstadt–Hausach zu verlängern.

527 Burg- und Nieder Gemünden–Kirchhain (Bez. Kassel) 20 km

Zwei Nebenbahnen zweigten einst im Bahnhof Kirchhain von der Main-Weser-Bahn Kassel – Frankfurt ab. Die jüngere von beiden führte in nördlicher Richtung das Wohratal hinauf nach Gemünden (eröffnet 1914). Der Personenverkehr wurde hier zum Sommerfahrplan 1972 eingestellt, heute ist die Strecke abgerissen. Die ältere Nebenstrecke folgt ab Kirchhain dem Flüßchen Ohm und endet dann ebenfalls in Gemünden . . .

Natürlich handelt es sich um verschiedene Gemeinden. Uns interessiert hier die südliche, die sich aus Nieder Gemünden und Burg-Gemünden zusammensetzt, beides kleine Ortschaften an der 1871 fertiggestellten eingleisigen Hauptbahn Gießen–Fulda. Offenbar um Umsteigende in Kirchhain vor unangenehmen Überraschungen zu behüten, mußten beide Ortsteile auf einem Bahnhofsschild Platz finden.

Die Ohmtalbahn überquerte in Nieder Ofleiden die Grenze zwischen dem seit 1866 zu Preußen gehörenden Kurfürstentum Hessen im Norden und dem Großherzogtum Hessen im Süden. Das sollte zu Problemen führen. Die großherzogliche Ständeversammlung in Darmstadt hatte zwar 1890 in einem »Nebenbahnpaket« für ihr Territorium den Streckenbau genehmigt (siehe auch 559), als dann

Am Streckenabschnitt der ehemaligen privaten Ohmtalbahn lag der Haltepunkt Rüdigheim. Während der Güter- und Personenverkehr hier 1900 mit zwei kleinen B-Kupplern der Firma Krauss begann, endete der Personenverkehr 80 Jahre später mit den Schienenbussen der Baureihe 798/998. 998 845 hält am 8. 8. 1979 vor der Kulisse der im Hintergrund auf einem Vulkankegel liegenden Stadt Amöneburg.

aber 1896 Preußen mit Gründung der »Preußisch-Hessischen Eisenbahngemeinschaft« das Kommando übernahm, wurde das höchst verlustverdächtige Objekt erst einmal gestrichen. Der Kreis Kirchhain nahm nun die Sache selbst in die Hand und erhielt von Preußen (für das ehemals kurhessische Gebiet) am 8. September 1897 das Recht zur Enteignung von Grund und Boden sowie zum Bau und Betrieb der Bahn. Die großherzogliche Konzession für den südlichen Teil bestand ja noch; es konnte also losgehen. Die somit zum einen Teil dem Kreis Kirchhain, zum anderen den großherzoglichen Staatsbahnen gehörende Kleinbahn wurde vom Eröffnungstag (Landesgrenze–Kirchhain 1. April 1900, Landesgrenze–Burg- und Nieder Gemünden 1. April 1901) an auf getrennte Rechnung des Kreises Kirchhain bzw. des Großherzogtums betrieben. Am 1. April 1923 wurde der Abschnitt Kirchhain–Landesgrenze dann auf zehn Jahre von der Deutschen Reichsbahn gepachtet, ging aber schon zum 1. September 1927 als nebenbahnähnliche Kleinbahn in Reichseigentum über und wurde schließlich am 1. Januar 1934 zu einer Bahn des allgemeinen Verkehrs erklärt.

Ganz so verlustträchtig, wie zunächst angenommen worden war, entwickelte sich die Ohmtalbahn nämlich gar nicht. Insbesondere die Gewinnung von Basalt und anderem Gestein sorgte für reges Verkehrsaufkommen. Auch heute bildet

Die Dame, die vor dem Schrankenwärterhäuschen den EDS-Brief betrachtet, hat soeben die drei Schranken am Haltepunkt Ober-Ofleiden geschlossen, damit 998 845 seine Fahrt nach Burg- und Nieder Gemünden fortsetzen kann. 8. 8. 1979.

Das größte Bahnhofsgebäude der Strecke besaß Homberg, das durch den Zusatz ›Kr Alsfeld‹ vom nahegelegenen ›Homberg Bz Kassel‹ (siehe Strecke 525) zu unterscheiden war. Nachdem unter den Kursbuchtabellen 522 bis 528 nur noch die Worte ›Schienenverkehr eingestellt‹ bzw. neuerdings ›Angebotumstellung‹ zu finden waren, ist auch das Problem einer Ortsverwechslung durch Stillegung gleich beider Homberg gelöst. Vor dem Bahnhofsgebäude im romantisierenden Stil, ergänzt durch eine Wellblechhütte, hat 998 845 angehalten. Wenige Reisende sind ausgestiegen, und etwas Expressgut wird am 8. 8. 1979 verladen.

ein riesiger Basaltsteinbruch in der Nähe der ehemaligen »Grenzstation« Nieder Ofleiden das Rückgrat des Güterverkehrs. Außerdem sorgt ein anderer großer Industriebetrieb in Neuhaus für Fracht. Bedient wird die Strecke von Kirchhain aus, hinter Neuhaus ist der Betrieb eingestellt.

Der Personenverkehr konnte dagegen nie mit nennenswerten Leistungen aufwarten. Der letzte planmäßige Zug, eine dreiteilige Marburger Schienenbusgarnitur, fuhr am 31. Mai 1980. Am 29. Juni desselben Jahres folgte noch einmal ein Sonderzug zum Hessentag in Grünberg, seitdem ist Schluß.

528 Lollar–Londorf 14 km

Der Norden der großherzoglichen Provinz Oberhessen gehörte wahrlich nicht zu den bevorzugten Landen des Darmstädter Fürstenhauses. Zwar gab es reichlich Erze und Mineralien, Holz und landwirtschaftliche Produkte, aber abgesehen vom Raum Gießen/Lollar kaum Industrie. Es haperte an den Verkehrsverbindungen. Neben der Main-Weser Bahn und Gießen–Fulda gab es nichts. Auf Drängen der Bevölkerung und der Ständeversammlung schnürte die Regierung 1890 ein staatliches Nebenbahnpaket (siehe KBS 559), in dem auch die Strecke Londorf–Grünberg (Anschluß an Fulda–Gießen) verpackt war. Das hätte zwar den Steinbrechern und Bauern im oberen Lumdatal geholfen, das untere aber wäre leer ausgegangen. Also gab's Proteste – und schließlich einen Nachschlag: Die Strecke konnte bis Lollar (Trennungsbahnhof von Main-Weser- und »Kanonenbahn«) verlängert werden. Londorf–Grünberg wurde am 1. 8. 1896 eröffnet, Lollar–Londorf folgte am 1. 6. 1902.

Zwar lockte die staatliche Nebenbahn keine neuen Gewerbezweige ins Lumdatal, aber insbesondere die Steinbrüche erlebten nun einen spürbaren Aufschwung. Wichtigste Neuansiedlung waren die Didier-Werke bei Mainzlar, 4 km östlich von Lollar. Während manch anderer Steinverlader inzwischen aufgegeben hat, sorgt Didier

Von 1896 bis 1902 und von 1963 bis 1981 war Londorf Endpunkt im Personenverkehr, allerdings in diesen beiden Zeitabschnitten von jeweils verschiedenen Seiten her. Am 9. 4. 1981 kam der 798 554 aus Richtung Lollar, um kurze Zeit später wieder dorthin zurückzukehren. Ein kleines zeitgeschichtliches Dokument ist auch das Autokennzeichen L für die 1977 entstandene Großstadt Lahn. Nach nur zwei Jahren war es mit Lahn wieder vorbei, und ab 1. 8. 1979 heiß es wieder wie ehedem Gießen und Wetzlar.

Ähnlich wie hier in Mainzlar sahen alle Bahnhofsgebäude der Strecke Lollar–Londorf aus, die im übrigen in ähnlicher Form u. a. auch auf den Strecken 559, 589 und 661 zu finden waren, also so etwas wie die ›corporate identity‹ der großherzoglich hessischen Nebenbahnen repräsentierten. 798 554 schiebt seine beiden Bei- bzw. Steuerwagen am 9. 4. 1981 in Richtung Londorf.

heute noch für regen Güterverkehr nach Lollar. In Londorf wird noch Holz verladen, ansonsten tut sich wenig.

Der erst nachträglich genehmigte Appendix nach Lollar hat die ursprüngliche Strecke Grünberg–Londorf längst überlebt. Im Mai 1963 endete dort schon der Personenverkehr, wenige Jahre später waren die Gleise abgetragen. Obwohl seit Sommer 1978 die lokbespannten Züge – hier waren einst auch die Baureihen 65 und 66 anzutreffen – durch Triebwagen (Schienenbusse, gelegentlich auch Limburger »Zigarren«) ersetzt wurden, und die Frühzüge nach Gießen meist überfüllt waren, wurde allen Protesten zum Trotz der Reisezugverkehr im Lumdatal am 30. 5. 1981 eingestellt. Im Raum Gießen, der in den 70er und 80er Jahren mit Autobahnen und Schnellstraßen zuasphaltiert wurde, sind Nebenbahnzüge nicht mehr zeitgemäß.

545 Albshausen–Grävenwiesbach 25 km

Aus dem ehemaligen Abzweigbahnhof Grävenwiesbach ist heute – wenigstens im Personenverkehr – eine Endstation geworden, Endstation für die Züge aus Friedrichsdorf bei Bad Homburg. Es gehören wohl kaum prophetische Gaben zu der Prognose, daß bald zumindest in Usingen, dem bedeutendsten Unterwegshalt, oder auch ganz Schluß sein wird. Nennenswerten Eigenverkehr hatte Grävenwiesbach nie aufzuweisen, der recht umfangreiche Bahnhof verdankt seine Bedeutung betrieblichen Erfordernissen – diese sind nicht mehr gegeben.

Betriebliche Erfordernisse, das hieß: In Grävenwiesbach machte die aus Weilburg an der Lahn kommende und auf Bad Homburg zulaufende Nebenbahn, deren letzter Abschnitt Weilmünster – Usingen am 1. 6. 1909 eröffnet worden war, Kopf. Diese Betriebssituation wäre sicherlich nicht gewählt worden, wenn nicht schon längst klar gewesen wär, daß noch von Grävenwiesbach nach Albshausen nahe Wetzlar eine Nebenstrecke durch das Solmstal gebaut werden sollte. Da man dieser recht teuren Route (1300 Meter langer Tunnel bei Hasselborn) durch den Taunus einige Bedeutung für den Verkehr Frankfurt–Wetzlar beimaß, wollte man offenbar den Zügen das Kopfmachen ersparen. 1907 erhielt die Preußische Staatsbahn für Bau und Betrieb der Strecke Grä-

Einen wirklich ungewöhnlichen und gelungenen Jugendstil-Bahnhof teilten sich die Orte Braunfels und Oberndorf. 216 118 und einige Mitteleinstiegswagen bilden am 9. 5. 1985 den Nahverkehrszug nach Grävenwiesbach. Da Braunfels rund 4 km vom gleichnamigen Bahnhof an der Lahntalbahn und ca. 3 km vom oben gezeigten Bahnhof Braunfels-Oberndorf entfernt lag, baute man schon 1876 eine Verbindungsbahn zum Bahnhof Braunfels in 800 mm Spurweite. Von 1894 bis 1930 bestand auf dieser Strecke Personenverkehr.

Auch die kleineren Stationen der Strecke – wie hier Hasselborn – weisen reizvolle Bahnhofsgebäude auf. Inzwischen ist der Bau natürlich wie die meisten Nebenbahnstationen privat genutzt, zumal sich in Hasselborn keinerlei betriebliche Aufgaben mehr ergeben. 9. 5. 1985.

Das Südportal des Hasselborner Tunnels ziert eine Tafel aus rotem Sandstein mit der Angabe der Baujahre 1910–1912. Mit genau 1300 Metern Länge war der Hasselborner Tunnel zum Zeitpunkt der Aufnahme (9. 5. 1985) der längste betriebene Nebenbahntunnel der DB. Von allen klassischen Tunnels der DB (ohne Neubau- und S-Bahn-Strecken) lag er immerhin auf Platz 18. Der Steuerwagen 998 913 trägt das bekannte Uerdingen-Zeichen der Herstellerfirma, so daß es sich um einen der relativ seltenen Steuerwagen dieses Herstellers handelt (998 651–684, 882–921). Bei allen anderen Herstellern laufen die Zierstreifen glatt durch.

venwiesbach–Albshausen (hier trifft sie auf die Lahntalbahn) die Konzession, am 1. 11. 1912 folgte die Einweihung.

Das Klein- und Nebenbahnsterben im Taunus ereilte Grävenwiesbach 1967 mit der Stillegung der Strecke nach Weilmünster. Diese ist inzwischen abgebaut, das weiterführende Stück bis Weilburg wird noch im Güterverkehr betrieben. Auf der Albshausener Strecke folgte das übliche Schauspiel: Der schon immer recht magere Fahrplan wurde weiter ausgesiebt, die geringe Bevölkerungsdichte und der Straßenbau im Nordtaunus taten ein übriges. Für den Durchgangsverkehr aus dem Raum Bad Homburg/Frankfurt nach Gießen/Wetzlar hatte die Strecke angesichts ihrer Steigungen und Windungen ohnehin nie die in sie gesetzten Hoffnungen erfüllen können. Somit war der letzte Schritt nur konsequent: Am 31. 5. 1985 wurde der Personenverkehr Albshausen–Grävenwiesbach eingestellt, auf dem Teilstück Grävenwiesbach–Brandoberndorf endete gleichzeitig der Gesamtverkehr.

548 Wiesbaden Hbf–Bad Schwalbach 23 km

Hier haben wir – selten genug – den Fall, daß die speziell für eine Strecke entwickelten Wagen berühmter wurden als die Strecke selbst. Gemeint sind die legendären, bei Van der Zypen & Charlier und anderen von 1891 bis 1924 gebauten »Langenschwalbacher«, luxuriös ausgestattete und in ihrer Art für den planmäßigen Nahverkehr einmalige Konstruktionen, die trotz einer Wagenkastenlänge von nur rund zehn Metern mit Drehgestellen ausgerüstet waren. Die »Langenschwalbacher« verraten viel über die am 15. 11. 1889 eröffnete Nebenbahn von Wiesbaden nach Langenschwalbach (der Ort wurde erst 1927 in Bad Schwalbach umgetauft) im Taunus. Der europäische Hochadel verkehrte in und zwischen diesen beiden weltberühmten Kurorten, und damit die Reise auf der kurven- und steigungsreichen (max. 1:30) Strecke nicht zu Unpäßlichkeiten oder Nasenrümpfen führte, wollte sich die K.P.E.V. nicht lumpen lassen. Aber mit der Masse der europäischen Fürstenhäuser ging es bekanntlich in diesem Jahrhundert arg bergab, als luxuriöses Reisegefährt gewann zudem das Automobil die Oberhand. Die Strecke Wiesbaden–Langenschwalbach degenerierte rasch – sieht man von ihren geographischen Besonderheiten ab – zu einer ganz gewöhnlichen Nebenbahn. Mit diesen teilte sie ihr Schicksal.

Die Strecke begann ursprünglich im Wiesbadener »Rheinbahnhof« (110 Meter über NN). Im Zuge der Bauarbeiten für den neuen Hauptbahnhof wurde am 1. 4. 1904 der Abschnitt Rheinbahnhof–Dotzheim stillgelegt und neu trassiert. Ab Dotzheim geht es steil bergan zur Station Eiserne Hand, einem beliebten Ausflugsziel auf dem Taunuskamm und mit 422 Metern über NN höchstgelegener Taunusbahnhof überhaupt. Von dort aus steigt die Strecke hinab ins Aartal nach Bad Schwalbach, von wo aus seit 1894 über die eigentliche »Aartalbahn« Diez an der Lahn und da-

Der Bahnhof Eiserne Hand, mitten in den Wäldern des Taunus auf 424 Meter Höhe gelegen, besaß ursprünglich nur eine Wartehalle, dann ein normales typisch preußisches Empfangsgebäude, das schließlich zu dem heutigen Bau umgestaltet wurde. Durch das Herunterziehen des Daches entstanden die beiden ungewöhnlichen balkonartigen Ausbauten, die die dahinterliegenden Räume mit Licht versorgen mußten. Mit 517 008 als Nt 5688 präsentiert sich am 14. 9. 1983 einer der nur acht gebauten Akkutriebwagen der Baureihe 517. Wegen ihrer rundlichen Formen mußten sie sich Spitznamen wie ›Zigarren‹, ›U-Boote‹ oder ›Eierköpfe‹ gefallen lassen.

In Hahn-Wehen kreuzen am 28. 8. 1983 der 515 623 (als Nt 5688) und 515 651 (rechts als Nt 5687). Der moderne Flachbau vereinigt unter seinem Dach Empfangsgebäude für den Personenverkehr, Stellwerk und Güterhalle. (Siehe auch Farbteil S. 151)

mit auch Limburg angefahren werden konnte (Einstellung des Personenverkehrs im Herbst 1986).

Für den Fernverkehr Wiesbaden–Limburg erlangte die Strecke jedoch nie große Bedeutung. Auch der Nahverkehr schrumpfte aus den damals allgegenwärtigen Gründen (Ausbau des Straßennetzes hier, Desinteresse der DB dort) immer weiter zusammen. Zwischen den beiden Badestädten betrug der Kostendeckungsgrad zuletzt nur noch zehn Prozent. Für die DB gab es da nur noch eins: Stillegung!

Im Personenverkehr gelang das, am 24. 9. 1983 fuhr der vorerst letzte Zug. Aber inzwischen hatte sich der Protest formiert und gut organisiert. Es gelang einer beispielhaften, von engagierten Bürgern, Politikern und Eisenbahnfreunden gegründeten »Aartalbahn GmbH«, die sofort nach Stillegung anberaumten Abbrucharbeiten zu stoppen. Neben verschiedenen Fahrten mit Museumsfahrzeugen gelang es im August 1987 sogar zwischen Hahn-Wehen und Wiesbaden-Dotzheim einen planmäßigen Personenverkehr mit BR 260 und BR 815 aufzunehmen. Dieser »Straßenersatzverkehr« (wegen einer Baustelle) mußte allerdings Ende August wegen Fahrgastmangel eingestellt werden. Daneben gab es vielerlei Pläne für den Güterverkehr (Kalksteintransporte zu einem Zementwerk) bis hin zu einer »Spurbus«-Strecke der Stadtwerke Wiesbaden auf der alten Trasse. Mit Wirkung vom 28. 8. 1987 wurde zudem der gesamte hessische Abschnitt komplett unter Denkmalschutz gestellt, erstmalig bei einer deutschen Bahnstrecke. Man darf gespannt sein, wie es weitergeht.

559 Mörlenbach–Wahlen 16 km

Am 15. 11. 1890 erteilten die Kammern des Landtages zu Darmstadt per Gesetz den Großherzoglich hessischen Staatsbahnen den Auftrag zum Bau und Betrieb von einem runden Dutzend Nebenbahnen in allen drei Provinzen des Staates. Zwei davon, die in der Provinz Oberhessen gelegenen Strecken Lollar–Londorf sowie Burg- und Nieder Gemünden – Landesgrenze (–Kirchhain) haben wir bereits kennengelernt. In der Provinz Starkenburg waren es unter anderem die Nebenbahn Dietzenbach–Bieber, die uns im nächsten Kapitel beschäftigen wird, sowie Weinheim – Mörlenbach–Fürth/Odenwald (eröffnet am 1. 7. 1895) und Mörlenbach–Wahlen. Auf die dritte Provinz, Rheinhessen, werden wir später noch zurückkommen.

Nun aber zur Nebenbahn Mörlenbach–Wahlen, die von der Strecke Weinheim–Fürth abzweigt und von Anfang an einer der unsichersten Kantonisten im Nebenbahnprogramm war. Das lag einmal daran, daß sie nur wenige Orte berührte, aber trotz der daraus resultierenden geringen Rentabilitätserwartung den Bau eines teuren Tunnels zwischen Waldmichelbach und Kreidach

In Mörlenbach verzweigen sich die Strecken nach Fürth und nach Wahlen. Auf dem Bahnhofsvorplatz wartet am 14. 5. 1982 die dreiteilige Schienenbusgarnitur mit 998 678 am Zugschluß auf den Abfahrauftrag nach Wahlen. Im Hintergrund hat 212 221 einen Güterzug aus Fürth herangebracht.

Blick aus dem Schienenbus auf die Frühlingslandschaft am 14. 5. 1982 zwischen Mörlenbach und Weiher. Solche Ausblicke z. B. vom Fahrersitz des jeweiligen hinteren Führerstandes aus wird es nach dem Ausscheiden der Schienenbusse nicht mehr geben. Durch ihre große Verbreitung (weltweit lassen sich genau 3333 Wagen vom Typ Uerdingen nachweisen) führten sie zu einer völlig neuen Sehweise bei der Eisenbahnreise, die der des Automobils entspricht, während sonst die Eisenbahn und auch das Flugzeug den Blick quer zur Bewegungsrichtung lenken.

Der vom Dieselruß reichlich geschwärzte 798 578 hat am 14. 5. 1982 den Bahnhof Waldmichelbach erreicht. Der 1956 gebaute Wagen stammt von der Donauwörther Firma WMD (heute MBB), die erst nach dem Krieg mit dem Schienenfahrzeugbau begann. Von WMD stammen 353 Uerdinger Schienenbusse, nach Uerdingen (1022), Orion (535), Gosa (528) und MAN (375) der fünftgrößte Lieferanteil. Weitere 12 Firmen lieferten zusammen 520 weitere Wagen.

Ein spartanisch eingerichteter Nebenbahn-Endpunkt war Wahlen, wo sich die Reisenden mit einer größeren Bretterbude bescheiden mußten. Der Beiwagen in der Mitte des Zuges war als ›Nachlösewagen‹ ausgeschildert und verfügte über ein Packabteil (998 001–220), während die jüngeren Serien (998 221–320) reine Sitzwagen waren. Als Triebwagen fungiert am 14. 5. 1982 der 798 578 vom Bw Heidelberg.

erforderte. Nicht zuletzt deswegen wurde sie auch erst relativ spät, am 1. 3. 1901, eröffnet. Zum anderen hatte sich auch Baden, dessen Territorium hier berührt wurde, für einen Bahnbau im Bereich des Weschnitztals interessiert und bereits mit einer Privatgesellschaft über diese Sache gesprochen. Die Hessen gerieten nun, als der südliche Nachbar wegen einer Strecke ins hessische Fürth vorstellig wurde, unter Zugzwang und teilten ihre Absicht mit, den südwestlichen Odenwald um Fürth über Lorsch und Heppenheim selbst erschließen zu wollen.

Aber es kam anders. Das Konzept wurde mehrfach umgestoßen, und das zwischenzeitlich favorisierte Vorhaben, eine Trasse von Heppenheim über Fürth nach Waldmichelbach zu schlagen, zugunsten der letztlich auch ausgeführten Lösung Weinheim–Fürth mit Abzweig Mörlenbach–Wahlen fallengelassen. All das kostete natürlich ebenfalls Zeit, und als Wahlen schließlich erreicht war, waren die großherzoglichen Eisenbahnen schon in der »Preußisch-Hessischen Eisenbahngemeinschaft« aufgegangen.

Ebensowenig wie die K.P.E.V. konnte die DB Gefallen an Mörlenbach–Wahlen finden. Die aus einem Kompromiß geborene Strecke verfügte von Beginn an über ein zu geringes Verkehrsaufkommen, besonders im dünn besiedelten, gewerbearmen Abschnitt Wahlen–Unter Waldmichelbach. Dieser existiert inzwischen nicht mehr, denn am 1. 3. 1984 wurde dort auch der Güterverkehr eingestellt, die Gleise anschließend abgebaut. Der Personenverkehr wurde hier schon am 23. 9. 1983 beendet, einen Tag später fuhr der letzte Schienenbus nach Mörlenbach.

589 Offenbach-Bieber–Dietzenbach (Hessen) 10 km

Obwohl von gleichen Eltern wie die Strecke 559, nämlich dem Nebenbahngesetz vom 15. 11. 1890, waren die verwandtschaftlichen Grade der Strecke Bieber–Dietzenbach zu jener doch recht schmal. Die Odenwald-Strecke war kurven- und steigungsreich und damit teuer, die Einwohnerzahl der berührten Ortschaften stand dazu in keinem rechten Verhältnis. Die am 1. Dezember 1898 eröffnete Dietzenbacher Bahn dagegen weist nur geringe Steigungen und kaum Krümmungen auf und berührt auf zehn Kilometern drei einwohnerstarke Gemeinden. Die Arbeitskraft dieser Einwohner sollte sie dem nahen Offenbach erschließen, damit die Wirtschaft der wichtigsten Industriestadt des Großherzogtums der Herausforderung des übermächtigen preußischen Nachbarn Frankfurt einigermaßen standhalten konnte. Zumindest die Bundesbahn aber hat (jedenfalls auf der Strecke Dietzenbach–Offenbach) derweil das Handtuch geworfen und den Personenverkehr am 18. 6. 1982 eingestellt (Güterzüge fahren noch fleißig). Die Mehrzahl der Arbeitskräfte wird es angesichts des kompromißlos ausgebauten Schnellstraßennetzes kaum bemerkt

Wie schon erwähnt hatte Hessen–Darmstadt eine Vorliebe für Klinkerbauten mit auffälligen Zierklinkern. Heusenstamm und Dietzenbach bildeten da keine Ausnahme. Wäre 212 037 nicht in Türkis gespritzt, würden sicher viele Eisenbahnfreunde diese Aufnahme einem der geplanten Fortsetzungsbände über die Jahre 1960 bis 1979 zuordnen, da hinter der Lok noch die legendären Umbau-Dreiachser laufen. Von denen gab es am 1. 1. 1980 nur noch ganze 150 Stück, deren Zahl sich in den Folgejahren rasch reduzierte. Offenbach–Dietzenbach war denn auch unter den letzten Einsatzstrecken dieser größtenteils nicht einmal mehr in das Computer-Nummernschema umgezeichneten Wagen. 13. 5. 1982.

Auch in den Details wie der Sandstein-Türeinfassung zeigt sich die aufwendige und liebevolle Ausgestaltung der Empfangsgebäude, wie hier in Dietzenbach. 13. 5. 1982.

haben, ansonsten ist für die Unentwegten weiterhin die Strecke Dieburg–Offenbach mit einem annehmbaren Fahrplan in Betrieb.

Von genau dieser Strecke, ebenfalls ein Kind des erwähnten Nebenbahngesetzes und 1896 eröffnet, zweigt die Dietzenbacher Bahn im Offenbacher Vorort Bieber ab und steigt sanft durch die Kiefernwälder, Wohn- und Gewerbegebiete zu ihrer Endstation hinauf. Hätten es die altvorderen Hessen nicht versäumt, die Strecke durch die Rödermark weiter nach Ober Roden an der Dieburger Bahn zu bauen, wer weiß, vielleicht wäre mehr aus ihr geworden. Eine Chance besteht vielleicht noch für Bieber–Dietzenbach: Nachdem sie schon mehrfach in S-Bahn-Planungen aufgenommen war – woran aber kaum noch jemand glaubte – sieht es jetzt wieder so aus, als könnten eines Tages doch noch die S-Bahn-Triebzüge der BR 420 auch nach Dietzenbach fahren.

601 Kreuzberg (Ahr)–Adenau 16 km

Hätte sich nicht der mythenumrankte »Schlieffenplan« in den Köpfen des preußischen Generalstabs so breit gemacht, wäre die staatliche »Secundärbahn« Ahrweiler–Altenahr–Adenau vermutlich zeitlebens irgendeine beliebige Nebenstrecke geblieben. Am 1. 12. 1886 war Ahrweiler–Altenahr (in Ahrweiler Anschluß an die 1880 von der Rheinischen Eisenbahngesellschaft eröffnete Strecke nach Remagen) dem Verkehr übergeben worden, am 15. 7. 1888 das restliche Stück bis Adenau.

Weiter dachte zunächst niemand. Zwar gab es lose Gedanken, Adenau mit der Eifelbahn in Jünkerath zu verbinden, aber ausgeführt wurden sie nicht. Erst der Schlieffen-Plan, der einen Aufmarsch deutscher Truppen durch das neutrale Belgien gegen Frankreich vorsah, führte dazu, daß die Ahrtalbahn bis 1912 zweigleisig ausgebaut und zum Teil neu trassiert wurde.

Der Grundgedanke war eine schnelle und leistungsfähige Anbindung des Raumes Malmedy (damals noch preußisch) und des dortigen Schießplatzes Elsenborn an die Rheintalstrecken. Im Zentrum des seit 1905 in die Tat umgesetzten Vorhabens stand neben den Neutrassierungen im unteren Ahrtal der Bau einer zweigleisigen Hauptstrecke von Dümpelfeld (auf halbem Weg zwischen Adenau und Kreuzberg) nach Jünkerath und von dort weiter nach Weywertz an der »Vennbahn« Monschau–Malmedy. 1912 war diese strategische Bahn fertiggestellt, wobei zu erwähnen ist, daß sie mit den Zweigstrecken Ahrdorf–Blankenheim und Hillesheim–Gerolstein (siehe 434) noch zwei weitere Anschlüsse an die Eifelbahn erhielt.

Besondere Bedeutung kam Dümpelfeld zu. Hier wurde die Strecke (ebenso wie um Ahrweiler) neu trassiert. Da die Personenzüge aus Jünkerath auch Adenau anlaufen sollten, erhielt die kleine Ortschaft Dümpelfeld nun neben einem neuen Abzweig-Bahnhof auch noch eine Verbindungskurve Jünkerath–Adenau.

In Dümpelfeld wie in der gesamten Eifel ist vom System der strategischen Bahnen kaum etwas ge-

Die großen Brachflächen im heutigen Haltepunkt lassen noch die einstige Bedeutung Dümpelfelds als Abzweigbahnhof mit Gleisdreieck erkennen. Am 19. 4. 1985 wurde 212 047 vor der malerischen Kulisse der Dümpelfelder Kirche aufgenommen. Die MaK-Maschine des Baujahres 1963 ist eine von 745 für die DB gebauten Lokomotiven der Baureihe V 100. Zehn weitere sehr ähnliche Maschinen wurden für deutsche und schwedische Privatbahnen geliefert.

Kurzer Halt im Haltepunkt Leimbach am 19. 4. 1985. Seit Dümpelfeld hat die Bahn das Tal der Ahr verlassen und folgt dem Adenauer Bach.

Blick aus dem Führerstand der 212 047 auf die Strecke Kreuzberg-Dümpelfeld. Bei Pützfeld kreuzt die Bahn auf einer Bogenbrücke die Ahr, über der sich eine kleine Kapelle erhebt. Von Remagen bis Dümpelfeld war die Bahn zweigleisig ausgebaut und auf weiten Strecken gegenüber der ursprünglichen Linienführung neu trassiert worden. 19. 4. 1985.

blieben. Nach den Weltkriegen, als die Strecken ihre Schuldigkeit getan hatten, wurden sie nach und nach allesamt stillgelegt. Nur von Jünkerath nach Belgien (Grenzstation Losheim) wurde die Strecke erst unlängst aus militärischen Gründen wiederaufgearbeitet. Auch Kreuzberg–Adenau war zuletzt wieder eine ganz beliebige Nebenbahn ohne nennenswerten Verkehr. Als am 1. 6. 1985 der Personenverkehr hier eingestellt wurde, bedeutete das auch das Ende des planmäßigen Gesamtverkehrs zwischen Hönningen und dem durch den Nürburgring inzwischen zu einiger Bekanntheit gelangten Adenau. Bis Hönningen hängt der Verkehr von den Aufträgen eines dort ansässigen Getränke-Unternehmens ab.

603 Mayen Ost–Koblenz-Lützel 37 km

Wie bei fast allen um die Jahrhundertwende gebauten Normalspurbahnen aus dem Rheintal in Richtung Westen, hatte auch bei dieser unscheinbaren Strecke der Kriegsminister seine Hände im Spiel. Dabei hatte alles ganz harmlos begonnen. Zunächst – im März 1890 – hatte eine Koblenzer Firma um die Konzession einer Nebenbahn von Kobern-Gondorf im Moseltal über Münstermaifeld und Polch nach Mayen nachgesucht. Aus verschiedenen Gründen wurde daraus nichts. Zwei Jahre später meldeten sich zwei weitere Interessenten, die nun schon von Koblenz aus Mayen ansteuern wollten: die Brohltalbahn und der »Nebenbahngigant« Lenz & Co. Lenz wurde von den Behörden favorisiert und hatte wohl gerade mit den Vorarbeiten begonnen, als aus Berlin klargestellt wurde, daß eine solche Strecke Militärzüge von 60 Achsen in einstündiger Zugfolge würde verkraften müssen. Neue Pläne wurden gewälzt, ein neuer Interessent meldete sich zu Wort,

Aus Koblenz kommend hat 212 110 am 24. 6. 1983 den Bahnhof Bassenheim erreicht. Große Getreidesilos und Lagerhallen prägen die prosaische Szenerie. Nur drei Reisende haben den Zug verlassen.

Ein großes Bahnhofsgebäude – ähnlich dem von Ochtendung – besaß der frühere Abzweigbahnhof Polch. Bemerkenswert das Waschbecken am Bahnsteig und die Schrankenkurbeln vor dem kleinen Anbau. 24. 6. 1983.

Am 4. 8. 1983 trägt der bekannte Viadukt bei Hausen noch einen Zug; heute besitzt er nicht einmal mehr Gleise. Der nachmittägliche Berufsverkehrszug besteht aus V 100 und vier Umbau-Vierachsern, von denen der zweite die 1. Klasse führt. Unterhalb der Brücke liegt ein Reiterhof, dessen Pferde und meist sehr junge Amazonen nun nicht mehr durch das Brummen der V 100 und das Quietschen der Achsen in den engen Gleisradien der Brücke abgelenkt werden.

schließlich kam man aber zu dem Entschluß, daß noch besser der Staat die Angelegenheit in die Hand nehmen solle. Am 25. 5. 1900 erhielt schließlich die Staatsbahn die Konzession für den Bau der Nebenstrecke Lützel–Polch–Mayen Ost, wo man auf die bereits 1880 von der Rheinischen Eisenbahngesellschaft fertiggestellte Strecke Mayen–Andernach stieß. Der alte Plan, die Schienen über Münstermaifeld zu legen, war dabei mit Rücksicht auf die militärischen Interessen aufgegeben worden. Mit einer Stichbahn von Polch, die dann 1916 auch tatsächlich eröffnet werden konnte, sollte Münstermaifeld ans Streckennetz geknüpft werden.

Die Stammstrecke war damals schon fast zwölf Jahre in Betrieb, wobei sich aus unerfindlichen Gründen kleinere Unfälle und Pannen gehäuft hatten. Schon die Eröffnung stand unter keinem guten Stern: Der Oberpräsident der Rheinprovinz konnte zu den Festlichkeiten am 1. 10. 1904 nicht erscheinen, und außerdem war am Tag vor dem großen Ereignis die Öffnung eines der beiden Tunnel im Steigungsabschnitt Polch–Mayen durch einen Bergrutsch verschüttet worden. Die Feierlichkeiten wurden daraufhin abgesagt. Lützel–Polch wurde am vorgesehenen Tag eröffnet, Polch – Mayen Ost folgte am 12. 11. 1904.

Fortan war es ruhig um die Strecke, auf ihr rollten Agrarprodukte und Gestein, daneben ein paar Reisezüge, unter denen bis in die 80er Jahre sogar ein Schienenbus-Eilzug aus Prüm überlebte. Der vehemente Ausbau des Straßennetzes raubte aber auch ihm die Passagiere. Am 9. 12. 1983 stellte die DB den Personenverkehr Mayen Ost–Lützel ein, da dringende Oberbauarbeiten anstanden. Gleichzeitig wurde der Abschnitt Ochtendung–Mayen Ost ganz stillgelegt (ebenso wie etwa eineinhalb Jahre zuvor die Strecke Polch–Münstermaifeld). Geblieben ist also nur der Güterverkehr vom Bahnhof Lützel im Rheintal bis Ochtendung.

606 Simmern–Emmelshausen 38 km
607 Simmern–Langenlonsheim 38 km

Ein weiteres Musterbeispiel für das langsame Sterben von Nebenbahnknotenpunkten ist Simmern im Hunsrück. Aus vier Richtungen konnte man einst dorthin per Schiene reisen, heute liegt der Bahnhof, der über vier Bahnsteige und ein eigenes Bw verfügte, recht nutzlos in der Landschaft. Zunächst »erwischte« es die jüngste Strecke, die 1922 eröffnete Stichbahn nach Gemünden; mit Ablauf des Sommerfahrplans 1963 war dort Schluß, die Strecke ist abgebaut. Zum Sommer 1976 folgte das »Aus« für den Personenverkehr auf der Höhenstrecke nach Hermeskeil. Sieben Jahre später, am 28. Mai 1983, war die Strecke nach Boppard dran, vom Abschnitt Simmern–Emmelshausen verschwanden die Reisezüge. Der Schlußpunkt wurde am 1. 6. 1984 ge-

Auf den Höhen des Hunsrück liegt an der Strecke 606 der Ort Pfalzfeld mit seinem idyllischen Bahnhofsgebäude. 998 619 gehört zu einer Reihe von Schienenbussen, die von Schülern nach eigenen Entwürfen farblich gestaltet wurden. Bemerkenswert sind auch die neuen und erhöhten Bahnsteigkanten, die freilich nicht mehr lange benutzt wurden. 7. 6. 1978.

In Kastellaun an der Strecke 606 werden am 7. 6. 1978 erhebliche Mengen Stückgut in den Laderaum des 998 619 verstaut, die z. T. von einem ehemaligen Post-Bulli herbeigeschafft wurden. Im Gegensatz zu Pfalzfeld verfügt Kastellaun nur über einen schlichten gelben Ziegelbau mit nachträglich vorgesetztem Fahrdienstleiter-Stellwerk (›Kf‹).

Der Bahnhof Simmern ist heute mit Reisezügen nicht mehr erreichbar. Am 7. 6. 1978 kreuzten hier noch die Züge der Strecken 606 und 607, gefahren mit den 798 542 (Mitte) und 798 539 (rechts). Beide Wagen gehören zur ersten VT 98-Serie (Serie C2), besitzen Steilstreckenausrüstung für die Rampe Boppard-Buchholz, aber noch keine Luftfeder. Ganz links auf Gleis 1a ist 798 827 mit ›DB-Oberen‹ eingefahren, die die Strecke begutachten; meist ist das kein gutes Zeichen.

setzt, als 212 066 mit zwei Umbau-Vierachsern das letzte planmäßige Personenzugpaar zwischen Simmern und Langenlonsheim bildete.

Mit der Strecke nach Langenlonsheim an der Rhein-Nahe-Bahn hatte die Erschließung des östlichen Hunsrücks begonnen. Lange genug hatte man warten müssen, ehe endlich am 7. 10. 1889 die staatliche Sekundärbahn eröffnet wurde. Aus dem Nahetal folgt die Trasse dem Guldenbach in nördlicher Richtung hinauf nach Rheinböllen und biegt dann nach Westen Richtung Simmern ab. Das ehedem malerische Guldenbachtal zwischen Rheinböllen und Stromberg hat sich längst zu einer »Verkehrsschiene« gemausert, die Schienen selbst jedoch spielen dabei nur noch eine sehr untergeordnete Rolle: direkt neben der Strecke liegt die Bundesstraße 50, einige Meter weiter die Autobahn. Während aber die Asphaltpisten direkten Anschluß an das die Region beherrschende Rheintal bieten, muß die Bahn einen weiten Bogen nach Westen machen, was sich für den Personennahverkehr als spürbares Handicap auswirkte. Zwar setzte die DB Anfang der 80er Jahre parallel zu den Zügen Busse ein, um die Vorlieben der Reisenden zu erkunden, aber das Ergebnis stand wohl schon fest. Obwohl die Schiene von den Kunden favorisiert wurde, strich man den Fahrplan so drastisch zusammen, bis letztlich nur noch ein Zugpaar übrig geblieben war.

Im Güterverkehr wird die Strecke, mit deren Hilfe die Hüttenindustrie bei Stromberg und Rheinböllen sich zur – inzwischen wieder verwelkten – Blüte entfalten konnte, wohl weiter gebraucht werden. Neben den Übergaben nach Simmern selbst sowie von dort nach Hermeskeil und Pfalzfeld rollen hier immer wieder mal Holzzüge

798 541 ist der dritte Schienenbus, dessen farbliche Sonderbehandlung wir hier vorstellen. Am 7. 6. 1978 verlassen zahlreiche Schüler in Argenthal, dem ersten Halt nach dem Schulort Simmern, die Wagen. Das Bahnhofsgebäude ist unlängst renoviert worden und macht wieder einen schmucken Eindruck. (Siehe auch Farbteil S. 152)

und Militärtransporte. Das Teilstück Pfalzfeld–Emmelshausen wurde offiziell zum 31. 3. 1987 stillgelegt, faktisch ruhte der Gesamtbetrieb schon lange vorher.

Obwohl verkehrsgeographisch von geringerer Bedeutung als die Langenlonsheimer Route, hat die in drei Etappen eröffnete Strecke Simmern–Boppard (Simmern–Kastellaun 28. 10. 1901, Kastellaun–Pfalzfeld 1. 10. 1906, Pfalzfeld–Boppard 3. 8. 1908) doch stets höher in der Gunst der Eisenbahnfreunde gestanden. Das lag allerdings nicht am windungsreichen, möglichst kostensparend trassierten Abschnitt auf der Hochfläche. Attraktion war und ist der Steilstreckenabschnitt Boppard–Buchholz, wo auf 6,3 Kilometern ein Höhenunterschied von 328 Metern mit einer Maximalsteigung von 1:16,5 überwunden wird. Vom Eröffnungstag an wurden hier von der K.P.E.V. Zahnradloks eingesetzt, bis 1931 aber hatte die Reichsbahn ganz auf Reibungsbetrieb umgestellt. Die imposanten Steigungen sind natürlich geblieben, die großartige Landschaft auch.

Um den zahlreichen Ausflüglern auch etwas anbieten zu können, setzt die Bundesbahn von Boppard bis Emmelshausen inzwischen auch an Wochenenden wieder einige Züge ein. Der 38 km lange Abschnitt auf der Hochfläche bis Simmern, auf dem sich die Schienenbusse mehr als eine Stunde über's Geleis mühten, kam nicht mehr in diesen Genuß.

622 Wengerohr–Bernkastel-Kues 15 km

Eine Moseltalbahn war noch nicht in Sicht, da stritten sich die Gemeinden am linken und rechten Flußufer schon, auf welcher Seite sie denn dereinst verlaufen sollte. Nun, man hätte vermutlich noch lange debattieren können, wenn nicht der preußische Generalstab eine neue, direkte Verbindung von Berlin an die soeben dem Reichsgebiet einverleibte Festungsstadt Metz durchgesetzt hätte: die »Kanonenbahn«. Der Kriegsminister sprach in der Frage der Streckenführung das letzte Wort und dürfte mit seiner Antwort allen Moselgemeinden zwischen Pünderich und Ehrang – egal ob am linken oder rechten Ufer – einen gehörigen Schrecken eingejagt haben: In diesem Abschnitt verläßt die Trasse nämlich das Flußtal und sucht sich über die Ausläufer der Eifel den kürzesten Weg. Da man den kleinen Weinstädten und -dörfern keine große Verkehrsbedeutung zumaß, war

Abgesehen vom Neubau in Bildmitte bietet Siebenborn ein Bild morbiden Charmes. Am 4. 8. 1983 kreuzen hier 998 632 (links, nach Wengerohr) und 998 676. Siebenborn liegt wie der größte Teil der Strecke im Tal der Lieser, die im gleichnamigen Ort in die Mosel mündet.

Hinter dem Bahnhof Lieser-Mülheim hat die Strecke die Mosel erreicht und führt direkt am Ufer durch die Weinberge nach Bernkastel-Kues. Im Führerstand des Steuerwagens 998 676 haben offenbar alle drei Personen die Fotografin im Weinberg entdeckt. 4. 8. 1983.

798 752 steht am 4. 8. 1983 abfahrbereit in Richtung Wengerohr vor dem pompösen Empfangsgebäude des Endbahnhofs Bernkastel-Kues. Im Hintergrund sind die Weinberge auf der anderen, der Bernkasteler, Moselseite zu erkennen. Der Wein ist natürlich auch der Grund dafür, daß auch heute noch gelegentlich Gesellschafts-Sonderzüge nach Bernkastel-Kues kommen.

diese Entscheidung naheliegend. Schließlich sollten hier im »Ernstfall« Kanonen und Kanoniere, nicht Wein und Winzer verfrachtet werden.

Als 1879 Koblenz–Ehrang eröffnet wurde, hatte man in den Moseltalorten schon den Kampf um Stichbahnen an die neue Magistrale aufgenommen. Es sollte ein zäher Streit, geprägt von den üblichen Auseinandersetzungen um Streckenverlauf, Überlassung von Grund und Boden, Bahnhofsnamen und was sonst alles noch dazugehörte, werden. Unter den Bittstellern in vorderster Linie standen Kues und Bernkastel. Man hatte Erfolg. Per Gesetz vom 9. 3. 1880 erhielt die Preußische Staatseisenbahn die Konzession für Bau und Betrieb der Nebenbahn von Bernkastel nach Wengerohr an der »Kanonenbahn«, am 1. 6. 1883 wurde sie eröffnet. Mit dem gleichen Gesetz erging übrigens auch die Konzession für Pünderich–Traben-Trarbach.

Während letztgenannte Strecke sich bis heute über die Runden gerettet hat, waren die Tage des Reben-Express' in das romantische Weinstädtchen Bernkastel mit Ablauf des Winterfahrplans 1984/85 am 31. Mai 1985 gezählt. Schon Jahre zuvor hatten Busse den Fahrplan durchsetzt, die Schienenbusse waren nur noch im Schüler- und Arbeiterverkehr im Einsatz. Auf dem knapp 15 Kilometer langen Bähnchen, das recht problemlos durchs Liesertal trassiert werden konnte, sind heute neben Übergabe-Güterzügen auch noch Tourismus-Sonderfahrten anzutreffen.

623 Daun–Wittlich 37 km

Ebenso wie Bernkastel war auch die Kreisstadt Wittlich von der Koblenz–Trierer Bahn nicht eingeholt worden, auch hier sollte eine Stichstrecke nach Wengerohr das Versäumte nachholen; 1885 wurde sie eröffnet. Zu dieser Zeit grübelte man sowohl in Wittlich als auch im tief in der Eifel gelegenen Daun schon über eine Verknüpfung der beiden Städte per Schiene. Die Aktivitäten erhielten neuen Auftrieb als 1895 die Strecke Mayen–Daun–Gerolstein eröffnet werden konnte.

An sich hätte eine Nebenbahn Wittlich – Daun auch recht preiswert trassiert werden können, das Liesertal bot sich dafür geradezu an. Die Sache hatte aber einen Haken: Abgesehen von Manderscheid liegen alle größeren Ortschaften der Region nicht im Flußtal, sondern auf den Berghöhen. Jahrelang wurde um die Trasse gefeilscht, man fand schließlich insofern einen Kompromiß, als die Strecke dann tatsächlich mit immensen Kosten (man denke nur an den Viadukt und die Tunnel bei Plein) über die Dörfer an den Bergrücken verlegt worden ist, einen Schlenker westwärts nach Manderscheid macht, auf halbem Weg wieder zurückweicht, bald Gillenfeld (nahe dem berühmten Pulver Maar) ansteuert, einen weiteren Höhenzug per Tunnel überwindet und gleich darauf – endlich – Daun erreicht. Man wird heute ob solch kostspieliger Kunststücke nur den Kopf schütteln.

Kostspielig war's angesichts der schmalen Gemeindekassen auch für die berührten Ortschaften.

In Manderscheid-Pantenburg machte die Strecke einen großen Bogen westwärts, ohne allerdings den beiden namensgebenden Gemeinden wirklich nahe zu kommen. So lag der Bahnhof etwas einsam im Gelände, rund zwei Kilometer vom Zentrum Manderscheids entfernt. Auf Gleis 2 ist am 26. 9. 1980 798 650 aus Daun eingefahren. In der Abendsonne trocknet die Wäsche, und die Bauarbeiter, deren Aluminium-Hütte im Vordergrund im Licht gleißt, haben Feierabend gemacht.

»Manchmal sieht man vor lauter Bäumen die Bahn nicht« lautete der Text eines preisgekrönten Plakats der DB, auf dem aus der Vogelperspektive nur Bäume zu erkennen waren. Bei Plein sieht man im dichten Wald wenigstens noch den Viadukt der Bahnlinie Plein–Wittlich. Der stand natürlich am Ende des Krieges dem ›Endsieg‹ im Wege und wurde gesprengt, wie fast alle Kunstbauten in der Nähe der westlichen Grenzen. Dabei kam die Strecke Wittlich-Daun noch gut davon: Hier fanden sich zwei Unterbrechungen, bei Gerolstein–Prüm 6, Trier-Hermeskeil 23 usw., ganz zu schweigen von den Hauptbahnen. Auch der Pleiner Viadukt wurde erneuert, wobei man Beton verwendete, der außer im Bogeninnern mit Bruchsteinen verkleidet wurde. 4. 8. 1983. (Siehe auch Farbteil S. 152)

Die preußische Staatsbahn erwartete von den Kommunen und Kreisen die Bereitstellung von Grund und Boden; das war bei Nebenbahnen, an denen der Staat kaum eigenes Interesse hatte, damals so üblich. Immer wieder wurde aber versucht, den Eigenanteil zu drücken, was zu neuen Verhandlungen, neuen Verzögerungen führte. Mag dieses Verhalten heute manchem kleinkariert oder kurzsichtig vorkommen, so darf doch nicht vergessen werden, daß in den armen Eifelregionen mit jedem Pfennig gerechnet werden mußte und eine neue Eisenbahn zunächst einmal neue Schulden bedeutete. Jedenfalls: 1904 konnte die Konzession erteilt werden, am 1. 7. 1910 wurde auch das letzte Stück (Manderscheid–Wittlich) eingeweiht. Zuvor waren bereits die Teilstrecken Manderscheid–Gillenfeld (1. Mai 1910) und Gillenfeld–Daun (1. Dezember 1909) eröffnet worden.

Abgesehen vom Transport der Bodenschätze (Basalt und anderes vulkanisches Gestein) blieb und bleibt der Strecke wenig zu tun. Für den Personenverkehr gilt das Übliche: neue Straßen und die Autobahn machten in den letzten Jahren die Schienenreise nur noch für Leute interessant, die kein Auto, aber viel Zeit hatten. Am 31. 10. 1981 war's vorbei. Inzwischen ist auch das Verfahren zur dauernden Einstellung des Gesamtbetriebs eingeleitet worden, ebenso wird die Anschlußstrecke Wengerohr–Wittlich gemäß dem Vertrag zwischen DB und Rheinland-Pfalz ihren Personenverkehr verlieren.

625 Trier Hbf–Hermeskeil 53 km

Was für Westerwald und Eifel galt, traf auch auf den Hunsrück zu: Nicht in den Ostprovinzen waren Preußens »Armenhäuser« zu finden, sondern in den großen Waldregionen der ansonsten so reichen Rheinprovinz. Während der ostelbische Landadel mit seinen Klagen über die mangelnde Verkehrserschließung meist recht schnell Gehör fand, kümmerte man sich im Westen zunächst um die aufblühenden Industrieregionen. Besonders lange auf die Eisenbahn warten mußte der Hunsrück, der Gebirgsrücken zwischen Nahe und Mosel.

Für die abgelegenen Walddörfer kann man deshalb die Bedeutung der nach jahrelangem Zwist um die Linienführung am 15. 8. 1889 eröffneten »Hochwaldbahn« Trier – Hermeskeil, die acht Jahre später über Lebach bis Wemmetsweiler (–Neunkirchen) verlängert wurde, nicht hoch genug einschätzen. Aber auch der preußische Fiskus zog seine Vorteile aus dieser »Meliorationsbahn«: Die reichen Holzeinschläge aus den staatlichen Forsten konnten nun weit besser an die Kunden (z. B. Grubenholz für die Saar) gebracht werden.

Die Hochwaldbahn war gänzlich lokalen Verkehrsbedürfnissen angepaßt. Zwischen Trier und Wemmetsweiler beschreibt die Strecke ein großes »W«. Um die Baukosten gering zu halten, folgte man zumeist Flußtälern, etwa der Ruwer zwischen Trier und Kell (nahe Hermeskeil).

Zwischen Trier und Hermeskeil liegen heute

Am 8. 6. 1978 hält 634 607 am Haltepunkt Hinzenburg im Ruwertal. Überall kann man um diese Zeit den Ginster blühen sehen.

Abbildung unten: Großes Fahrzeugtreffen im Bahnhof Waldrach, dem Endpunkt der Strecke von 1984 bis zur Gesamteinstellung 1985. 634 607 und 211 223, beide aus Hermeskeil, kreuzen am 8. 6. 1978 den 634 658 aus Trier. Damals wurde im Personenverkehr noch bis Hermeskeil gefahren, allerdings mußte man bald darauf auf den Komfort der luftgefederten 634/934 verzichten, die heute ausschließlich bei den Bw Osnabrück und Braunschweig zu finden sind. Viele Fahrzeuge dieser Reihe, so der rechte Triebwagen und der linke Mittelwagen, waren 1978 noch rot lackiert, so daß sich ein buntes Bild ergab. Heute darf man darauf gespannt sein, ob noch Wagen dieser Bauart den Anstrich analog den neuen $628^2/928^2$ erhalten werden.

V 100 mit Umbau-Vierachsern waren komfortmäßig schon ein deutlicher Rückschritt. Diese Fahrzeuge liefen zum größten Teil noch auf preußischen Drehgestell-Bauarten aus der Zeit um die Jahrhundertwende. 211 221 hat am 13. 4. 1981 Kell erreicht, dessen Empfangsgebäudetyp auf der Strecke mehrfach vorkam, so z. B. auch in Pluwig, dem Streckenendpunkt zwischen 1981 und 1984.

Obwohl auch der 798 735 wie die meisten 798 über eine Luftfederung verfügte, war der Abstieg vom 634/934 unverkennbar. Der Wagen stammte aus einer 1960 gebauten MAN-Lieferung der Serie F2 und nähert sich hier am 5. 8. 1983 dem Bahnhof Gusterrath, von wo aus er nach Trier zurückkehren wird. Kurz vor dem Bahnhof mit den bekannten Romika-Werken wird die Ruwer überquert.

Zum Abschluß noch ein Blick auf den bekannten Ruwer-Wein des Anbaugebietes Mosel-Saar-Ruwer, hier beim Haltepunkt Grünhaus-Mertesdorf am 5. 8. 1983. Nur noch drei Herbste lang wird die mächtige Kastanie ihre reifen Früchte auf die wenigen Reisenden herabprasseln lassen. Für Schutz ist durch einen Unterstand gesorgt.

knapp 30 Kilometer Fahrt auf der gut ausgebauten Bundesstraße 52 und der Autobahn A 602.

Der Schienenweg durchs Ruwertal dagegen war 53 Tarifkilometer lang, rund 90 Minuten benötigten die letzten Schienenbusse dafür – und waren damit natürlich nicht mehr konkurrenzfähig. Im dünn und zerstreut besiedelten Ruwertal kam noch hinzu, daß die meisten Bahnhöfe von den Ortschaften recht weit entfernt waren.

In drei Etappen trug die Bundesbahn dem arg geschrumpften Interesse an ihrem Schienenangebot Rechnung: Auf dem Abschnitt Pluwig–Hermeskeil wurde zum 30. 5. 1981 der Personenverkehr eingestellt, drei Jahre später (1. 6. 1984) zwischen Waldrach und Pluwig und schließlich Trier–Waldrach mit Ablauf des Sommerfahrplans 1985, am 27. 9. 1985. Heute verkehren nur noch ab Trier bzw. Hermeskeil Übergabezüge, wobei der Abschnitt Ruwer–Schillingen planmäßig nicht mehr befahren wird.

627 Igel–Ehrang 16 km
627/631 Zewen (Kreis Trier)–Kreuz-Konz 2 km

Und noch einmal haben wir es gleich mit der »Kanonenbahn« Berlin–Wetzlar–Metz zu tun, aber wieder in einer Nebenrolle. Doch schön der Reihe nach, die »Kanonenbahn« tauchte nämlich erst relativ spät (1878) im Raum Trier, um den es hier geht, auf. Zuvor hatte Deutschlands älteste Stadt schon mit der Saarbrücken–Trierer Bahn (Abschnitt Trier West–Merzig eröffnet 26. 5. 1860), sowie der Eifelbahn, deren letzter Abschnitt Gerolstein–Trier West am 15. 6. 1871 eingeweiht worden war, Anschluß ans Eisenbahnnetz gefunden. Der erste Trierer Bahnhof, der heute Trier West heißt, lag links der Mosel, denn in Konz überquerte die Saarbrücker Bahn den Fluß.

Hinter dem heutigen Trier West verbirgt sich der erste Trierer Bahnhof, der schon 1860 eröffnet worden war. Nachdem der heutige Trierer Hauptbahnhof entstanden war, hieß der alte Bahnhof bis 1903 Trier I.M. (links der Mosel), danach Trier West. Sein Bau ähnelte weitgehend dem heute noch vorhandenen Gebäude von Konz. Zwischen 1914 und 1916 entstand dann das heutige Bauwerk, das seit 1983 nicht mehr dem Personenverkehr dient.

Von Konz aus wurde dann auch am 29. 8. 1861 die Strecke nach Luxemburg eröffnet.

Weit später erst kam die »Kanonenbahn« aus Koblenz und erreichte Ehrang. Trier erhielt nun einen weiteren Bahnhof, Trier rechts der Mosel, den heutigen Hauptbahnhof. Die »Kanonenbahn« benutzte nämlich nicht die alte Strecke nach Saarbrücken mit, sondern erhielt zwischen Trier und Ehrang eine eigene Moselbrücke, kreuzte zwischen Konz und Karthaus (einen Ort gleichen Namens gab es nicht, der Bahnhof wurde nach dem Kloster benannt) die alte Saarbrücken–Trierer Bahn und wurde dann weiter über den heutigen Grenzbahnhof Perl nach Metz geführt. Am 15. 5. 1878 konnte der Abschnitt Ehrang–Perl eröffnet werden, gleichzeitig entstand im Raum Konz ein Wirrwarr von Verbindungskurven, die es erlaubten, von jeder Durchgangsstrecke jede andere ohne Umsetzen anzufahren.

Sehr bald kristallisierte sich zwischen Ehrang und Konz eine Aufgabentrennung heraus. Der Personenverkehr benutzte die »Kanonenbahn« mit dem neuen Hauptbahnhof Trier auf der rechten Moselseite (wo auch der Stadtkern liegt), die

Ein typischer Haltepunkt, wie er zu Hunderten auf zweigleisigen elektrifizierten Strecken zu finden ist, war Zewen. Zwei Ziegelwartehäuschen mit Betondach auf den Bahnsteigen zu beiden Seiten des Straßenübergangs bildeten die Ausstattung ebenso wie das Beton-Schalthäuschen mit Fernsprecher für den automatischen Bahnübergang. Die vordere Wartehalle hat bereits einen Anbau erhalten, damit auch auf den Bus gewartet werden kann. Ebenso wie an den Autotypen wird man in vielen Jahren anhand des Glas-Containers die Aufnahme auf die achtziger Jahre des 20. Jahrhunderts datieren können. Aufnahmen vom 5. 8. 1983.

Güterzüge nahmen mit der alten Strecke am anderen Ufer vorlieb.

Bis heute hat sich daran wenig geändert, nur daß die zwischenzeitlich elektrifizierte Strecke am linken Ufer inzwischen ganz dem Güterverkehr vorbehalten ist. Zwischen Ehrang und Igel (nahe Konz) wurden die letzten Personenzüge zum 27. Mai 1983 aus dem Fahrplan gestrichen. Schon drei Jahre zuvor, zum 30. 5. 1980, war der Schienenbus, der noch von Zewen (zwischen Igel und Ehrang) eine der Konzer Verbindungskurven mit dem Haltepunkt Kreuz Konz befuhr und dann Trier Hbf erreichte, eingestellt worden.

632 Dillingen (Saar)–Primsweiler 13 km

Der Gedanke, von der Nebenbahn Hermeskeil–Lebach (siehe 645) eine Zweigstrecke durch das untere Primstal an die Saar zu bauen, lag natürlich nahe. War und ist der südliche Hochwald doch ein wichtiges Einzugsgebiet von Arbeitskräften für die Saarindustrie. Außerdem ließ sich der Streckenbau durch das breite Flußtal billig realisieren.

Recht denkwürdige Lösungen ließen sich die Streckenplaner dann aber an den Endpunkten der

212 345 mit dem einzigen Personenzug des Tages aus Dillingen am 29. 5. 1980. Zug 4911 hat in Primsweiler von 6.02 Uhr bis 6.03 Uhr Aufenthalt, bevor er nach Wadern weiterfährt. Von dort wird er als Zug 4646 (Wadern–Lebach) zurückkehren und noch einmal von 7.00 bis 7.02 Uhr in Primsweiler Station machen. Für diese zusammen drei Minuten Personenverkehr werden in Primsweiler noch drei Bahnsteige samt verbindendem Tunnel und ein Empfangsgebäude vorgehalten. Interessant auch die Bahnsteiglampen mit ›Drahtverhau‹ für Strom und Lautsprecher.

Blick von einer ›begrünten‹ alten Fußgängerbrücke über den südlichen Bahnhofskopf von Primsweiler. Das linke Gleis ist die ehemalige Hauptbahn nach Lebach, das rechte die Nebenbahn nach Dillingen. Ganz rechts beginnt die riesige Schotterwüste, die Primsweiler heute darstellt. 6. 8. 1983. (Siehe auch Farbteil S. 153)

Primstalbahn einfallen. So wurden die Interessen von Saarlouis schlicht ignoriert, kurz vor der Stadt schwenkt die Strecke nach Westen ab und mündet dann in Dillingen in die Saartalbahn. Was hinter dieser Entscheidung steckte, ist wohl nicht mehr genau nachzuvollziehen. Vermutlich waren es strategische Erwägungen. Denn gleichzeitig mit der Primstalbahn entstand die Verbindung Dillingen–Busendorf (Bouzonville), womit unter Einbeziehung der Hunsrückstrecke über Simmern eine weitere Verbindung vom Rheintal nach Lothringen zur Verfügung stand. Diesen Verdacht nährt auch die kuriose Tatsache, daß Primsweiler statt Lebach der – übrigens recht üppig dimensionierte – Einfädelungspunkt in die Hochwaldbahn wurde. Dabei hätte Lebach allein schon von seiner Größe her alle Ansprüche anmelden können; aber nicht einmal eine Verbindungskurve spendierte die Bahnverwaltung!

Der heute recht merkwürdig dastehenden Streckenführung entsprach auch der zuletzt verbliebene Personenverkehr auf der Strecke 632. Der einzige Zug verließ Dillingen um 5.45 Uhr und erreichte nach 17 Minuten Primsweiler. Von dort ging es weiter nach Wadern und schließlich zurück – aber nach Lebach (siehe 645)! Durch Einstellung dieses Zuges endete zwischen Dillingen und Primsweiler ebenso wie zwischen Lebach und

Wadern mit dem Winterfahrplan 1979/80 am 30. 5. 1980 der Personenverkehr.

1968, also erst Jahrzehnte nach Eröffnung der Primstalbahn (1. 9. 1901), konnte Saarlouis dem Nachbarn Dillingen den Allein-Anschluß streitig machen. Schuld daran war – das Automobil. Vor den Toren der Städte, wenige Kilometer »primsaufwärts«, baute die Firma Ford ausgedehnte Produktionsstätten. Durch den nun in ungeahnte Höhen schnellenden Güterverkehr erwies sich auch eine Verbindungskurve nach Saarlouis als notwendig. Bis zu den Fordwerken wurde die Strecke 1973 auch elektrifiziert. Von dort bis Primsweiler fahren planmäßig heute keinerlei Züge mehr.

634 Hostenbach–Saarbrücken Hbf 15 km

Seit Ablauf des Winterfahrplans am 27. Mai 1983 ist die zweigleisige elektrifizierte Hauptbahn Saarbrücken–Hostenbach (–Überherrn–Thionville) wieder eine reine Güterzugstrecke. Viel mehr hatte sie nach den Vorstellungen ihrer »Väter« auch nicht sein sollen, der Personenverkehr hatte hier stets eine Nebenrolle gespielt und sich zumeist auf den Arbeiterverkehr beschränkt.

Die Strecke verläuft nach Überquerung der Saar in Burbach (wo ihr zwei der insgesamt fünf Brükkengleise vorbehalten sind) an der linken Flußseite durch Industrie- und Wohngebiete, verschwindet in Hostenbach kurz in einem Tunnel und mündet dann in die alte lothringische Erzbahn Völklingen–Überherrn–Thionville. Durch die Hostenbach–Saarbrücker Strecke konnte ein Großteil der Erztransporte von der rechten Saartalbahn ferngehalten und um Völklingen und Saarbrücken herumgeleitet werden. Daneben hatte sie natürlich auch strategische Bedeutung.

Im Bahnhof Fürstenhausen zweigt von der Güterstrecke die Nebenbahn nach Großrosseln ab. Der gesamte Komplex Saarbrücken–Fürstenhausen–Großrosseln wurde am 1. 7. 1907 eröffnet, Fürstenhausen–Hostenbach (diese Strecke ging ursprünglich sogar bis Bous auf der rechten Saarseite) folgte am 1. 10. 1908. Die Großrosseler Nebenbahn ist heute elektrifiziert und bis Warndt Grube verlängert.

In den letzten Jahren des Personenverkehrs überlebte nur noch ein Nahverkehrspaar und der »Paradezug« E 3311, der in Überherrn begann, in Hostenbach auf die linke Saarstrecke einschwenkte und über Saarbrücken schließlich Türkismühle erreichte (ab Saarbrücken allerdings mit anderer Zugnummer).

Die Strecke Überherrn–Völklingen, die ebenfalls die Kursbuchnummer 634 trägt, kann dagegen weiterhin mit relativ dichtem Personennahverkehr aufwarten.

Als zum Sommerfahrplan 1983 die Personenzüge über Fürstenhausen eingestellt wurden, hat das offenbar kaum jemand bemerkt. Ein Stillegungsantrag war nämlich gar nicht gestellt worden, das holten die Bundesbahner erst rund zwei Jahre später nach.

Nur ein Reisezug fuhr täglich durch Fürstenhausen. Im Sommer 1982 war er mit der Zweisystem-Elektrolok 181 222 des Bw Saarbrücken bespannt und hat hier um 7.25 Uhr den Bahnhof erreicht. Ungewohnt wirkt bei diesen Maschinen das Fahren mit dem vorderen Einholm-Stromabnehmer, der zudem ›falsch‹ herum auf der Lok aufgebaut ist (mit dem Schleifstück zur Front statt zur Lokmitte wie bei den Reihen 103, 111 und 120). Der Grund liegt darin, daß der andere Stromabnehmer für das SNCF-System reserviert ist und daher der einzige verbleibende DB-Abnehmer in beiden Richtungen im Hinblick auf die Aerodynamik gleich gut laufen muß. Das Signal im Vordergrund zeigt dem Zugführer, daß das Ausfahr-Hauptsignal ›Freie Fahrt‹ anzeigt.

Auch ein Blick auf das klobige Empfangsgebäude von Fürstenhausen soll nicht fehlen. Auf und vor dem Bahnsteig parken drei Autos und die 140 102, die sich in einem der vielen Anschlußgleise betätigen wird. 6. 8. 1983.

635 Völklingen–Lebach 22 km

Sucht man einen gravierenden Unterschied zwischen den Industrierevieren an der Ruhr oder in Oberschlesien einerseits und dem an der Saar, so ist es sicherlich folgender: Die Konzentrierung der Arbeiter auf neue Wohngebiete in den Städten, das Verlassen der dörflichen Gemeinschaft war zwischen Dillingen und Saarbrücken, zwischen Völklingen und Neunkirchen weit weniger ausgeprägt. Das Festhalten an der eigenen Scholle hat zwar geholfen, die seit der Stahl- und Kohlenkrise in den 60er Jahren dieses Jahrhunderts aufgetretenen sozialen Probleme zu mindern, bis zur Vervollständigung des saarländischen Eisenbahnnetzes um die Jahrhundertwende aber zu heute unvorstellbaren Entbehrungen geführt. Täglich mehrere Stunden Fußmarsch zur Hütte oder Grube waren keine Seltenheit.

Das galt auch für die Bewohner des Köllertals.

Ausgangspunkt der Köllertalbahn war der Bahnhof Völklingen vor der bekannten Kulisse der Hochöfen. Während 212 343 mit ihrem Heizkessel versucht, den Zug nach Lebach ›auf Temperatur‹ zu bringen, rangiert auf der Werkbahn eine Henschel-Standard-Diesellok. Obwohl der Kalender erst den 5. September anzeigt, ist es an diesem Tag des Jahres 1985 erbärmlich kalt.

Mit Püttlingen ist die zweite Station auf dem Weg nach Lebach erreicht. Ein Bahnhofsgebäude mit extrem hohem Dach gab es auf dieser Linie auch in Heusweiler, während die anderen Stationen meist kleinere Gebäude mit verwinkelten Dachformen erhielten. Für einen größeren Verkehr gebaut waren die unterirdischen Bahnsteigzugänge. 5. 9. 1985.

Blick von der 212 282 auf den hinter der Lok laufenden Umbau-Vierachser und das ›Empfangsgebäude‹ von Landsweiler. Dieser Wartehallentyp aus verzinktem Blech eignet sich natürlich ebenso gut zum Anbringen von ›Sau‹ und ähnlichen Beschriftungen wie alle anderen Bauarten auch. Mit ins Tristesse-Bild paßt das undefinierbare Grau, in welchem Lok und Wagen ›lackiert‹ sind. 29. 3. 1985.

Noch ein schaurig-schönes Bild von dieser Strecke im Industriegebiet. Der Bahnhof Lebach gehört nicht nur wegen seiner Bahnsteigunterführung zum häßlichsten, was man auf deutschen Bahnanlagen findet. Der verkommene kleine Klinkerbau, direkt neben einem mehrgeschossigen modernen Wohn- und Geschäftshaus mit unverputzter Giebelseite zum Bahnhof hin, dient noch heute dem Verkehr der Strecke nach Wemmetsweiler. Insofern kommen auch heute noch Reisende in den Genuß der abgebildeten Gewölbe. 5. 9. 1985.

Zwar war schon 1872 eine erste Stichbahn von Völklingen zu den Viktoriaschächten bei Püttlingen eröffnet worden, diese blieb aber dem öffentlichen Personenverkehr verschlossen. Bis zum 2. 10. 1911 dauerte es dann, ehe auch das Köllertal seine Eisenbahn bekam. Die Strecke zweigt in Völklingen von der Saarbrücken–Trierer Bahn ab, verschwindet sofort für einige Meter in einem kurzen Tunnel und folgt dann über Püttlingen bis Heusweiler dem Köllerbach. Als Endpunkt der Strecke hatte nach langen Auseinandersetzungen mit den Nachbarorten Lebach den Vorzug erhalten. Eine nicht gerade billige Entscheidung, wie sich bald herausstellen sollte.

Nahe Eiweiler erwiesen sich nämlich ein Tunnel und ein Viadukt als notwendig. Nicht gespart wurde auch an den Bahnhofsgebäuden, die für den Nahverkehr wohl etwas zu opulent ausgefallen sein dürften.

Das gilt besonders für die Nachkriegszeit. Das Zechensterben verschonte auch das Köllertal nicht, andererseits machten das Automobil und die Schnellstraße Lebach–Saarbrücken der Bahn zu schaffen. Ein immer weiter abgemagerter Fahrplan, durchsetzt mit zahllosen Bussen, und schließlich die Einstellung des Personenverkehrs mit Ende des Sommerfahrplans 1985 am 27. September waren die Konsequenz. Auch mit dem Güterverkehr ist nicht mehr viel los, nur noch Übergabezüge rollen werktags von Lebach aus durchs Köllertal bis Etzenhofen, der Rest ist stillgelegt.

Zu einigem Ruhm war die Strecke noch einmal Anfang der 70er Jahre gekommen. Die Züge zwischen Lebach und Völklingen waren letzte Domäne der Dampfloks der Baureihe 23 des Bw Saarbrücken. Auf zahllosen Fotos dürfte dabei der Viadukt von Eiweiler wiederzufinden sein, dem man einen besonderen optischen Reiz nicht absprechen kann: Auf die Stümpfe der Ende des Zweiten Weltkrieges gesprengten Rundbögen waren einfache Betonsockel gepflanzt worden, darüber eine Stahlträgerkonstruktion.

636 Saarbrücken-Burbach– AW Saarbrücken-Burbach 2 km

Ganz auf die Dienstzeiten im Ausbesserungswerk Burbach war das Fahrplänchen der Strecke 636 zugeschnitten. Auch wenn jeder, der Lust dazu verspürte, mitfahren durfte, wird sich nur selten ein Nicht-Bundesbahner in die Züge verirrt haben. Der Fahrplanhinweis, daß die Züge »nur an Arbeitstagen im AW« verkehrten, besagt schon alles. Und wer sonst als diejenigen, die mußten, hatte schon Interesse, das morgendliche Zugpaar, das den Hauptbahnhof gegen 5.30 Uhr verließ und 40 Minuten später wieder hier eintraf, zu erwischen? Daneben fuhr zuletzt nur noch – zumindest laut Kursbuch – nach der Frühschicht vom AW ein Zug in die Stadt. Zwar wurde offiziell zum 30. Mai 1980 der Verkehr eingestellt, aber für den Werksverkehr fahren auch derzeit noch vier Züge. Im Kursbuch sind sie allerdings nicht zu finden.

Die Strecke vom Bahnhof Burbach an der Saarbrücken–Trierer Eisenbahn Richtung Ausbesserungswerk hat eine erstaunlich lange Geschichte. Das hat aber zunächst einmal nichts mit dem 1906 eröffneten AW zu tun. In dessen Nähe lag nämlich die alte Grube »Von der Heydt«, die schon am 16. November 1852 Schienenanschluß erhalten hatte. Damit versteckt sich hinter der Nummer 636 die zweitälteste (nach Nördlingen–Gunzenhausen) von allen Strecken, die zwischen 1980 und 1985 aus dem Kursbuch getilgt wurden.

Von der ursprünglichen Strecke zur Grube, die selbst bis zum 4. Oktober 1959 noch im Personenverkehr bedient wurde, ist heute schon ein Teil oberhalb des Abzweigs zum AW verschwunden. Der Rest wird natürlich weiterhin gebraucht, da die Züge vom Streckenende ins Ausbesserungswerk (ebenso wie die dort ausgebesserten Güterwagen) zurücksetzen müssen. Anders gelangt man nicht dorthin.

Kursbuchstrecke 641 (neu) siehe unter KBS 651

Nur 17 Jahre nach Nürnberg–Fürth lagen hier schon Gleise und rollten Kohlenzüge. Mit den Kohlen ist es längst vorbei; heute lebt die Strecke zu fast 50 % von kaputten und zu 50 % von reparierten Güterwagen, ist sie doch die einzige Zufahrt zum Ausbesserungswerk Saarbrücken-Burbach. Nachdem die Pläne des Bahnvorstandes, das AW zu schließen, auf höchster politischer Ebene abgelehnt wurden, werden hier auch weiterhin die Räder rollen. 6. 8. 1983.

641 Heimbach (Nahe)–Baumholder 9 km

So kurz diese Nebenstrecke von der Station Heimbach an der Rhein-Nahe-Bahn ins Städtchen Baumholder auch ist: ehe sie gebaut werden konnte, bedurfte es immerhin eines Staatsvertrages zwischen Preußen und Oldenburg! Ja, Oldenburg. Denn zum Haus des Großherzogs gehörte auch das Fürstentum Birkenfeld, das für einige Meter von der preußischen Bahn berührt wurde.

Aber es geht nicht nur aufs Konto der Kleinstaaterei, daß die nur knapp 9 Kilometer lange Strecke erst 1912 (genauer: am 15. Juli) eröffnet wurde. Vorangegangen waren nämlich auch lange

Eine 998/798-Garnitur verläßt am 13. 4. 1981 den Bahnhof Heimbach an der Rhein-Nahe-Bahn in Richtung Baumholder. Kurz darauf überquert sie die rechts sichtbare Nahe, um dann durch einen Tunnel den Ort Heimbach mit dem Bahnhof Heimbach Ort zu erreichen. Die zweigleisige Strecke am linken Bildrand überquert ebenfalls die Nahe und durchfährt einen Tunnel in Richtung Türkismühle, wo der elektrische Fahrdraht beginnt. Heimbach war übrigens früher oldenburgisches Hoheitsgebiet.

Baumholder war früher preußisches und ist heute bundesrepublikanisches Hoheitsgebiet. Große Teile der umliegenden Gebiete kann man trotzdem nicht betreten, da sich hier ein riesiger Truppen-Übungsplatz befindet. Auch der ›American way of life‹ prägt in starkem Maße die Umgegend, bis hin zu den Bahnsteigschildern, die mit ›Gleis‹ und ›Track‹ gleichzeitig beschriftet sind. Das großzügige Bahnhofsgebäude läßt sich ebenfalls nur ›militärisch erklären‹.

Debatten um die Weiterführung. Nach Kusel vielleicht oder aber direkt ins Glantal? Durch den I. Weltkrieg wurden diese Überlegungen gegenstandslos, ohne sie hätte sich der preußische Fiskus aber sicherlich den aufwendigen Bau mit dem Tunnel bei Heimbach gespart.

Erst als 1937 der erste Kanonendonner vom neuen Schießplatz Baumholder die Gegend aufhorchen ließ, ging es mit der Bedeutung der ewig »Unvollendeten« aufwärts. Auch heute, nach Einstellung des stets bescheidenen Personenverkehrs (zum 30. 5. 1981), prägen Militärtransporte zwischen Heimbach und Baumholder das Geschehen auf der Schiene.

642 Tholey–St. Wendel 13 km

Ein angesichts des Verlaufs der Bahn recht kurios anmutendes Bauwerk hat die Strecke 642 aufzuweisen: Direkt vor der Endstation, dem kleinen Ort Tholey, liegt der 435 m lange Varus-Tunnel. Der Grund ist ganz eindeutig darin zu finden, daß die Bahn durch den I. Weltkrieg unvollendet blieb. Von St. Wendel an der Rhein-Nahe-Bahn durchs Tal der oberen Blies und dann entlang des Theelbaches nach Lebach hatte die Reise eigentlich gehen sollen. Dann, der Bau war bereits begonnen worden, kam der Kriegsausbruch. Noch einige Zeit wurde weitergebaut, am 2. 8. 1915 konnte St. Wendel–Oberthal eröffnet werden, wenig später schließlich (1. 10. 1915) Oberthal–Tholey.

Dabei blieb es auch. Der Strecke war nie eine nennenswerte Bedeutung für die örtliche Wirtschaft beigemessen worden, sie sollte dem Arbeiterverkehr ins Revier dienen. Und für derartigen »Luxus« hatte man nach dem Krieg kein Geld mehr.

Wie die Eröffnung, spielte sich auch die Einstellung des Personenverkehrs in zwei Etappen ab. Die einfach trassierte (vom Tunnel einmal abgesehen) Nebenbahn wurde zwischen Oberthal und Tholey zum 23. 9. 1983, zwischen Oberthal und St. Wendel zum 1. 6. 1984 des Personenverkehrs entledigt. Nach Tholey wurde bald auch der planmäßige Güterverkehr eingestellt (30. 5. 1987), das Geld für die nächste Tunnelrevision kann sich die DB sparen. Dagegen scheint St. Wendel–Oberthal angesichts des relativ regen Güteraufkommens vorerst gesichert.

Alle drei Stationen der Strecke 642 wollen wir vorstellen. Mit dem Steuerwagen 5080 82 53 133 (Baujahr 1964) voran halten wir in Bliesen. Die ›Wiese‹ rechts und die weit außenstehenden Telegrafenmasten verraten, daß hier auch schon einmal mehr Gleise lagen.

In Oberthal ergibt sich beim Schließen der Schranken ein Gespräch zwischen Zugführer und Fahrdienstleiter. Der Prellbock ist im Laufe der Jahre etwas versandet. Er diente einst als Abschluß des Güterschuppengleises. In rund sechs Wochen wird Oberthal Endpunkt im Personenverkehr werden, und in zehn Monaten fährt hier gar kein Reisezug mehr.

Endstation Tholey. Bei 212 343 ist bereits die Schlußbeleuchtung für die Rückfahrt nach St. Wendel eingeschaltet. Im Hintergrund der Tunnel, der Modellbahnern die Rechtfertigung für ein Bahnhofs-Diorama liefern könnte, dessen Strecke per Tunnel in einem ›Schattenbahnhof‹ endet. Die verschiedenen dort geparkten Vorführ-Zuggarnituren liefen dann im Modellbahnhof ein und aus. Hinter dem echten Tholeyer Tunnelportal folgte kein Schattenbahnhof, so daß man sich mit dem V 100-Wendezug-Einerlei zufrieden geben mußte. Trotzdem gab es auch hier zwei seltene Fahrzeuge. Im Rücken des Fotografen rosteten zwei 52er-Kriegslok-Steifrahmentender der Bauart K 4T 30 vor sich hin. Alle Aufnahmen vom 5. 8. 1983.

644 Schwarzerden–Ottweiler (Saar) 21 km

Schwarzerden–Ottweiler war die jüngste aller dem Personenverkehr dienenden Strecken im Saarland. In zwei Etappen war sie eröffnet worden: Ottweiler–Niederkirchen am 26. 9. 1937, Niederkirchen–Schwarzerden am 15. 5. 1938. Aber bemerkenswerter noch als die kurze Lebensgeschichte der Ostertalbahn ist ihre Vorgeschichte: Zunächst einmal lief alles »normal«: Um die Jahrhundertwende hielt man die Zeit für gekommen, von Ottweiler an der Rhein-Nahe-Bahn eine Nebenstrecke entlang des Osterbachs ins Hinterland zu bauen. Aus verschiedenen Gründen – unter anderem, weil mit einem Mal das Projekt einer Ostertalsperre auftauchte – verzögerte sich die Sache, dann kam der I. Weltkrieg, womit das Vorhaben erst einmal erledigt war. Außerdem wurde infolge der Niederlage das Saarland vom Reichsgebiet abgetrennt. Das sollte Folgen haben.

In den dreißiger Jahren wurde das Unternehmen Ostertalbahn zusammen mit dem Projekt einer Nebenbahn Kusel–Türkismühle, in die bei Schwarzerden die Ostertalbahn später einmündete, wieder aktuell. Beide Strecken sollten dem Arbeiterverkehr, weit mehr aber noch der Arbeitsbeschaffung dienen. Während Kusel–Türkismühle gerade noch auf Reichsgebiet gebaut werden konnte, war das bei der Ostertalbahn nur zum Teil möglich. Jedenfalls nutzte die »braune« Reichsregierung die Grenznähe, um die bevorstehende Saarabstimmung zu beeinflussen. Durch die hautnahe Demonstration ihres Investitionswillens wollten die Nazis Stimmung machen, die Aussicht auf neue Arbeitsplätze sollte den Weg »Heim ins Reich« versüßen.

Angesichts so hoher Ziele wurden alle Mahnungen, beide Strecken seien im aufblühenden Zeitalter des Automobils schierer Unsinn, leicht in den Wind geschlagen.

Niederkirchen besaß ein recht imposantes Bahnhofsgebäude im Stil der dreißiger Jahre. 795 138 entläßt am 8. 6. 1978 einige Reisende, u. a. Schüler, die in Ottweiler die Schule besuchen.

Keinerlei Baulichkeiten weist der Haltepunkt Haupersweiler auf. Im Hintergrund ist lediglich eine Talbrücke am gemauerten Geländer zu erkennen. Vergleicht man die Stirnseite des 795 138 mit dem Bild im Farbteil so fällt auf, daß an dieser Seite die ehemaligen Dachfenster verschlossen wurden, so daß man auch ein ›ordentliches‹ drittes Spitzenlicht einbauen konnte. 795 138 war zum Zeitpunkt der Aufnahme (8. 6. 1978) nach dem 795 126 der zweitälteste Schienenbus der DB. Er wurde am 29. 3. 1952 für das Bw Freilassing abgenommen und an Silvester 1979 beim Bw Saarbrücken ausgemustert. (Siehe auch Farbteil S. 153)

Die Mehrheit der Saarländer stimmte für das Reich, die beiden Strecken wurden gebaut, und die Skeptiker behielten recht. Die landschaftlich zwar eindrucksvolle, nebenbei aber sehr teure und wenig frequentierte Strecke Kusel–Türkismühle wurde 1970 zum großen Teil abgebaut; man brauchte die Trasse für eine Autobahn. Auf der Ostertalbahn fahren heute nur noch Übergabezüge bis Schwarzerden, außerdem wird Niederkirchen noch bedient. Der geringe Personenverkehr war schon zum 30. 5. 1980 eingestellt worden.

645 Lebach–Wadern 21 km

Die Strecke Lebach–Wadern war Teil der südlichen Fortsetzung der Hochwaldbahn (siehe 625) von Hermeskeil nach Wemmetsweiler. Nach dem üblichen Streit um die Linienführung hatte man sich zunächst für das Löstertal auf dem Teilstück Hermeskeil–Lebach entschieden, was den energischen Protest des Betreibers der Mariahütte (südlich Nonnweiler) hervorrief. Der sah die Zukunft seines Unternehmens gefährdet und erklärte sich gleichzeitig bereit, bei einer günstigeren Trassierung einen Großteil der Grunderwerbskosten zu übernehmen. Das zeigte Wirkung – der bereits gefaßte Parlamentsbeschluß wurde rückgängig gemacht; ein nicht gerade häufiges Verfahren. Ansonsten gibt es wenig Aufregendes über die Strecke zu berichten. Gleichzeitig mit dem Abschnitt Hermeskeil–Nonnweiler wurde am 15. 5. 1897 auch Nonnweiler–Türkismühle, also die Verbindung

Dokumentation des einzigen Personenzugpaares in Michelbach am 29. 5. 1980, zwei Tage vor der Stillegung. Aus Wadern kommend schiebt 212 345 einen Wendezug-Steuerwagen der Bauart BDnf 738/9 über den Bahnübergang. Wie noch deutlich erkennbar, besaßen diese Wagen ursprünglich einen Gummiwulstübergang an der heute verschlossenen Stirnfront. In allen drei Fenstern sind schwach Bahnbeamte zu erkennen.

Auch der Blick in Richtung Primsweiler soll dokumentiert werden. Ohne Personal im Führerhaus wartet die schiebende 212 345 auf die Weiterfahrt. Reisende gibt es in Michelbach keine, so daß die Bahnsteiglampen unnötigerweise brennen. Immerhin ist es erst 6.51 Uhr. Links ist ein großes Steinwerk zu erkennen, das für Eisenbahnfreunde auch durch seine kleine Werklok (ex Kö I) interessant war.

Am 20. 5. 1976 war noch der einmotorige Schienenbus der Baureihe 795 zwischen Wadern und Lebach zu bewundern. Hier fährt er bei Büschfeld samt Beiwagen Reihe 995 als Zug 4639 in Richtung Wadern. In Büschfeld mündete bis 1960 die private Merzig-Büschfelder-Eisenbahn ein, die danach in Nunkirchen endete.

Der Bahnhof Wadern bot sich als Sammelsurium verschiedener Bauepochen dar. Der Fahrkartenverkauf wurde zuletzt im angebauten Pavillon im Hintergrund abgewickelt. Der Güterschuppen diente einem Jägerzaunhandel, und der alte Teil des Empfangsgebäudes war als Gaststätte und Wohnraum vermietet. Wie üblich auch hier ein kurzer Blick auf die Fahrzeuge: Volvo, Ford Taunus und Volkswagen LT sind uns heute noch vertraut. In 25 Jahren – so alt sind die meisten Nebenbahn-Fahrzeuge – werden nur noch wenige diese Autotypen kennen. 6. 8. 1983. (Siehe auch S. 190 und 191)

von Hochwaldbahn und Rhein-Nahe-Bahn, eröffnet. Nonnweiler–Wadern–Lebach ließ dann noch bis zum 10. 12. 1897 auf sich warten. Von Hermeskeil bis Bierfeld-Nonnweiler folgte die im Tal trassierte Nebenbahn dem Lösterbach, von dort weiter der Prims, um kurz vor Lebach nach Osten abzuknicken.

Der Abschnitt Wadern–Nonnweiler wurde schon 1959 vom Personenverkehr »befreit« und nach Aufgabe des Güterverkehrs 1968 abgebaut. Zwischen Wadern und Lebach endete der Schienenpersonenverkehr zum 30. 5. 1980, der zuletzt nur noch aus einen frühmorgendlichen Zugpaar bestand (siehe 632). Seitdem wird der Bahnhof Wadern, der einige hundert Meter vom alten Ortskern entfernt liegt, nur noch montags bis freitags von meist kurzen Übergabezügen angefahren.

651 Homburg (Saar) Hbf–Glan-Münchweiler 22 km
641 Altenglan–Lauterecken-Grumbach 19 km

Einmal mehr haben wir es jetzt mit einer strategischen Bahn zu tun, diesmal aber mit einer, die in beiden Weltkriegen tatsächlich zu hoher militärischer Bedeutung gelangte. Für den Personenverkehr war die großzügig ausgebaute Strecke dagegen unbedeutend.

Das strategische Konzept sah eine möglichst geradlinige Verbindung des Rhein-Main-Gebietes mit Metz vor. Von Odernheim an der Nahe bis Lauterecken konnte die schon vorhandene und auf diesem Abschnitt bereits für militärische Zwecke ausgebaute Strecke nach Kaiserslautern mitbenutzt werden; einige Kilometer weiter südlich, zwischen Glan-Münchweiler und Altenglan, die Strecke Landstuhl–Kusel. Neu gebaut wurden die Abschnitte Homburg–Glan-Münchweiler, Altenglan–Lauterecken und Odernheim – Bad Münster am Stein auf dem rechten Naheufer. Am 1. 5. 1904 wurden sie eingeweiht.

Das preußisch-bayerische Gemeinschaftswerk folgt bis kurz vor Homburg dem Flüßchen Glan in ganzer Länge und erlaubte dem Reisenden, der genug Zeit mitbrachte, eine eindrucksvolle Fahrt durch das malerische Nordpfälzer Bergland. Der Abschnitt Altenglan–Glan-Münchweiler ist noch heute zweigleisig ausgebaut – völlig überdimen-

Früh aufstehen mußte man, wenn man mit dem zuletzt einzigen Zug auf der Teilstrecke Homburg–Glan-Münchweiler fahren wollte. Triebwagen 8761 aus Zweibrücken verließ Homburg um 6.52 Uhr und erreichte am 14. 4. 1981 planmäßig um 7.05 Uhr Schönenberg-Kübelberg. Die Schrift am Giebel des Gebäudes ist nicht etwa angesichts des frühen Morgens vom Fotografen verwackelt worden, sondern wurde durch alte, durchscheinende Buchstaben schlecht leserlich.

Von den laut Kursbuch sechs Zwischenstationen bediente der Zug zuletzt nur noch zwei. Auch die beiden Haltepunkte von Elschbach (Ort und Bahnhof) wurden ohne Halt durchfahren. Bei Elschbach Ort entstand am 6. 8. 1983 die Aufnahme von der Strecke in Blickrichtung Glan-Münchweiler. Fast modellbahnmäßig wirkt der kurze Tunnel unter dem kleinen Hügel.

Am 7. 6. 1978 fuhr noch 798 673 auf der Glantalbahn mit ihren charakteristischen Sandstein-Bahnhofsgebäuden, wie hier in Eschenau. Gleich hinter dem Bahnhof kreuzt die Bahnlinie die namensgebende Glan. Der Triebwagen begann 1959 seinen Dienst beim Bw Landau und hatte bis Anfang 1987 alle Ausmusterungswellen (beim Bw Karlsruhe) überstanden.

Im Schülerverkehr haben viele Strecken bis zum bitteren Ende ihre Existenzberechtigung nachweisen müssen. Die Bedesbacher (diesseits der Glan) und Patersbacher Schüler (jenseits der Glan) werden schon elf Tage später den Bus benutzen müssen. Wie heißt es doch auf der Plastiktüte? ›Ja! Damit können Sie rechnen!‹

sioniert für die wenigen ETA, die hier noch in Richtung Kusel verkehren. Auch an den Bahnhofsanlagen von Glan-Münchweiler und besonders Lauterecken läßt sich die einstige Bedeutung noch ablesen.

Zwischen Homburg und Glan-Münchweiler wurde der dürftige Personenverkehr zum 30. 5. 1981 eingestellt, auf dem Abschnitt Altenglan–Lauterecken fast auf den Tag genau vier Jahre später am 31. 5. 1985 (hier fahren Übergaben übrigens nur noch auf dem fünf Kilometer langen Teilstück Altenglan–Ulmet).

Altenglan–Lauterecken mußte übrigens auf seine alten Tage noch eine »Umtaufe« über sich ergehen lassen. Bis zur Einstellung des Personenverkehrs zwischen Homburg und Münchweiler trug die Gesamtverbindung Homburg–Lauterekken–Bad Kreuznach die Kursbuchnummer 651. Da gleichzeitig mit Homburg–Münchweiler die Strecke Heimbach–Baumholder den Personenverkehr verlor, ging deren Nummer 641 an die Reststrecke Altenglan–Staudernheim. Die Zahl 651 ist seitdem aus dem Kursbuch verschwunden.

Verschwunden ist auf der Homburger Route, die längst wieder als eingleisige Nebenbahn eingereiht war, auch der Gesamtverkehr von Münchweiler bis Schönenberg. Da zum Sommerfahrplan 1986 auch der Personenverkehr zwischen Staudernheim und Lauterecken auf Busse umgestellt wurde, dürfte mangels nennenswerten Güterverkehrs von der alten Glantalbahn bald nicht mehr viel übrig sein.

661 Alzey–Bodenheim 31 km

Wie angekündigt (siehe 559), kommen wir noch einmal auf das großherzoglich hessische Nebenbahngesetz vom 15. 11. 1890 zurück, genauer: auf die daraufhin in der Provinz Rheinhessen entstandenen Strecken Bodenheim–Köngernheim–Gau Odernheim (–Osthofen) und Gau Odernheim–Alzey, die zusammen seit dem 1. 10. 1896 planmäßig betrieben werden. Der Abschnitt Gau Odernheim–Osthofen (–Worms) folgte 1897. Hier wurde übrigens schon zum Winterfahrplan 1974/75 der Reisezugverkehr eingestellt, die Schienen sind inzwischen zum größten Teil abgebaut. Nicht vergessen werden soll die Nebenbahn Köngernheim–Nierstein (eröffnet 1900), die allerdings bald nach dem Zweiten Weltkrieg wieder von der Bildfläche verschwand.

All diese Strecken entstammen einem Kompromiß. Die ursprüngliche Planung hatte nämlich eine von Worms in nördlicher Richtung nach Ingelheim laufende Nebenbahn vorgesehen, die das von den Hauptstrecken Bingen–Alzey–Worms und Mainz–Worms eingerahmte rheinhessiche Hügelland erschließen sollte. Aus verschiedenen Gründen (örtliche Rivalitäten, Trassierungsprobleme, Unwillen oder Unfähigkeit der Gemeinden zur finanziellen Beteiligung) wurde daraus doch nichts. Die letztlich gewählten Trassen hatten gegenüber dem Urkonzept aber den Vorteil,

Fast alle Reisenden des Akkutriebwagens nach Alzey sind mit dem Zug aus Mainz in Bodenheim angekommen. Während 141 164 schnell die dicht belegte Strecke freimachen muß und mit lautem Knallen des Schaltwerks in Richtung Worms beschleunigt, geht es auf der Nebenbahn geruhsamer zu. Wenige Minuten später surrt der Akkutriebwagen 515 121 gemütlich mit den Reisenden in Feierabendstimmung 'gen Alzey.

Praktisch alle Bahnhöfe der Strecke besitzen ein gleiches Bahnhofsgebäude mit auffällig gemusterten Zierklinkern. Vor diesem hier in Bechtolsheim-Biebelnheim hat 515 103 im Mai 1985 angehalten. Ob man mit dem Einheitsbau die hohen Kosten für die teuren Ortsnamensschilder wieder hereinholen wollte, ist ungewiß: Immerhin tragen sieben der zehn Zwischenstationen Namen aus zwei Wörtern.

Nur eine Wellblechhütte diente in Gau Köngernheim dem Schutz der Reisenden. Auch dieser Ortsname war in gewisser Weise für die Bahnlinie typisch, begannen doch drei der vierzehn Ortsnamen auf den Bahnhofsschildern mit Gau, während elf auf -heim endeten. 515 103 begann 1957 seine Laufbahn beim Bw Worms und war auch Anfang 1987 noch in der Pfalz eingesetzt (Bw Mainz). Zwischendurch lief er allerdings über 23 Jahre im Norden (Husum, Neumünster, Düren). Mai 1985.

daß über sie ohne aufwendige Kunstbauten der Anstieg aus dem Rheintal ins Hügelland zu bewerkstelligen war. Den Bauern Rheinhessens, deren Produkte die Nebenbahnen auf die Märkte der nahen Großstadt bringen sollten, dürften die »Feinheiten« der Streckenplanung letztlich egal gewesen sein. Hauptsache, es geschah überhaupt etwas. Auch heute, nachdem am 31. 5. 1985 zwischen Alzey und Bodenheim das Ende des allzeit dünnen Personenverkehrs und zwischen Bodenheim und Harxheim auch das des Güterverkehrs gekommen ist, wird die Strecke nur noch durch die Landwirtschaft am Leben erhalten, besonders während der Rübenkampagne. Neben anderem »Grünzeugs« prägt natürlich in erster Linie der Weinbau das Bild. Wer denkt bei Namen wie Odernheim oder Bischofsheim, Köngernheim oder Bechtolsheim schon an Stationen der Strecke 661 anstatt an – mehr oder weniger – edle Tropfen.

665 Langmeil (Pfalz)–Monsheim 28 km

Zusammen mit der Hessischen Ludwigsbahn erarbeiteten in den 60er Jahren des vorigen Jahrhunderts die ebenfalls privaten Pfälzischen Nordbahnen ein Konzept, um zwischen der Nahetalbahn und der Pfälzischen Ludwigsbahn weitere Strecken für den gewinnversprechenden Verkehr zwischen Saargebiet und Rheintal zu bauen.

Rückgrat dieses Vorhabens war für die Nord-

Typisch für einige Bahnhöfe der Hauptbahn Langmeil–Monsheim waren die Eingänge über Eck zwischen Seitenwand und Gleisseite, wie ihn hier das Gebäude in Albisheim zeigt. 515 526 ist am 14. 9. 1983 aus Langmeil eingelaufen und wird u. a. mit einer Stoßstange als Expreßgut beladen. Die Stationsmitte Albisheim liegt in Kilometer 4,97 (mit Kilometer 0,00 in Marnheim beginnend), da die durchgehende Kilometrierung von Langmeil (0,03) über Marnheim (14,14), Kirchheimbolanden (19,55) zur ehemaligen Landesgrenze (25,73 = 0,00) nach Alzey (8,98) verläuft.

Marnheim war bis zum Ende des zweiten Weltkrieges eine Abzweigstation. Durch Zerstörung der 260 Meter langen Talbrücke über die Pfrimm wurde der Verkehr nach Kirchheimbolanden nie wieder aufgenommen, und Marnheim wurde zur Durchgangsstation. Bis zum Ende des Personenverkehrs wurde aber Gleis 3 (vom Bahnhofsgebäude aus gezählt) als Bahnsteiggleis in Richtung Monsheim benutzt. 515 525 fährt am 14. 9. 1983 in Richtung Langmeil. Der 1960 gebaute Wagen hat die Pfalz (Bw Worms, Mainz) erst ganz zum Ende seiner Karriere verlassen und war am 1. 1. 1987 noch in Mönchengladbach beheimatet.

bahnen die Verbindung von Münster am Stein durch das Alsenztal nach Hochspeyer an der Ludwigsbahn; 1871 war sie durchgehend befahrbar. Ein Jahr zuvor war auf hessischem Gebiet die Strecke Bingen–Alzey–Monsheim–Worms für den Durchgangsverkehr freigegeben worden. Diese beiden wichtigen Routen sollten miteinander verknüpft werden.

Aus geographischen Gründen wurde Langmeil als Trennungsbahnhof gewählt, weil hier der Bergsattel zwischen Alsenztal und rheinhessischem Hügelland am einfachsten zu meistern war. Für Alzey–Langmeil, die sogenannte »Donnersbergbahn«, erteilte Bayern 1869 die Konzession; die Hessiche Ludwigsbahn, die damals auch schon eifrig an der Strecke Mainz–Alzey baute und sich viel von dieser kürzesten Verbindung Mainz–Saar versprach, wartete an der Grenzstation Morschheim (zwischen Alzey und Kirchheimbolanden) schon ungeduldig. Am 18. 7. 1874 konnte dann endlich mit Fertigstellung des Abschnitts Alzey–Marnheim der Verkehr aufgenommen werden,

Marnheim–Langmeil war bereits seit dem 31. 5. 1873 in Betrieb.

Noch eher, am 23. 10. 1872, war der Zugverkehr auf der ursprünglich nur als Nebenprodukt gedachten Strecke Marnheim–Monsheim, bei der die Grenze zwischen Hessen und der Pfalz (also Bayern) nahe dem Bahnhof Harxheim-Zell verläuft (betriebliche Grenze wurde natürlich Monsheim), aufgenommen worden. Damit war die Stadt Worms ein gutes Stück näher an Saar und Pfalz gerückt. Die Bayern hatten dazu am 16. 4. 1870 ihren Segen gegeben, die Hessen ihrer Ludwigsbahn schon am 4. 4. 1868. Kein Wunder also, daß die Vorwürfe, Bayern blockiere in und an der Pfalz alle Bauvorhaben, die die Position der Ludwigshafen-Bexbacher Bahn irgendwie schwächen könnten, nicht verstummen wollten.

Eines der für die Strecke Langmeil–Monsheim wichtigsten Ereignisse spielte sich bereits vor ihrer Fertigstellung ab: der deutsch-französische Krieg. Um eine neue leistungsfähige Aufmarschroute vom Rheintal an die Westgrenze des Reiches zu schaffen, wurde die Linie bis 1888 zweigleisig ausgebaut. Tatsächlich erlebte sie dann auch mit Beginn des I. Weltkriegs ihre »große Zeit«, dann kehrte wieder Ruhe ein. Denn nach der Verstaatlichung der Hessischen Ludwigsbahn zum 1. 4. 1897 waren die Verkehrsströme bereits zu Gunsten der Nahetalbahn und der Strecke Koblenz–Trier–Saarbrücken neu aufgeteilt worden, die Bayern konzentrierten sich auf ihre Ludwigsbahn Bexbach–Ludwigshafen sowie Zweibrükken–Germersheim.

Bis in die heutige Zeit ist Langmeil–Monsheim eine Hauptbahn geblieben, was ihrer Bedeutung jedoch schon lange nicht mehr entspricht; auch wenn hier das Eilzugpaar Worms–Kaiserslautern arg gestutzter Rest des einstigen »Paradezuges« Frankfurt–Pirmasens, die Distanz von 60 Kilometern in etwas weniger als einer Stunde bewältigte.

Neben den Eilzügen verkehrten zuletzt noch einige Nahverkehrszüge, am 23. 9. 1983 war dann das Ende gekommen. Auch im Güterverkehr sieht es heute trübe aus. Planmäßige Übergaben fahren nur noch zwischen Monsheim und Göllheim-Dreisen sowie bei Bedarf zwischen Langmeil und Börrstadt.

666 Monsheim–Grünstadt 10 km

Zu den vom »Rückzug aus der Fläche« besonders gezeichneten Bahnknotenpunkten gehört zweifellos auch das pfälzische Grünstadt. Statt wie ehedem in fünf Richtungen, kann man heute von hier aus per Schiene nur noch gen Bad Dürkheim reisen. Grünstadt ist zur Endstation geworden.

Dabei hatten den Direktoren der Pfälzischen Nordbahnen und der Hessischen Ludwigsbahn große Dinge vorgeschwebt, als sie sich bei ihren Regierungen um die Konzession für eine Strecke Monsheim–Grünstadt–Dürkheim bemühten – und diese 1868 aus Darmstadt bzw. 1870 aus München auch erhielten: Man wollte aus Mainz und Bingen über Alzey, Monsheim, Grünstadt und Dürkheim und von dort weiter über die Nordbahnen-Stammstrecke Dürkheim–Neu-

Blick aus dem Führerstand des Akkutriebwagens 515 526 auf die Strecke Richtung Grünstadt. An vielen Brücken kann man noch heute die zweigleisige Trassierung der Bahn durch die asymmetrische Lage des Gleises erkennen. Auch diese schlichte Sandstein-Brücke zwischen Bockenheim-Kindsheim und Albsheim stammt aus der Bauzeit der Bahn, ist also am Tag der Aufnahme (15. 5. 1984) über 111 Jahre alt.

Bockenheim-Kindsheim war der einzige nennenswerte Unterwegsbahnhof der Strecke: ein typischer pfälzischer Landbahnhof mit den obligatorischen Gebäuden des Landhandels im Hintergrund. Am Morgen des 15. 5. 1984 hat 515 526 mit einem Steuerwagen und einem weiteren 515 angehalten, um von hier nonstop nach Grünstadt weiterzufahren. Der Kilometerstein 33,7 hat seinen Nullpunkt im Bahnhof Neustadt (Weinstraße).

stadt eine Fernverbindung nach Straßburg und Basel schaffen. Aber die sich wegen des hügeligen Terrains als unvermeidlich erweisenden Windungen der Strecke, der Kopfbahnhof in Dürkheim und die zögerliche Behandlung der ganzen Angelegenheit durch Bayern ließen von Anfang an kein günstiges Licht auf die Sache scheinen. Zwar wurde die Bahn am 21. 3. 1873 bis Grünstadt und am 20. 7. 1873 bis Dürkheim eröffnet, aber große, gar internationale Bedeutung sollte sie nie erlangen.

In den folgenden Jahren entwickelte sich Grünstadt dennoch zum Ausgangspunkt mehrerer Zweigbahnen: 1876 wurde die insbesondere dem Erzabbau dienende Strecke nach Eisenberg eröffnet (erst 1932 bis Enkenbach an der Alsenzbahn verlängert), 1900 folgte der pfälzische Teil der Strecke nach Worms, deren hessische Hälfte damals schon 14 (!) Jahre in Betrieb war, und 1903 schließlich schloß sich die Stichbahn nach Altleiningen an.

Nachdem in den 60er und 70er Jahren auf diesen Zweigstrecken der Personenverkehr eingestellt worden war, folgte zum 2. 6. 1984 auch der Abschnitt Monsheim – Grünstadt der alten Hauptbahn. Seitdem also ist in Grünstadt für Reisezüge Endstation. Von Übergabezügen wird die Strecke noch planmäßig befahren, wobei es regelmäßig zu bedienende Bahnhöfe zwischen den beiden Stationen jedoch nicht mehr gibt. Außerdem wird sie (ebenso wie Langmeil–Monsheim) noch erforderlichenfalls zur Abfuhr von lademaßüberschreitenden Sendungen benötigt.

675 Wörth (Rhein)–Lauterbourg 11 km

Nachdem das frischgebackene Deutsche Reich sich als kostbarstes Gründungsgeschenk das Elsaß und Lothringen einverleibt hatte, beeilte sich die Maximiliansbahn – neben Nordbahnen und Ludwigsbahn die dritte pfälzische Privatbahngesellschaft – im Einvernehmen mit den elsaß-lothringischen Reichseisenbahnen, endlich eine neue Schnellverbindung von Ludwigshafen nach Straßburg auf die Beine zu stellen; langgehegte Pläne waren nun machbar geworden. Man baute von Germersheim (seit 1864 Endstation der Ludwigsbahnstrecke aus Speyer) über Wörth und Berg nach Lauterburg, ab hier übernahmen die Reichseisenbahnen die Sache.

1874 hatte Bayern die Konzession für Germersheim–Lauterburg erteilt, schon am 25. 7. des übernächsten Jahres wurde die Strecke eröffnet. Und sie hielt, was man sich so von ihr versprochen hatte. Zwar fuhren fast alle Schnellzüge der Relation Pfalz – Straßburg – Basel bis zur Jahrhundertwende weiterhin über die alte Grenzstation Weissenburg (seit 1855), dafür blieben Lauterburg die für die Bahnfinanzen weit wichtigeren Güterzüge. Als aber 1905/06 die Umgestaltung des Nadelöhrs Schifferstadt abgeschlossen und die ganze Strecke – als letzte pfälzische Hauptbahn – zweigleisig ausgebaut war, wurden die Karten neu verteilt: Die über die Alsenzbahn verkehrenden Schnellzüge behielten die Weissenburger Route bei, die über Ludwigshafen fahrenden nahmen Kurs auf Lauterburg. Nun erst recht entwickelte sich das legendäre Schnellzugrennen zwischen der

Der Einfahrt Wörth aus Richtung Lauterbourg sieht man noch heute die einstige Bedeutung dieser zweigleisigen Schnellzugstrecke an. Das zweite Streckengleis dient inzwischen als Ausziehgleis und besitzt ein Abdrücksignal. Mit 998 774 an der Spitze läuft die dreiteilige Garnitur am 15. 5. 1984 aus Berg kommend in Wörth ein.

798 673 hat Hagenbach erreicht und wird in wenigen Sekunden mit dem typischen knatternden Motorengeräusch in Richtung Berg weiterfahren. 15. 5. 1984.

Seit Einstellung des Eilzugs Straßburg–Ludwigshafen war Berg deutscher Endpunkt im Personenverkehr. Während 798 673 schon für die Rückfahrt nach Wörth vorbereitet ist, laufen gleich nebenan die letzten Minuten eines entscheidenden Fußballspiels. Ein ähnliches Bahnhofsgebäude besitzt auch der Bahnhof Neuburg.

Auf französischer Seite endet der Personenverkehr heute in Lauterbourg. Außer dem zusätzlichen o im Ortsnamen hat sich am Bahnhofsgebäude seit den Zeiten der Kaiserlichen Generaldirektion der Reichseisenbahnen Elsaß-Lothringens nicht allzuviel verändert. In Blickrichtung Berg steht eine Inox-Wendezug-Garnitur (inoxydable = nichtrostend) für den sogenannten Metralsace-Verkehr bereit. Als Zuglok dient am 7. 8. 1983 BB 67 515, die leistungsmäßig in etwa mit der deutschen 216-Familie vergleichbar ist.

badischen Hauptbahn Mannheim/Heidelberg–Basel auf der rechten Rheinseite sowie den Reichseisenbahnen und der Bayerischen Staatsbahn (mit dem Neujahrstag 1909 wurden die Pfalzbahnen verstaatlicht) auf der linken. Aber am 1. 8. 1914 endete dieser Wettlauf, nun bestimmten die Erfordernisse der Kriegsmaschinerie, was auf den Schienen geschah.

Der Krieg ging verloren, Elsaß-Lothringen auch. Die neugegründete Reichsbahn ließ ihre Schnellzüge nach Süden natürlich über die badische Seite laufen, der Übergang Lauterbourg sank zur lokalen Größe hinab. Französische Besatzung und deren Regiebetrieb taten ein übriges. Mit der Normalisierung des Verhältnisses zwischen Deutschland und Frankreich nach dem I. Weltkrieg entwickelte sich langsam wieder grenzüberschreitender Verkehr, voran im Gütertransport. Bei Ausbruch des Zweiten Weltkrieges aber wurde der Reisezugverkehr erneut unterbrochen und erst im Sommer 1945 wieder aufgenommen. Die Güterzüge rollten fast während der gesamten Kriegszeit weiter.

Auf der auf deutschem Territorium inzwischen eingleisigen Strecke konnte sich dann bis zum 11. Juli 1980 ein Eilzugpaar Straßburg–Wörth–Ludwigshafen halten, dessen Verkehrstage (Montag, Dienstag, Freitag und Samstag) auf den Urlaubs- und Wochenendverkehr der französischen Streitkräfte in Deutschland (besonders der Garnison Speyer) abgestimmt waren. Als aber für diesen »Kundenkreis« Sonderzüge eingesetzt wurden, wurde das Zugpaar wegen fehlender Nachfrage eingestellt.

Am 1. Juni 1984 wurde dann auch der geringe Nahverkehr zwischen Wörth und Berg, der letzten Station vor der Grenze, aufgegeben bzw. auf Busse umgestellt. Für internationale Güterzüge (auf der Relation Hausbergen–Mannheim Rbf) sowie für den Militärverkehr ist die Strecke weiterhin in Betrieb.

681 Landau (Pfalz)–Germersheim 21 km

Manchmal entwickelten aus strategischen Gründen forcierte Eisenbahnprojekte auch für den zivilen Verkehr ihre Vorteile. Neben dem »Kanonenbahn«-Abschnitt Koblenz–Metz ist auch Landau–Germersheim ein solcher Fall – besser: Die Strecke war ein solcher Fall. Denn nach einer langen, mit der Zerstörung der Germersheimer Rheinbrücke am Ende des II. Weltkrieges einsetzenden Leidensgeschichte wurde sie inzwischen zur Nebenbahn degradiert, nachdem ihr am 1. 6. 1984 die letzten, vornehmlich noch dem Schülerverkehr dienenden Reisezüge abhanden gekommen waren.

Doch zurück zu den Anfängen, die – wo sonst? – im Frankreichfeldzug zu finden sind. Um Germersheim unterhielt das bayerische Heer eine Festung, zum bayerischen Territorium gehörten damit auch einige Hektar auf dem rechten Rheinufer. Die Verbindung stellte eine Militär-Schiffbrücke her, die zur Beschleunigung der Truppentransporte durch eine feste Eisenbahnbrücke ersetzt werden sollte. Hochwasser und

Große weitgehend gleiche Empfangsgebäude gehörten zur Ausstattung der Strecke Landau-Germersheim. Wäre nicht der Ortsname Westheim, so hätte man Mühe, den Bahnhof nicht mit dem von Lustadt zu verwechseln. 15. 5. 1984.

Zeiskam besitzt den gleichen Gebäudetyp, allerdings wenigstens in anderer Lage am Gleis liegend und in anderer Farbe (ocker) gestrichen. Am 15. 5. 1984 verlassen die Zeiskamer Schüler, die in Landau zur Schule gehen, die Schienenbus-Garnitur mit 998 782 am Zugschluß. Wie bei vielen Schienenbussen ist auch bei ihm die rote Farbe zu einem fast rosa Ton ausgebleicht.

technische Probleme verzögerten aber die 1874 aufgenommenen Arbeiten, erst am 15. 5. 1877 rollte der Eröffnungszug über den Rhein. Zweieinhalb Jahre zuvor schon war auf badischer Seite die Anschlußstrecke nach Bruchsal fertig geworden, auf pfälzischer Seite hatte die Maximiliansbahn am 16. 5. 1872 Landau–Germersheim eröffnen können, die Bayern per Gesetz vom 17. 4. 1871 in Auftrag gegeben hatte. Manchmal ging es also auch recht flott . . .

Als 1875 von Landau aus auch die ersten Züge nach Zweibrücken und von dort weiter Richtung Saar rollen konnten, stand nicht nur eine weitere (seit 1888 zweigleisig ausgebaute) Aufmarschroute zur Verfügung. Vielmehr mauserte sich Zweibrücken–Germersheim–Bruchsal zu einer wichtigen Abfuhrstrecke der Saarkohlen nach Baden und besonders nach Württemberg. Und auch der Reiseverkehr entwickelte sich lebhaft.

Aber die sinnlose Sprengung der Rheinbrücke am 24. 3. 1945 machte alles zunichte. Erst gut ein Vierteljahrhundert später entstand eine neue Brücke, die Verkehrsströme hatten sich allerdings längst verlagert, die Kohle ihren Opfergang angetreten. Den Nahverkehr zwischen Germersheim und Bruchsal hat die DB in den letzten Jahren erfreulicherweise merklich belebt, dem dürftigen Personenverkehr durch das weite und hier recht dünn besiedelte Rheintal nach Landau konnte das aber auch kein neues Leben mehr einhauchen. Die Strecke Landau–Germersheim wird planmäßig heute nur noch von Übergabezügen befahren, einmal täglich (werktags außer samstags), und dient (ebenso wie die Strecken 682 und 683) besonders dem Transport landwirtschaftlicher Produkte bzw. Düngemitteln und dem Militärtransport. Eine Stillegung ist – wie auch bei den beiden anderen eben genannten Strecken – in absehbarer Zeit nicht vorgesehen.

682 Landau (Pfalz)–Herxheim (bei Landau) 11 km

Nachdem uns bis jetzt lauter pfälzische Eisenbahnen begegnet sind, denen ihre Väter die größten Erwartungen mit in die Wiege gelegt hatten, kommt nun eine »ganz normale Nebenbahn«. Herxheim war stets Endstation der am 1. Dezember 1898 von der Maximiliansbahn eröffneten Lokalbahnstrecke aus Landau, und Herxheim ist es auch heute. Allerdings nur noch im Güterverkehr. Am 24. September 1983 fuhren die letzten Nahverkehrszüge, seitdem sind die vom sogenannten Individualverkehr ausgeschlossenen Zeitgenossen auf den Bus angewiesen. Da sich die Bahnsteige in Herxheim, Offenbach und Mörlheim nicht gerade durch »Citynähe« auszeichneten, wird wohl mancher Fahrgast den Ersatz der Züge durch Busse begrüßt haben.

Das Wort von der »ganz normalen Nebenbahn« muß jetzt doch etwas zurückgenommen werden. Denn, so schreibt Heinz Sturm, Herxheim wies zeitweise den höchsten Güterumschlag aller vergleichbaren Bahnhöfe in Bayern auf. Angesichts dieser erfreulichen Entwicklung im Güterverkehr wird der alte Handelsplatz Herxheim vermutlich recht froh gewesen sein, daß es nicht zum zeit-

Ankunft des 798 545 am 3. 8. 1981 im Bahnhof Herxheim. Ein typischer Bau der Maximiliansbahn ist das relativ schmucklose Sandstein-Empfangsgebäude. Der Triebwagen besitzt vier große Außenspiegel für den Einmann-Betrieb. Ein wichtiges, bisher nicht erwähntes Requisit vieler Bahnhöfe sind die hinter der jungen Dame erkennbaren Fahrradständer, häufig wie hier mit Wellblech überdacht.

998 784 (links), 998 298 und 798 545 fahren bei glühender Hitze durch die weitläufigen Felder und Hügel nordwestlich von Herxheim. Der Mittagszug nach Landau ist am 3. 8. 1981 – soweit erkennbar – höchstens von zwei bis drei Reisenden besetzt. Der Zugführer steht neben dem Triebwagenführer im Steuerwagen. Natürlich sind bei der Hitze fast alle Türen des Zuges geöffnet.

weise favorisierten Bau einer (elektrischen) straßenbahnähnlichen Kleinbahn, wie sie sich in der Pfalz stets großer Beliebtheit erfreute, gekommen ist, sondern doch zu einer »richtigen« Eisenbahn. Andererseits: wäre die »Elektrische« gebaut worden, wer weiß, vielleicht könnte man dann heute immer noch per Schiene nach Herxheim reisen. Aber das ist nun wirklich Spekulation.

683 Bad Bergzabern–Winden (Pfalz) 10 km

Vom Bahnhof Winden an der Maximilians-Stammlinie Weissenburg–Landau–Neustadt nach Bergzabern führte eine weitere Stichstrecke dieser Privatgesellschaft. Auch wenn es zur Zeit ihrer Eröffnung (13. April 1870) die Unterscheidung nach Haupt- und Nebenbahnen noch nicht gab, darf sie als erste Nebenstrecke der »Maxbahnen« gelten. Ihr folgten nur noch die Lokalbahnen Landau–Herxheim und Rohrbach–Klingenmünster (eröffnet 1892), allerdings zu einem weit späteren Zeitpunkt.

Ohne technische Probleme konnte – dem Erlenbach folgend – der Bau geradewegs bis vor die Tore der ehemals herzoglichen Residenz Bergza-

Den sehr dichten Schienenbus-Pendelverkehr ergänzte ein mittägliches Eilzugpaar von und nach Karlsruhe, das hier am 3. 8. 1981 mit 211 253 bei Barbelroth zu sehen ist. Die zwei Silberlinge (einer davon mit 1.-Klasse-Abteilen) sind nur sehr schwach besetzt.

Bad Bergzabern mit seinem mächtigen Sandstein-Empfangsgebäude der Maximiliansbahn sah noch im letzten Fahrplan (Sommer 1981) werktäglich 28 Züge, davon viele sogar täglich verkehrend. Am 3. 8. 1981 hat 798 509 seine neunte Fahrt zwei Minuten hinter sich und bereitet sich auf die zehnte vor, die in 19 Minuten wieder nach Winden zurückführt. (Siehe auch Farbteil S. 154)

bern vorangetrieben werden, dort legen sich dann die Berge des Wasgaus wie ein Riegel vor weitergehende Pläne.

Allerdings, es gab diese Pläne doch. Winden war nämlich seit 1864 auch Ausgangspunkt der Strecke nach Maxau, wo über die erst 1938 durch eine feste Brücke ersetzte Eisenbahn-Schiffsbrücke Anschluß an Karlsruhe und damit an das badische Staatsbahnnetz bestand. Als Bayern und Baden über den Bau der Germersheimer Brücke verhandelten, verlangte Baden als Gegenleistung für die Konzessionierung der Strecke Germersheim–Bruchsal eine Verbindung Bergzaberns mit Pirmasens. Hier sollten dann Kohlenzüge gen Karlsruhe und Pforzheim rollen und dieser Strecke eine Entschädigung für die durch die Germersheimer Bahn zu erwartenden Verkehrseinbußen bieten.

Es blieb jedoch bei der Forderung, die Winden–Bergzaberner Bahn wurde nie verlängert. Nur selten dürfte sich heute noch ein mit Kohle beladener Wagen in den Übergabezügen, die inzwischen allein das Bild prägen, finden. Planmäßiger Reisezugverkehr besteht schon lange nicht mehr. Obwohl dieser zuletzt einen überaus dichten Fahrplan aufzuweisen hatte (darunter auch ein Saison-Eilzugpaar von bzw. nach Karlsruhe), wurde er abrupt am 26. September 1981 eingestellt.

705 Wiesloch-Walldorf–Waldangelloch 16 km

Hier und im übernächsten Kapitel (Strecke Haltingen–Kandern) haben wir es mit zwei Bahnen der Südwestdeutschen Eisenbahnen AG (SWEG) zu tun. Es lohnt sich, kurz auf die Geschichte dieser SWEG einzugehen. Zusammen mit der Mittelbadischen Eisenbahnen AG (MEG) bildet die SWEG seit 1971 die Südwestdeutsche Eisenbahnen AG, in der damit fast alle Bahnen erfaßt sind, die sich im Eigentum des Landes Baden-Württemberg befinden. Die SWEG war als Auffanggesellschaft der Deutschen Eisenbahn-Betriebs-Gesellschaft (DEBG; siehe auch KBS 261) von Baden-Württemberg gegründet worden und übernahm am 1. Mai 1963 zehn vor Verkauf oder Stilllegung stehende DEBG-Betriebe im »Musterländle«. Die DEBG, die erst 1968 ganz aus dem Eisenbahngeschäft verschwand, war 1898 in Berlin gegründet worden, übernahm zunächst einige von der Firma Vering & Wächter bereits fertiggestellte oder in Vorbereitung befindliche Strecken (darunter Haltingen–Kandern), griff selbst verschiedene Projekte auf und schluckte schließlich 1931 auch die zusammengebrochene Badische Lokal-Eisenbahn AG (BLEAG), eine zum Kleinbahnimperium von Lenz & Co. gehörende Betriebsführungsgesellschaft. In Obhut dieser BLEAG befand sich auch die Nebenbahn Wiesloch-Walldorf–Waldangelloch, womit wir endlich wieder am Ausgangspunkt wären.

Hintergrund dieser Strecke war die Tatsache,

Betriebsmittelpunkt der Strecke war Wiesloch Stadt. Im Vordergrund sind zwei der für die SWEG typischen Beiwagen, die z. T. auf alten Untergestellen aufgebaut wurden, abgestellt. In der Mitte ein ›Eßlinger‹ (VT 103), der 1951 an die DEBG geliefert wurde, und der auf Ausfahrt nach Waldangelloch wartet.

Ähnliche Bahnhofsgebäude wie in Eichtersheim fanden sich an der ganzen Strecke, so auch im Endbahnhof Waldangelloch. Klassisch das ›Gesicht‹ des Eßlingers VT 103 in der Ursprungsausführung mit drei Stirnfenstern und großen Lampen. Nur die dritte Stirnlampe war bei der Lieferung nicht vorhanden. Die Lackierspuren weisen auf ungewollte Kontakte mit dem Straßenverkehr hin; ein bei Nebenbahnen durch viele ungesicherte Übergänge häufiges Phänomen.

VT 103 hat in Michelfeld angehalten. Eine Reisende räumt ihr Gepäck aus dem Wagen; der Zugführer schaut ihr dabei zu, um dann mit dem Schlüssel die Blinklichtanlage über die Straße im Vordergrund einzuschalten. Interessant das kleine Blinklichtüberwachungssignal, das dem Triebwagenführer anzeigt, ob die Straße durch das rote Blinklicht gesperrt wird.

daß die Stadt Wiesloch von der 1843 eröffneten Hauptbahn Heidelberg–Karlsruhe nicht berührt wurde; ebenso wie auf der anderen Seite Walldorf. Seit 1866 hatte sich Wiesloch mit einer Pferdebahn beholfen, die natürlich besonders dem Güterverkehr nicht gerecht werden konnte. Wiesloch und Umgebung erarbeiteten deshalb mit Lenz & Co. Pläne für eine Kleinbahn, die auch gleich das Hinterland miterschließen sollte. Es wurden zwei Strecken daraus: vom Staatsbahnhof Wiesloch-Walldorf nach Wiesloch Stadt und von dort weiter nach Meckesheim (eröffnet am 14. Mai 1901) und von Wiesloch Stadt nach Waldangelloch (16. Oktober 1901). Vom Staatsbahnhof bis Wiesloch Heilanstalt (am Meckesheimer Zweig) war die Bahn sogar gleich elektrifiziert worden.

Aber die großen Hoffnungen erfüllten sich nicht. Im Hinterland war das Verkehrsaufkommen so schwach, daß schon 1922 das Teilstück Schatthausen–Meckesheim stillgelegt wurde. 1967 und 1975 wurde dann der Gesamtverkehr auf der Meckesheimer Strecke eingestellt. Der elektrische Betrieb war schon 1955 aufgegeben worden, 1960 endete der erst 1949 eingeführte direkte Verkehr von Wiesloch Stadt nach Heidelberg, weil die Kleinbahnfahrzeuge auf der nun elektrifizierten badischen Hauptbahn doch nur störten.

Das Ende der Waldangellocher Strecke kam am 31. Mai 1980. Die wenigen Reisezüge fuhren zum letztenmal, bis Wiesloch Stadt wurde auch der Güterverkehr eingestellt. Anlaß der Stillegung waren der Bau einer Umgehungsstraße und ein geplantes Rückhaltebecken. Der Erhalt der schwach frequentierten Strecke hätte dieses Projekt nur verteuert. Geblieben ist heute die drei Kilometer lange und mit DB-Loks bediente Verbindung zwischen Stadt und Staatsbahnhof, die noch regelmäßigen Güterverkehr aufzuweisen hat. Dazu besteht Richtung Meckesheim noch Anschluß an eine Wellpappefabrik.

Waldangelloch erhielt als Endbahnhof einen kleinen einständigen Lokschuppen, aus dessen Dampflokzeit sich auch noch der Wasserkran im Vordergrund erhalten hat. Aus der Triebwagenzeit dagegen stammen wahrscheinlich die abgeschrägten Ecken der Schuppentore. Da die ›Eßlinger‹ mit 23,53 Meter Länge nicht ganz in den Schuppen paßten, konnte man so den ›Durchzug‹ verringern. VT 103 hat die Rückfahrt nach Wiesloch angetreten. Alle Aufnahmen 20. 5. 1980.

726 Müllheim (Baden)–Chalampé 4 km

Die Geschichte der Bahnlinie Müllheim–Mulhouse ist eng verknüpft mit der Geschichte der Rheinbrücke bei Neuenburg. Wer allerdings heute auf dieser seit 1982 durchgehend elektrifizierten Bahnlinie mit einem planmäßigen Reisezug den Rhein überqueren will, wird enttäuscht: Seit am 31. Mai 1980 die letzten SNCF-Nahverkehrstriebwagen über die Grenze bei Neuenburg die Stadt Müllheim ansteuerten, ist wieder der Weg über Basel oder Kehl vonnöten.

Das war einmal ganz anders. Nachdem das Deutsche Reich 1871 seine südwestliche Grenze kurzerhand hinter die Vogesen verschoben hatte, entstanden zwischen Kehl und der Schweiz gleich drei neue Bahnstrecken über den Rhein: Breisach–Colmar, Weil–St. Ludwig (St. Louis) und Müllheim–Mülhausen. Besonders die Brücke bei Weil, nur einige Kilometer nördlich von Basel, macht deutlich, worum es vornehmlich dabei ging: Sie ist im Zusammenhang mit der strategischen Bahn Immendingen–Waldshut, der »Sauschwänzlebahn«, zu sehen, die ja nur den Zweck hatte, schnell und ohne Rücksicht auf schweizerische Interessen Truppen an die Westgrenze verlagern zu können. Der strategische Faktor spielte auch in Müllheim und Breisach wahrlich nicht die letzte Rolle, wenn auch die örtlichen Transportbedürfnisse, also der allzeit recht rege Verkehr zwischen Baden und dem Elsaß, natürlich spürbar von den Strecken profitierten. Als Elsaß-Lothringen nach 1918 wieder heim ins Frankenreich gekehrt war, spielte das alles keine Rolle mehr. Die Brücke bei Weil wurde kurz vor Ausbruch des zweiten Weltkrieges abgebaut, die – zuvor kaum noch benutzte – Breisacher Brücke bei Kriegsausbruch 1939 von französischen Pionieren gesprengt, wieder aufgebaut und 1945 erneut und endgültig gesprengt, diesmal von deutschen Soldaten.

Nur der Neuenburger Rheinübergang, der erst-

Kurz vor der Einfahrt in den Bahnhof Neuenburg schleppt am 26. 6. 1978 die SNCF-Lok BB 63 129 den E 3688 über eine Brücke. Die dieselelektrischen Maschinen der Reihe BB 63 000 sind in Frankreich mit über 1000 Maschinen so etwas wie bei uns die V 100. Mit Motorleistungen zwischen 480 und 610 PS leisten sie allerdings bei 5–6 t höherer Dienstmasse nur etwa die Hälfte.

Chalampé war seit 1980 Endpunkt des französischen Streckenteils. Der Haltepunkt direkt vor der wuchtigen Brücke des Rhein-Rhône-Kanals wurde am 22. 9. 1986 – wenige Monate vor der Stillegung – vom Steuerwagen XR 8393 angefahren. Rechts ist die Vorsignalbake für das deutsche Einfahrsignal zu sehen.

Auf der östlichen, deutschen Seite der Rheinbrücke Neuenburg fährt am 29. 3. 1980 ein Doppeltriebwagen der SNCF, bestehend aus dem Triebwagen X 4447 (links) und einem Steuerwagen der Reihe XR 8300. Derartige Doppeltriebwagen, von denen die SNCF über 450 Stück besitzt, haben der DB immer gefehlt. Erst Ende 1986 wurden nach zwölfjähriger Prototypenerprobung die ersten von 150 Zügen der Reihe $628^2/928^2$ angeliefert. Direkt hinter der Eisenbahnbrücke liegen auf den gleichen Pfeilern auch die Überbauten für eine Straße.

Ein stilreines Bahnhofsgebäude der 50er Jahre besitzt Neuenburg. Die gemustert gefliesten Wände, Fußböden und Decken, Uhr, Glastüren mit schräger Griffstange, Verkleidung unter den Schalterfenstern und nicht zuletzt der Papierkorb mit unterschiedlich großen Löchern repräsentieren eine Zeitepoche, die in den letzten Jahren zunehmend Renovierungen – am wenigsten aber noch bei den Bahnhöfen dieser Zeit – zum Opfer gefallen ist. Welche Probleme die in dieser Zeit beliebten Flachdächer aufweisen, kann man oben links an der Decke erkennen. 22. 9. 1986.

Triebwagen spielten zwischen Neuenburg und Müllheim stets eine große Rolle: Dampftriebwagen, alte Akkutriebwagen, der bekannte ET 85 (485) und moderne Dieseltriebwagen der SNCF befuhren diese Gleise, die am 22. 9. 1986 nur noch dem Güterverkehr dienen. Aber auch auf den muß die junge Radfahrerin sorgfältig achtgeben. Blickrichtung Osten nach Müllheim und auf die Weinberge an den Abhängen des Schwarzwaldes.

mals am 6. Februar 1878 einen planmäßigen Zug trug, überlebte bis heute. Erstaunlicherweise, denn er mußte ebenfalls so einiges über sich ergehen lassen: Die seit 1906 mit einem zweiten Gleis ausgestattete Brücke wurde 1918 wieder auf ein Gleis zurückgebaut und anschließend gesperrt, 1921 wieder für den Gesamtverkehr geöffnet, 1939 von Franzosen gesprengt, wieder aufgebaut, von Deutschen gesprengt. Daß sie dann doch noch einmal zu neuem Leben erweckt wurde, lag in erster Linie daran, daß Frankreich die Versorgung seiner Besatzungstruppen sichern wollte. Die Brücke wurde nach Plänen der SNCF provisorisch wieder aufgebaut, das Gleis dabei um 7,5 Meter flußabwärts verschoben. Besonders kritischer Punkt war der Einbau von Teilen der gesprengten Breisacher Brücke. Dieses Vorhaben gelang und seit Juni 1946 ist der Neuenburger Rheinübergang wieder befahrbar. 1961 hat sich dann alles insofern noch einmal »verschoben«, als das Eisenbahngleis wieder flußaufwärts zurückverlegt und daneben eine Straße erstellt wurde.

Die Straße dürfte nicht unwesentlich zum Ende des Reiseverkehrs beigetragen haben, der zwar für Fernzüge nie Bedeutung hatte, aber sich als regionale Verbindung ganz gut eignete.

In den 70er Jahren wurde dieses Angebot drastisch reduziert. Als die SNCF ankündigte, ihren Teil bis Mulhouse im Reiseverkehr aufzugeben, verlagerte die DB auch den Restverkehr auf die Straße und stufte die Strecke zur Nebenbahn ab. Wenige Wochen später nahmen die französischen Staatsbahnen den Verkehr bis Chalampé am Rhein wieder auf, die DB aber blieb standhaft. Ende 1986 stellten dann auch die Franzosen den Reisezugverkehr – endgültig? – ein.

731 Haltingen–Kandern 13 km

Während in Wiesloch der Abschied von der Eisenbahnstrecke mit Dampfsonderfahrten gefeiert wurde, dafür aber endgültig war, hatte sich auf der Kandertalbahn am Fuße des Südschwarzwaldes bereits seit 1970 ein lebhafter Dampf-Sonderverkehr einer Vereinigung von Eisenbahnfreunden entwickelt: Der Bahnhof Kandern der SWEG war zum Heimatbahnhof der »Eurovapor« geworden. Am 4. Juli 1983 machte ein Dammrutsch nahe Kandern dem Museums- wie dem normalen Betrieb ein Ende. Der gesamte Reiseverkehr wurde sofort eingestellt, der minimale Güterverkehr bis Wollbach zurückgenommen. Zwar lagen auf ganzer Streckenlänge noch die Gleise, aber da die SWEG an die Wiederaufnahme des regulären Betriebes nicht dachte, schien die Demontage nur eine Frage der Zeit.

Das »Wunder« stellte sich aber doch ein. Dem »Zweckverband Museumsbahn Kandertal« mit der Eurovapor als treibender Kraft gelang es, die Strecke wieder in Betrieb zu nehmen. Heute fahren hier wieder – im Kursbuch weiterhin unter der Nummer 731 – Museumszüge.

Sieht man vom plötzlichen Ende des Regelbetriebs und den Museumszügen ab, ähnelt die Geschichte der Nebenbahn durchs Kandertal doch sehr der Strecke 705. Eine aufstrebende Kleinstadt, in diesem Falle Kandern, brauchte An-

V 34.01, eine Krauss-Maffei ML 440 C aus dem Jahre 1955, zieht im August 1977 einen langen Zug aus Güterwagen, Museumspersonenwagen und einem ›Eßlinger‹ durch Binzen. Ihre Schwesterlok V 34.02 haben wir bereits auf der Strecke 261 kennengelernt; auch dies ein Zeichen früherer Verwandtschaftsverhältnisse im deutschen Kleinbahnwesen.

Wer zieht wen? Der Eßlinger den kleinen Beiwagen? Falsch! Der kleine Wagen ist der VT 1 der SWEG, der 1935 bei Wumag entstanden ist und der bei der DEBG u. a. auch auf der Strecke 261 gelaufen ist. Der Eßlinger dagegen ist der VS 225, ein ehemaliger AKN-Steuerwagen, der nie einen Antrieb besessen hat. Bei seiner Reklame hat man sich – Parität auch beim Schnaps (s. S. 154) – der Firma Doornkaat verschrieben. Aufnahmen vom 29. 12.1975 bei Rümmingen.

Noch einmal die V 34.01 mit einem gemischten Zug am 5. 7. 1977 im Bahnhof Wollbach. Den Güterzugteil repräsentiert ein Rundschieber-Seitenentladewagen mit Schwenkdach, den Personenzugteil der Eßlinger-Steuerwagen VS 225. Wenig Sinn für Harmonie zeigen die verschiedenen Fenstergrößen nach dem Umbau im Erdgeschoß des Bahnhofsgebäudes. (Siehe auch Farbteil S. 154)

schluß an die Hauptbahn und hatte sich deshalb mit einem der Kleinbahn-Unternehmen zusammengesetzt, Vering & Wächter aus Berlin. 1899 ging die am 1. Mai 1895 eröffnete Bahn an die DEBG über (1963 an die SWEG). Auch zwischen Haltingen und Kandern wurde das Verkehrsaufkommen mit zunehmender Konkurrenz der Straße immer unbefriedigender, die DEBG ließ nun die Strecke langsam verwahrlosen und arbeitete auf die Stillegung hin. Erst nach massiven Protesten aus der Öffentlichkeit rappelte man sich noch einmal dazu auf, das Angebot zu verbessern. 1958 wurden sogar durchgehende Reisezüge zum Badischen Bahnhof in Basel eingeführt.

All das bedeutete aber nur einen Aufschub, in den 70er Jahren und besonders ab 1980 ging es immer steiler bergab. Lediglich der Schülerverkehr und eine Handvoll Unternehmen in Kandern sorgten noch für einige Fahrgäste und etwas Fracht. So wird denn der SWEG der fortgespülte Bahndamm – ebenso wie der DB bei der Strecke 516 – nicht allzu ungelegen gekommen sein.

738 Stahringen–Stockach 10 km

Nicht gerade selten war in diesem Buch bis jetzt von »Erwerbungen« zu lesen, die Preußen nach seinen Feldzügen auf der Habenseite verbuchen konnte. Gelegentlich mehrte das expansionsfreudige Königreich sein Staatsgebiet jedoch auf friedliche Weise. So 1850, als das Berliner Herrscherhaus gegen eine angemessene Jahresrente vom bis dato regierenden Fürsten Karl Anton seine Hohenzollernschen Stammlande in Schwaben erwarb. Von Eyach über Hechingen bis Sigmaringen legte sich plötzlich norddeutsches Hoheitsgebiet quer vor die Grenzregion zwischen Württemberg und Baden.

Das blieb natürlich nicht ohne Einfluß auf die Entwicklung des Eisenbahnwesens in diesem Raum. Bei verschiedenen von Stuttgart und Karlsruhe betriebenen Projekten nutzte Preußen nun die geographischen und politischen Tatsachen, um möglichst auf Kosten der Nachbarn die neuen alten Stammlande mit Eisenbahnen auszustatten. Eine dieser Bahnen war die von Baden gewünschte Strecke von Radolfzell am Bodensee über Stahringen Richtung Ulm, von der sich das Großherzogtum nicht wenig für den Fernverkehr versprach, zumal auch noch ab Schwackenreute eine Zweiglinie über Pfullendorf Richtung Aulendorf vorgesehen war. Dem badischen Wunsch, die Ulmer Route in Mengen auf die württembergischen Gleise münden zu lassen, kam Preußen nur unter der Bedingung nach, von der Mengen–Stahringer-Bahn auch eine Zweigstrecke nach Sigmaringen zu bauen.

Allen »Bauchschmerzen« zum Trotz: Die Strecken wurden gebaut, auch das seltsame Dreieck Sigmaringen–Mengen–Krauchenwies. Und gespart wurde dabei auch nicht, einige Bahnhöfe wie Krauchenwies wurden so opulent hergerichtet, daß dort, wie noch 1910 im badischen Landtag moniert wurde, »Regimentsexerzieren abgehalten werden könnte«.

Dies hat vermutlich nie stattgefunden-großer Eisenbahnverkehr allerdings auch nicht. Schon 1879 wurde die in mehreren Etappen bis 1873 hergestellte Verbindung (Radolfzell–Stockach 3. Februar 1870) auf Nebenbahnbetrieb zurückgestuft und diente fortan – nachdem in den ersten beiden Betriebsjahren sogar ein Schnellzugpaar Radolfzell–Mengen (–Ulm) kursierte – dem Personen-

Wahlwies, eine badische Landstation, am 19. 4. 1979. Heute, neun Jahre später, hat Wahlwies Autobahnanschluß (Stockach West) und die Berufstätigen können im öffentlichen Nahverkehr allenfalls den Bus benutzen. Damals lief auf der Strecke noch der einmotorige Schienenbus der Baureihe 795.

Ein schöner, klar gegliederter Bau findet sich auf der Endstation Stockach. 798 796, von MAN 1961 gebaut, hat am 4. 8. 1977 sein Ziel erreicht und wartet auf die Rückkehr nach Radolfzell. Etliche Radfahrer haben den Zug verlassen, um von hier – fast ohne Treten – zum Bodensee herunterzufahren. Bemerkenswert sind der Blumenschmuck und die Fußgängerbrücke über die umfangreichen Gleisanlagen.

nahverkehr, der örtlichen Landwirtschaft und dem in dieser Region recht rührigen Metallgewerbe.

Hundert Jahre später waren im Dreieck Krauchenwies–Mengen–Sigmaringen die Schienen wieder verschwunden, ebenso von Schwackenreute bis Pfullendorf. Von Stahringen, wo seit 1895 die Strecke in Richtung Friedrichshafen abzweigt, fuhren die Personenzüge seit 1972 nur noch bis Stockach. Am 25. September 1982 war auch dort das Ende gekommen.

Wenig später wurde in Krauchenwies, dem damaligen Endpunkt der Strecke, ein Industrieanschluß in Betrieb genommen, der schlagartig für ein beachtliches Güteraufkommen sorgte. Da die Abfuhr über Stahringen aber zu umständlich war, nahm die DB im Herbst 1986 auf der alten Trasse ein neues Gleis von Krauchenwies zum rund zehn Kilometer entfernten Mengen in Betrieb.

Damit war vom recht stolzen Güterverkehr über Stahringen und Stockach auch nicht mehr viel übrig geblieben, und mit der Gesamtstillegung darf gerechnet werden.

753 Laupheim West–Laupheim 2 km

Beim Kampf um die erste deutsche Eisenbahn zum Bodensee schickte das Königreich Württemberg die Strecke Ulm–Friedrichshafen ins Rennen. 1850 war der Anschluß des Bodensees, dem damals die entscheidende Rolle im Handelsverkehr zwischen den deutschen Staaten einerseits und der Schweiz bzw. Italien andererseits beigemessen wurde, an Ulm und damit an das übrige Eisenbahnnetz perfekt. Deutlich hatte also Württemberg vor Bayern und Baden ein Hauptzielgebiet des Eisenbahnbaus erreicht.

Um Baukosten und -zeit möglichst knapp bemessen zu können, wurde die Südbahn im Rißtal zwischen Biberach und Erbach/Donau schnurge-

In seltenen Fällen zweigen (meist später gebaute) Nebenbahnen von Hauptbahnen nicht hinter, sondern vor einem bestehenden Empfangsgebäude der Hauptbahn ab, so daß die Nebenbahn-Bahnsteige abseits der Hauptbahn zu liegen kommen. Laupheim West war solch ein Fall. 211 215 hat den frühmorgendlichen Zug – bestehend aus einem Silberling – aus Laupheim gebracht und wird in wenigen Minuten die Fahrt auf der Hauptstrecke nach Ulm fortsetzen. Im Hintergrund das an dieser Linie errichtete Empfangsgebäude Laupheim West, das natürlich vor dem Bau der Nebenbahn schlicht mit Laupheim beschildert war. 18. 6. 1982.

radeaus verlegt, rund 1,5 Kilometer vor den Toren der alten Stadt Laupheim vorbei. Erst die um die Jahrhundertwende immer energischer hervortretenden Bemühungen, auch den ländlichen Bereich durch Schienenstränge zu erschließen, brachten Laupheim einen kernnahen Bahnhof. Von Laupheim West, dem ehemaligen Hauptbahnhof an der Südbahn, über Laupheim Stadt und dann durchs Tal der Roth bis Schwendi wurde von der Staatsbahn eine einfach trassierte Nebenstrecke errichtet, die am 17. Mai 1904 in Betrieb genommen werden konnte.

So wenig spektakulär wie die Entstehung ist das weitere Schicksal der Bahn. Nach Umstellung auf Busbedienung wurde zunächst im Mai 1971 der 14 km lange Abschnitt Laupheim Stadt–Schwendi für Personenzüge außer Betrieb gesetzt, mit Ablauf des Sommerfahrplans 1984 auch für Güterzüge. In den 70er Jahren wurde dann auch zwischen Laupheim West und Stadtbahnhof der Zugfahrplan immer weiter abgespeckt. Schließlich blieb nur noch ein morgendlicher Zug übrig, der vom Stadtbahnhof über den Westbahnhof nach Ulm fuhr. Zum letzten Mal am 27. Mai 1983. Für den relativ regen Güterverkehr ist die Strecke zum Stadtbahnhof weiterhin in Betrieb.

761 Kirchheim (Teck) Süd–Weilheim (Teck) 8 km

Wenn es überhaupt etwas Außergewöhnliches über diese knapp acht Kilometer lange, größtenteils problemlos in der Geraden trassierte Strecke zu berichten gibt, so ist es vielleicht folgendes »Randgeschehen«: Sie stößt in Kirchheim Süd auf die Nebenbahn von Unterboihingen (heute Wendlingen) im Neckartal nach Oberlenningen. Diese trägt ebenfalls die Kursbuchnummer 761 und deren nördlicher Abschnitt Unterboihingen–Kirchheim Vorstadt wurde 1864 von der Kirchheimer Eisenbahn-Gesellschaft als erster Privatbahn Württembergs in Betrieb genommen. 1899 wurde diese im selben Jahr in Staatseigentum übergegangene Strecke bis Oberlenningen verlängert. Die Königlich Württembergischen Staatseisenbahnen bauten dann schließlich auch die am 15. September 1908 eröffnete Nebenbahn von Kirchheim Süd nach Weilheim, mit der der Eisenbahnbau »auf und unter Teck« seinen Abschluß fand. Zwar gab es später noch einmal lokale Bestrebungen, Weilheim über die nur wenige Kilometer entfernt in Boll endende, 1926 fertiggestellte Strecke mit Göppingen zu verbinden, aber daraus wurde nichts mehr. Die Eisenbahnzeit war längst vorbei, außerdem lag der Aichelberg im Wege. Weilheim blieb Endstation.

Das dichte Straßennetz im zersiedelten Zentralwürttemberg wird darüber sicherlich so manchen Zeitgenossen ebenso hinweggetröstet haben wie über die Einstellung des Personenverkehrs am 25. September 1982, der ausschließlich auf Schul- und Arbeitszeiten abgestimmt war. Seitdem wird

Vergleicht man die Bahnhofsbauten in Württemberg nach der Jahrhundertwende mit den früheren (siehe folgende Abschnitte), so fallen u. a. die aufwendigen Dachformen mit ihren Ausbauten auf. Der typische Güterschuppen könnte hingegen in ähnlicher Form auch schon um 1890 entstanden sein. 212 040 hat am 16. 9. 1982 den Zug nach Weilheim gebracht und muß für die Rückfahrt nur noch die Zugschlußlampen löschen. Rechts am Güterschuppen eine der ›neumodischen‹ Streugutkisten in orange und hellgrün, die auf manchen Bildern in diesem Buch zu entdecken sind.

Die reichlich ungepflegte 212 042 schiebt bei Weilheim am 13. 5. 1980 ihren Zug durch einen Einschnitt. 21 Monate später war endlich eine Neulackierung fällig, diesmal allerdings in Türkis.

die Strecke nur noch von Übergabezügen planmäßig befahren. Zwischen Holzmaden und Weilheim ist die Nutzung aber sehr schwach, und da die Stadt Weilheim die Trasse für ihre städtebaulichen Vorhaben »überplant« hat, dürfte die baldige Stillegung auf diesem Abschnitt – nicht aber auf dem anderen – bevorstehen.

763 Reutlingen Hbf–Honau (Württemberg) 11 km

Den Namen Honau verbinden Eisenbahnfreunde natürlich zunächst mit der Zahnradstrecke hinauf nach Lichtenstein, der mit Abstand steilsten Eisenbahnstrecke Südwestdeutschlands überhaupt, für die die stärksten deutschen Zahnrad-Dampfloks und schließlich die einzigen Zahnradtriebwagen der Bundesbahn gebaut worden waren. Der gut zwei Kilometer lange Zahnradabschnitt war aber nur ein kleiner – wenn natürlich auch der spektakulärste – Teil der insgesamt 58 Kilometer langen staatlichen württembergischen Nebenbahn von Reutlingen nach Schelklingen, die in mehreren Abschnitten bis 1901 fertiggestellt werden konnte. Den Anfang hatte dabei der noch relativ problemlos im Echaztal zu verwirklichende Abschnitt Reutlingen–Honau gemacht, am 2. Juni 1892 konnte er eröffnet werden. Wenigstens im Personenverkehr hat er auch alle anderen

Ein auch nach der Stillegung der Zahnradstrecke in Honau typisches Fahrzeug waren die ehemaligen Zahnradschienenbusse der Reihe 797. Am 13. 5. 1980 ist es 797 503, der in Honau wendet. Er begann nach seiner Abnahme am 24. 5. 1962 hier seinen Dienst als VT 97 903 (später 797 903) und konnte auch noch sein 25jähriges Dienstjubiläum beim Bw Tübingen feiern. Inzwischen sind die meisten seiner ehemaligen Stammstrecken längst stillgelegt.

Pfullingen Süd zeigt eine kleinere Variante des württembergischen ›Bretterstils‹ im Empfangsgebäudebau. Der ehemalige Zahnrad-Schienenbus-Steuerwagen 997 603 hat hier nur einen kurzen Halt. Interessant ist, daß diese Fahrzeuge schon im Januar 1960 abgenommen wurden, also fast zweieinhalb Jahre bevor die zugehörigen Triebwagen zum Einsatz kamen.

In Reutlingen Süd war das Stückgut- und Expressgutaufkommen so groß, daß sich der Transport in einer eigenen Leig-Einheit lohnte. Kleinlok 323 742 schleppt sie herbei, damit die Verladung beginnen kann. In Reutlingen Süd bestand von 1899–1974 eine höhengleiche Schienenkreuzung mit der meterspurigen Lokalbahn Reutlingen–Eningen (später Reutlinger Straßenbahn), auf die auch Güterwagen per Rollbock übergingen.

Teilstrecken überdauert. Am 30. Mai 1980 fuhr hier der letzte Planzug, knapp elf Jahre zuvor hatte die Stillegungswelle die Strecke Honau–Schelklingen heimgesucht.

Ein fester Bestandteil des Reiseverkehrsangebots von Reutlingen auf die Schwäbische Alb waren stets auch die Ausflugszüge zum Schloß Lichtenstein gewesen. Aber deshalb war die Strecke natürlich nicht gebaut worden. Hintergrund war die Tatsache, daß die expandierende Industrie im Raum Reutlingen Ende des vorigen Jahrhunderts nach neuen Rekrutierungsgebieten für Arbeitskräfte suchte, um nicht unter den Druck zu heftig steigender Lohnkosten zu geraten. Und als noch nicht erschlossenes »Reservoir« bot sich nur die Alb an. Die Ausrichtung der Strecke auf die lokalen Bedürfnisse, die durch die enormen Steigungen geringe Leistungsfähigkeit und die dünne Besiedlung südlich Reutlingens ließen der Bahn gegenüber dem Straßenverkehr letztlich wenig Chancen. Die Kapitulation der Schiene war schließlich total: Nachdem im Sommer 1983 zwischen Reutlingen Süd und Honau auch der unbedeutende Güterverkehr aufgegeben worden war, wurden die Gleise entfernt, damit die Trasse beim vierspurigen Ausbau der Bundesstraße von Reutlingen auf die Alb eine zeitgemäßere Verwendung finden konnte.

776 Weil der Stadt–Calw 23 km

Auch Württemberg hatte seine Schwarzwaldbahn, nicht so groß (-artig) und bedeutend wie die des badischen Nachbarn zwar, aber – immerhin – mit vielen Attributen versehen, die eine Gebirgsbahn auszeichnen. Von Stuttgart über Leonberg, Weil der Stadt, Calw und Nagold nach Horb im Südwesten des Königreichs führte die sich bald als überregional wenig bedeutsam erweisende Strecke mit dem nicht gerade bescheiden gewählten Namen. Trotzdem ist sie bis heute eine Hauptbahn geblieben, nur zwischen Calw und Weil der Stadt, wo seit Ablauf des 27. Mai 1983 nur noch Güterzüge verkehren, folgte mit Beginn des Sommerfahrplans 1983 die Herabstufung. Schlimmer noch: Der Güterverkehr wurde auf das Teilstück Weil der Stadt–Altenhengstett zurückgefahren, inzwischen wurde sogar die Stillegung der gesamten Strecke beantragt.

Die anderen Abschnitte der Schwarzwaldbahn haben da ein besseres Los gezogen. Von Stuttgart bis Weil der Stadt fährt heute die S-Bahnlinie S 6, das Teilstück Calw–Horb ist in die Verbindung Reutlingen–Horb integriert, für die noch ein halbwegs passabler Fahrplan angeboten wird.

Dabei war Calw–Weil der Stadt, eröffnet am 20. Juni 1872, gewissermaßen Taufpate der gesamten Strecke gewesen, denn nur hier zeigte sie wirklich Bergbahncharakter. Zwei Kilometer hinter Weil der Stadt und in Calw wurden Kehrschleifen eingelegt, zwei Tunnel, Einschnitte und Dämme (einer davon galt zur Zeit des Baus als der größte Bahndamm Europas) prägten das Bild. Ins-

Das Bahnhofsgebäude von Schafhausen erinnert ebenso wie andere Bauwerke und die Trassierung daran, daß hier einmal eine Hauptbahn bestand. In späteren Jahrzehnten reichte für die wenigen Fahrgäste natürlich eine kleine Hütte. Eine Schienenbusgarnitur mit dem Steuerwagen an der Spitze erreicht den Bahnhof.

Der Bahnhof Althengstett präsentiert sich mustergültig restauriert. Selbst die runden Giebelfenster mit ihrem Sprossenwerk sind liebevoll wiederhergestellt anstatt wegrationalisiert worden. Ein 798 mit Bei- und Steuerwagen im Schlepp wartet auf den Abfahrauftrag.

Der Haltepunkt Calw-Heumaden wurde erst wenige Jahre vor der Stillegung auf Betreiben der Stadt Calw neu angelegt. Von hier bis zum Bahnhof Calw benötigen die Züge noch neun Minuten für eine große sieben km lange Schleife um die Stadt. Im Sommer kann man häufig mit offenen Türen fahrende Schienenbusse sehen. Erlaubt ist das natürlich nicht; es fällt nur weniger auf als bei anderen Fahrzeugen, da die Türen nach innen aufgehen. Außerdem ist die Lüftung bei großer Hitze durch die kleinen Klappfenster oberhalb der Seitenscheiben unzureichend. Alle Aufnahmen 6. 8. 1980.

gesamt wurde die Streckenlänge so auf knapp 23 Kilometer gedehnt, gut das doppelte der Luftlinienentfernung. Für die erwarteten großen Holztransporte, deren Bedeutung für die Staatsfinanzen nicht zu gering zu veranschlagen ist und die hier auch heute noch häufig zu sehen sind, mußten die Steigungsverhältnisse in Grenzen gehalten werden. Andererseits war die künstliche Verlängerung für den Reisefernverkehr natürlich kein gutes Omen.

Darüber waren sich Kenner der Materie auch schon bei der Behandlung des Projektes im Stuttgarter Abgeordnetenhaus im klaren. Eindringlich wurde an die Regierung appelliert, Voruntersuchungen für eine Strecke von Stuttgart über Böblingen nach Horb aufzunehmen. 1879 wurde diese – sogar bis Freudenstadt weitergeführt – eröffnet und zog, da sie für den Betrieb wesentlich weniger Probleme machte und deutlich kürzer war, den Hauptverkehr zum Schwarzwald und ins obere Neckartal (Gäubahn) an sich.

784 Waldenburg (Württemberg)– Forchtenberg 24 km

Und noch eine »Unvollendete«: Forchtenberg blieb Endstation der Kochertal-Nebenbahn von Waldenburg an der Heilbronn–Crailsheimer Bahn, nur etwa zwölf Kilometer fehlten noch bis Ohrnberg, wo die WEG-Strecke aus Jagstfeld endet. Vielleicht hätte dieser Anschluß das beschauliche Treiben auf den Staatsbahngleisen etwas belebt, die sogenannten Privatbahnen lassen sich bekanntlich manchmal etwas mehr einfallen als die DB. So jedenfalls endete zum 30. Mai 1981 der planmäßige Personenverkehr. Kein Wunder angesichts der Tatsache, daß für die 24 Kilometer lange

In Waldenburg besaß die Strecke auf dem Bahnhofsplatz eine eigene Abfahrtsstelle, bei der die Reisenden vor dem Straßenverkehr beschützt werden mußten. 211 044 hat ihren Zug, bestehend aus einem gemischtklassigen Vorkriegs-Vierachser, zwei Umbau-Vierachsern und einem Güterwagen bereitgestellt. Rechts von der Straße befindet sich das Empfangsgebäude an der Hauptstrecke. 29. 5. 1981.

Die gleiche Lok ist mit ihrer Garnitur am 29. 5. 1981 in Kupferzell eingefahren. Die Architektur des Bahnhofsgebäudes entspricht württembergischen Normalien. Offiziell ist der Reisezugverkehr zwischen Waldenburg und Forchtenberg auch im Sommer 1987 noch nicht beendet. Aufgrund eines Nahverkehrsmodelles im Kreis Hohenlohe ist der »Schienenverkehr vorläufig eingestellt«. Er wird aber sicher nie wieder aufleben.

Künzelsau war auch nach der Verlängerung der Strecke der Betriebsmittelpunkt, von dem aus Züge sowohl nach Waldenburg als auch nach Forchtenberg eingesetzt wurden. Während rechts 211 043 einen Güterwagen rangiert, wartet im Hintergrund eine dreiteilige Schienenbusgarnitur auf ihren nächsten Einsatz. Für eine Nebenbahn-Zwischenstation verfügt Künzelsau über recht beachtliche Gleisanlagen. 31. 7. 1980.

Strecke, die – zugegeben – recht steigungsreich ist, rund 50 Minuten benötigt wurden. Dagegen sah selbst der Bus, die vielgescholtene »Gummibahn«, nicht sonderlich schlecht aus. Wenigstens für den Güterverkehr ist die Strecke weiter in Betrieb. Allerdings fallen in den nächsten Jahren erhebliche Investitionen an, die zur Gesamtstillegung führen könnten.

Ebenso windungsreich wie die Bahn selbst ist auch ihre Geschichte. Anfangs lief alles »ganz normal«. Am 10. Mai 1890 wurde das Gesetz zum Bau der staatlichen Nebenbahn Künzelsau–Waldenburg rechtskräftig, am 2. Oktober 1892 wurde sie eröffnet. Viel später, 1911, wurden die juristischen Grundlagen für die Verlängerung der Strecke im Kochertal geschaffen. Dann kam der Krieg, die Sache schlief ein. Erst am 22. Juni 1924, als die Reichsbahn woanders bereits ihr Netz ersten Rationalisierungsmaßnahmen unterzog, wurde endlich der Betrieb bis Forchtenberg aufgenommen. Damit war dann auch der Endpunkt erreicht.

Daß die Strecke überhaupt bis in die heutige Zeit überlebte, ist wohl nicht zuletzt der Tatsache zu verdanken, daß sich das Parlament in Stuttgart 1890 mit der hauchdünnen Mehrheit von einer Stimme für die teurere Normalspur ausgesprochen hatte, da man angesichts der Kürze der Bahn die hohen Umladekosten vermeiden wollte. Schmalspurig, soviel darf wohl angenommen werden, hätte der Waldenburg–Künzelsauer Bahn unter Staatsregie schon früher das letzte Stündlein geschlagen.

789 Rudersberg–Welzheim 13 km

Wie bei der Verbindung Waldenburg–Forchtenberg stand auch für Rudersberg–Welzheim anfangs eine Schmalspurbahn zur Diskussion, auch vom Einbau einer Zahnstange soll die Rede gewesen sein. Über das Terrain sagt das schon das meiste aus. Die heute als Prädikat empfundene Lage der Stadt Welzheim, direkt am Limes auf der südlichen Hochfläche des Naturparks Schwäbisch-fränkische Alb, bereitete doch einiges Kopfzerbrechen. Gleich hinter Rudersberg, seit 1908 Endstation der Nebenstrecke von Schorndorf (an der Remstalbahn Stuttgart–Aalen), ging und geht es (seit dem 25. November 1911 per Zug) mit einer Maximalsteigung von 1:40 das waldgesäumte Wiesenlauftal hinan, vor Welzheim macht die Strecke dann noch einen Schlenker nach Süden, ehe sie schließlich in einer engen Kurve in den Ort findet. Durch diese Streckenverlängerung konnte auf Zahnstangen verzichtet werden. Es ist anzunehmen, daß angesichts des nicht gerade übermäßigen Verkehrs auch im schlichten Reibungsbetrieb die Loks nicht allzu häufig ins Schleudern gekommen sind.

Weniger Kummer hatten die Württembergischen Staatseisenbahnen mit der weit einfacher zu realisierenden Streckenhälfte von Rudersberg nach Schorndorf. Weniger Sorgen hatte damit zunächst auch die Bundesbahn. Während das armselige Alibi-Zugpaar hinauf nach Welzheim am 30. Mai 1980 letztmals fuhr, dominierten zwi-

Einer der letzten deutschen Güterzüge mit Personenbeförderung (GmP) lief zwischen Schorndorf und Welzheim. Bei Steinbach überquert er mit 212 242 an der Zugspitze am 8. 6. 1979 einen Beton-Viadukt. Der Personenzugteil besteht aus einem Silberling.

Am 4. 1. 1980 hat es in Welzheim mächtig geschneit. 212 267 umrundet ihren Silberling, um die Rückfahrt anzutreten. Bei dichtem Schneetreiben und niedrigen Temperaturen ist insbesondere die Arbeit der Rangierer anstrengend und gefährlich.

In den Wäldern bei Welzheim ist an diesem Tag kaum etwas von den Schienen zu erkennen. Kaum zu hören sind auch die typischen Fahrgeräusche der Eisenbahn, da die Schienenschwingungen durch den Schnee stark gedämpft werden. Während sich der Silberling optimal den Farben des düsteren Wintertages anpaßt, fällt 212 267 durch ihr Dreilicht-Spitzensignal auf. 4. 1. 1980.

schen Schorndorf und Rudersberg bis in die 80er Jahre im Fahrplan die Züge. Inzwischen haben sich aber auch hier die Busse bedrohlich breit gemacht. Allerdings soll die Strecke, nach dem Vorbild der Kinzigtalbahn, wo DB und Landesregierung sowie die betroffenen Landkreise einen Beistandspakt zur Rationalisierung und Verbesserung des Pesonenverkehrs geschlossen haben, aufpoliert werden. Bis es soweit ist, wird weiter oben, in Welzheim wohl schon endgültige Ruhe auf den Gleisen eingekehrt sein; das Stillegungsverfahren läuft . . .

812 Gerolzhofen–Kitzingen-Etwashausen 28 km

Zu den »Dauergeschädigten« des Zweiten Weltkrieges ist auch die am 18. November 1893 von den Bayerischen Staatseisenbahnen eröffnete Strecke Kitzingen–Gerolzhofen zu zählen. Hier wie auch bei den Strecken 312 und 473 beispielsweise liegt die Ursache in der Zerstörung einer Brücke, in diesem Fall des Mainübergangs zwischen dem Hauptbahnhof Kitzingen (Strecke Würzburg–Bamberg) und dem heutigen Kitzinger Stadtteil Etwashausen. Die Staatsbahnverwaltung hatte nach Kriegsende weit schwerwiegendere Schäden zu beheben als diese. Und so blieb es

Ganze zehn Achsen umfaßt der Personenzug von Schweinfurt nach Kitzingen-Etwashausen am 17. 9. 1980. Als Planlok ist 215 135 mit ihren 1900 PS damit deutlich unterbeschäftigt. Wiesentheid ist heute als Autobahn-Abfahrt für Schweinfurt aus Richtung Süden sicher bekannter denn als Unterwegsstation der ehemaligen Lokalbahn Schweinfurt-Kitzingen.

Nachdem der Zug sein Ziel erreicht hat, drückt 215 135 die Wagen vom Bahnsteig zurück. Vorn im Gleis findet sich noch eine doppelte Kreuzungsweiche, die aufgrund ihrer hohen Unterhaltungskosten immer häufiger durch einfache Weichen ersetzt werden. Eine Extraanfertigung aus zwei Teilstücken stellt das Bahnhofsschild dar.

bei der Teilung, wohl auch deshalb, weil der mit dem bayerischen Lokalbahngesetz vom 30. April 1888 ins Leben gerufenen Strecke sowieso niemand mehr eine große Karriere zutraute; schließlich waren die Lokalbahnen so ziemlich die letzten in der bayerischen Streckenhierarchie.

Daß weiterhin Züge nach Etwashausen rollen, hat nicht zuletzt mit der Präsenz amerikanischer Truppen dort zu tun. Deren Auftauchen in Unterfranken im April 1945 steht ursächlich in Zusammenhang mit der Sprengung der Brücke durch deutsche Truppen. Natürlich wäre von der Bahn längst nichts mehr geblieben, wenn sie nicht zum 24. November 1903 über Gerolzhofen hinaus bis Schweinfurt verlängert worden wäre.

Das Fehlen der Eisenbahnbrücke, deren Wiederaufbau mangels Verkehrs als wirtschaftlich nicht vertretbar galt und deren Reste 1953/54 beseitigt worden waren, führte natürlich zu ungewöhnlichen Vorkehrungen: »Zwischen Kitzingen-Etwashausen und Bf. Kitzingen private Kraftwagenverbindung. Fußweg 2,5 km« – so stand es jahrelang im Kursbuch zu lesen. Und es muß sogar einige Leute gegeben haben, die das in Anspruch nahmen, denn bis in die 70er Jahre hielt sich ein dichtes Zugangebot. Noch bis zum Ende desselben Jahrzehnts räumte die DB dann aber gründlich auf, ein einziger Zug blieb letztlich bis zum Ende des Winterfahrplans 1980/81 am 29. Mai 1981 zwischen Gerolzhofen und Etwashausen übrig.

Gähnende Leere herrschte zu dieser Zeit auch schon in den Fahrplanspalten zwischen den Wörtern Gerolzhofen und Schweinfurt: zwei Reisezugpaare. Sieht man davon ab, daß die Strecke zwischenzeitlich statt der 812 die Nummer 815 trug, so war auch hier das Ende schon vorprogrammiert: Zum Sommerfahrplan 1987 wurde der Personenverkehr eingestellt.

Die Nebenbahn Schweinfurt–Etwashausen dürfte trotzdem mittelfristig gesichert sein. Außer den erwähnten US-Militäranlagen bei Kitzingen sorgen weitere potente Kunden für recht beachtlichen Güterverkehr, was sich in zwei werktäglichen Zugpaaren ausdrückt.

821 Erlangen-Bruck–Herzogenaurach 9 km

Als sich zu Beginn des letzten Drittels des 19. Jahrhunderts der Hauptbahnbau in Bayern langsam auf Ruhe einstellte, wurde eine zweite Kategorie geschaffen, die durch geringeren Aufwand in Bau und Betrieb die finanzielle Gewähr für Streckenbauten abseits der großen Verkehrsströme leisten sollte: die Vizinalbahn. Gegenüber den traditionellen Staatsbahnen durften Vizinalbahnen steigungs- und windungsreicher, einfacher in Betrieb und technischer Ausrüstung sein. Zum Bau dieser Bahnen leisteten die interessierten Gemeinden merkliche finanzielle Beihilfen, erhielten andererseits aber auch einen Anteil am Gewinn – der sich zumeist auch einstellte.

Aber schon nach wenigen Jahren zeigte sich, daß zur weiteren Ausweitung des Eisenbahnnetzes Bau- und Betriebskosten noch deutlicher gesenkt werden mußten. Es entstanden die bereits im vori-

Kontraste im Bahnhof Herzogenaurach. Während der Lokführer mit seinen ›Papieren‹ vom Steuerwagen auf die Lok wechselt, macht der Zugführer die Zugmeldung. Das Streckengleis geht hinter der H-Tafel unmittelbar in das Werksanschlußgleis über. Herzogenaurach dürfte auch einer der letzten Bahnhöfe der DB mit Waschbecken am Bahnsteig gewesen sein. Inzwischen sind die Kontraste bereinigt; das Bahnhofsgebäude ist abgerissen worden.

Haltepunkt Kriegenbrunn, markiert durch den obligatorischen Baum und das Stationsschild. Links lugt die einem Privatmann gehörende 163 002 hervor, die auf einem Fabrikgrundstück als Denkmal steht, während rechts das Industriegebiet am Rhein-Main-Donau-Kanal zu erkennen ist. Auch ›Alibizüge‹ wollen gefahren sein: So fährt die abgebildete Wendezuggarnitur mit 211 021 an diesem Tag gleich zwei Zugpaare, die jeweils die letzten ihrer Strecke sind: nach Herzogenaurach und anschließend auf der Strecke Forchheim–Höchstadt. Aufnahmen vom 28. 6. 1982.

gen Kapitel erwähnten Lokalbahnen, sozusagen das staatlich bayerische Gegenstück zu den (häufig schmalspurigen) Kleinbahnen in anderen Ländern. In der Hauptsache auf der Basis von fünf Gesetzespaketen (zwischen 1884 und 1892) wurde das Lokalbahnwesen aufgezogen, das sich wohl in den folgenden Punkten von den Vizinalen am klarsten unterscheidet: Eine auf 20 km/h, manchmal auch 25 km/h festgesetzte Höchstgeschwindigkeit, den Verzicht auf bewachte Bahnübergänge und durch die Regelung, daß die Gemeinden nur die Kosten für den Grunderwerb übernehmen mußten, dafür aber keinen Anspruch auf Teilhabe an etwaigen Überschüssen hatten. Daß technische Ausrüstung und »Service« ebenfalls »dritter Klasse« waren, bedarf wohl keiner weiteren Erläuterung. Immerhin: Bayern gelangte so zu einem ansehnlichen Besitz an staatlichen, fast ausnahmslos normalspurigen »Kleinbahnen«. Am 16. April 1894 wurde die Strecke Erlangen-Bruck–Herzogenaurach eröffnet.

Wer in den letzten Jahren die Strecke besucht hat, wird festgestellt haben, daß Lokalbahnromantik hier schon lange nicht mehr über die Gleise geweht haben kann. Autobahn, Kanal, Fabriken, Großkraftwerk und Siedlungen bestimmen das Bild und verstellen den Blick auf's Land. Die fleißig zwischen Herzogenaurach und Erlangen pendelnden Busse tragen schon lange die Hauptlast des öffentlichen Nahverkehrs. Die Züge blieben zuletzt, bis zu ihrer Einstellung am 28. September 1984, allein dem Arbeiter- und Schülerverkehr vorbehalten.

Zwar haben in Herzogenaurach am Endbahnhof Deutschlands größte Sportartikelproduzenten ihren Stammsitz, gehören aber nicht zu den »vorbildlichen« DB-Kunden. Weit günstiger für den Erhalt sieht es bis Frauenaurach aus, hier befindet sich eine große Müllverladeanlage. Noch näher an der Wurzel der Strecke liegen der Hafenanschluß und das Großkraftwerk Franken III, bis zu dessen Betriebsgelände zwischen Regnitz und Rhein-Main-Donau-Kanal die Nebenstrecke auch elektrifiziert ist.

822 Forchheim (Oberfranken)–Höchstadt (Aisch) 23 km

Noch eine altbayerische Lokalbahn, die in der Strecke Nürnberg–Bamberg, also der traditionsreichen Ludwigs-Süd-Nord-Bahn (siehe KBS 918) wurzelt. Anders als die weit kürzere Herzogenauracher Strecke hat sich die am 16. November 1892 eröffnete Bahn nach Höchstadt an der Aisch aber bis heute einen kräftigen Schuß Kleinbahnromantik bewahren können. Das hat zwar das Ende des planmäßigen Reisezugverkehrs nicht aufhalten können (gleichzeitig mit der Strecke 821 am 28. 9. 1984; dieselbe Fahrzeuggarnitur erledigte zuerst dort, dann hier das zuletzt jeweils übriggebliebene Alibi-Zugpaar), aber immerhin dazu geführt, daß die Eisenbahnfreunde der »Lokalbahn Aischgrund« sich mit ihren historischen Fahrzeugen um Museumsbetrieb bemühen. Die zumin-

Zwei V 100 haben sich mit ihren Personenzügen am 17. 9. 1980 im Bahnhof Höchstadt eingefunden. Während die rote 211 266 links noch einen 1100-PS-Maybach-Motor besitzt, fährt 212 075 mit einer 1350-PS-Daimler-Benz-Maschine. Ganz links das Empfangsgebäude und rechts ein bemerkenswerter Fabrikbau.

Am 28. 6. 1982 gilt es in Höchstadt Expressgut und Gepäck zu transportieren. Drei urtümliche Gepäckkarren stehen dafür zur Auswahl. Ob die Uhr noch vor der Stilllegung himbeerrot lakkiert wurde?

Vorbei an zahlreichen Fischweihern führt die Bahnlinie durch den Aischgrund. Vom Führerstand der 211 021 bot sich am 28. 6. 1982 dieser Blick auf Adelsdorf. Die Maschine gehört zu den relativ wenigen Fahrzeugen der Baureihe 211, die mit einer Wendezugsteuerung ausgerüstet sind.

Poppendorf, ein kleiner Haltepunkt im Grünen und ein kleiner Ort umgeben von unzähligen Teichen. Trotz relativ moderner ›Infrastruktur‹ wie Betonwartehalle und nagelneuem Steuerwagen 50 80 82 11565 (BDnf 735) hat sich ein gehöriger Schuß Romantik erhalten. Geduldig wartet der Trecker auf die Abfahrt des Zuges, da der kleine Übergang noch halb vom letzten Wagen versperrt wird. 17. 9. 1980.

dest in der östlichen Hälfte in hübsche Wald- und Wiesenlandschaft gebettete Strecke hätte einen Erfolg dieser Anstrengungen verdient. Im westlichen Teil, etwa ab Adelsdorf, ist es dann mit der Gemütlichkeit vorbei, Straßen und Autobahn, Äcker und Gewerbebauten prägen das Bild.

Während diese Straßen natürlich das Ende des Personenverkehrs, das schon 1981 durch Streichung fast aller Zugpaare vorbereitet worden war, mit auf dem Gewissen haben, wird die Strecke andererseits ihre weitere Existenz im Güterverkehr den ebenfalls erwähnten Gewerbebetrieben bzw. -gebieten (insbesondere bei Hemhofen und Höchstadt) zu verdanken haben. Zwei werktägliche Übergaben erledigen das Notwendige.

825 Bamberg–Scheßlitz 14 km

Insgesamt sechs Nebenbahnen mündeten früher einmal in die Strecke Bamberg–Nürnberg, Bayerns ältesten Staatsbahnabschnitt überhaupt. Zwei haben wir eben kennengelernt, dazu kommen Erlangen–Eschenau (inzwischen längst verschwunden), Forchheim–Heiligenstadt (mit dem Zweig Ebermannstadt–Behringersmühle), Strullendorf–Schlüsselfeld (mit Zweig Frensdorf–Ebrach) und als nördlichste Bamberg–Scheßlitz. Von all diesen Strecken war das »Schäätzer Bokkäla« die jüngste (seit dem 1. Oktober 1908 planmäßiger Betrieb), und sie hat, abgesehen von der Bahn nach Ebermannstadt, alle anderen im Personenverkehr überdauert. Am 31. Mai 1985 war es

Endbahnhof Scheßlitz. 212 378 ist am 6. 5. 1985 mit einem einzigen Wagen (BDylb) hierher gekommen und steht bereit zur Rückfahrt. Pro Sitzplatz werden an diesem Tag knappe 30 PS bzw. pro Reisenden 450 PS aufgeboten, um nach Bamberg zu gelangen. Obwohl der rote Lack schon arg blätterte, war die Maschine auch Anfang 1987 noch nicht in Türkis lackiert.

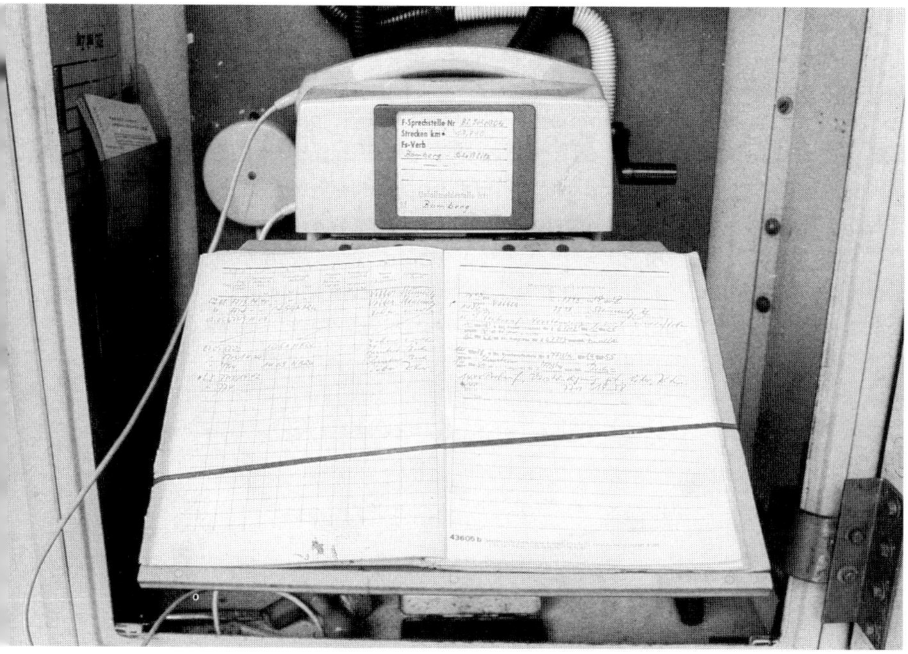

Ein Blick in das Zugmeldebuch des Bahnhofs Scheßlitz am 6. 5. 1985, das sich samt Unterlage aus dem Fernsprechkasten herausklappen läßt. Während die Ankunft links bereits eingetragen ist (Zug 7713 um 14.42 Uhr), ist die Abfahrt als 7714 bis NBRU (Bruckertshof) noch nicht genehmigt. Um 14.45 Uhr gab es einen ›Proberuf, Verständigung gut.‹

Am 23. 2. 1976 fuhr noch der Schienenbus (798 709) nach Scheßlitz. In Giech entläßt der Mittagszug die Schüler und andere Reisende aus Bamberg. Das nette Empfangsgebäude ist inzwischen dem Bagger zum Opfer gefallen.

dann aber auch um sie geschehen, und da der heute noch abgewickelte Güterverkehr mit drei wöchentlichen Zugpaaren alles andere als imposant ist, könnte bald schon ein Stillegungsverfahren bevorstehen. Nur das knapp 3 Kilometer lange Teilstück bis Bruckertshof, wo die US-Air Force und ein Umspannwerk über Anschlußgleise verfügen, hat bessere Überlebenschancen.

Das kleine Städtchen Scheßlitz war stets Endpunkt der mit sehr bescheidenem Aufwand gebauten Lokalbahn. Aber es hat dereinst tatsächlich Gedanken gegeben, die Strecke durch den heutigen »Naturpark Fränkische Schweiz« nach Bayreuth zu verlängern. Dazu bot sich die seit 1904 bestehende Strecke aus der Wagner-Stadt nach Hollfeld geradezu an. Vermutlich hat der Ausbruch des Ersten Weltkrieges den Strich durch diese Rechnung gezogen, in Scheßlitz wurde der Prellbock am Bahnhofsende nicht mehr entfernt. Auf der anderen Seite ist die Nebenbahn nach Hollfeld bis auf winzige Reste schon 1974/75 aus Kursbuch und Streckenkarte gestrichen worden.

832 Creidlitz–Rossach 8 km

Wäre an dieser Stelle ein Preis für die Strecke mit der »häßlichsten« Aussicht zu vergeben, käme Creidlitz–Rossach mit Sicherheit in die engere Auswahl; jedenfalls dann, wenn das Jurymitglied an der jeweils westlichen Fensterreihe im Zug Platz genommen hätte. Dort bietet sich nämlich fast während der gesamten Reise ab Coburg Hbf bis Rossach die nicht gerade unter dem Gesichtspunkt höchster Sparsamkeit ausgebaute Bundesstraße 4 oder – schlimmer noch – deren Damm dem Auge feil. Nun, seit dem 1. Juni 1984 fahren keine Reisezüge planmäßig mehr nach Rossach, die hier sprichwörtlich immer schon parallel (nämlich auf der Bundesstraße) eingesetzten

Meschenbachs Schüler sind am 18. 9. 1980 aus Coburg zurückgekehrt und fragen sich, was wohl der Fotograf zu bedeuten hat. In der Regel nichts Gutes, denn wenn erst häufiger Fotografen auftauchen, liegt die Stillegung nicht mehr fern. Die gelbe Tafel vor dem Wartehäuschen fand sich auf jedem Bahnhof der Strecke und erläuterte etwas schwer nachvollziehbar: ›Warnung! Wegen Betriebsruhe an Sonn- und Feiertagen Zugang zum Bahnhof auf eigene Gefahr!‹

Ein typisch preußischer Bahnhof in Bayern. Rossach besitzt für einen Nebenbahnendpunkt eher schlichte Anlagen. Gelbe Zierklinker bilden den einzigen architektonischen Schmuck des Empfangsgebäudes. 18. 9. 1980.

Auch in den Innenräumen bieten alte Nebenbahn-Bahnhöfe manch reizvolles Detail. Den Warteraum vom Dienstraum trennt in Rossach diese Tür mit Fahrkartenverkaufsfenster. Geheizte Warteräume (hier mit Ölofen) werden nicht nur in Rossach verschwinden. Aus Kostengründen wird die Beheizung auch anderswo eingestellt. Schließlich gibt es auch keine geheizten Buswartehallen. 6. 8. 1982.

Busse haben den öffentlichen Nahverkehr seitdem allein in der Hand. Der Schiene ist werktäglicher Güterverkehr geblieben, meist aber nur – wegen der dortigen Tongrube – bis Großheirath.

Das Interessanteste an dieser kleinen Strecke, die in Creidlitz von der Hauptbahn Coburg–Lichtenfels abzweigt, ist vermutlich ihre Historie. Gebaut worden ist sie nämlich von den Preußischen Staatsbahnen! Und zwar deshalb, weil dem Kleinstaat Sachsen-Coburg-Gotha angesichts seiner Größe und geographischen Lage nicht der Sinn nach einem eigenen Eisenbahnwesen stehen konnte. Als nach dem Ersten Weltkrieg die deutschen Landesfürsten ihre Hoheitsrechte abgeben mußten und Sachsen-Coburg-Gotha, bis dato vornehmlich durch das Herrscherhaus zusammengehalten, zerbröselte, entschied sich die Bevölkerung des Coburger Landes für einen Anschluß an Bayern statt an Preußen (bzw. das ebenfalls zur Diskussion stehende neue Großthüringen). Dreißig Jahre und einen verlorenen Weltkrieg später sollte sich das bezahlt machen. Hätte man den Preußen keinen Korb gegeben, würde die am 4. Dezember 1900 eröffnete Nebenbahn wohl auch heute noch statt zur Direktion Nürnberg zur RBD Erfurt gehören. Andererseits: Der Personenverkehr wäre dann sicherlich noch nicht eingestellt worden . . .

866 Deggendorf Hbf–Metten 4 km

Östlich der Donau, fern von München, liegt der Bayerische Wald. Zusammen mit der Oberpfalz zählt er auch heute noch zu den gewiß nicht bevorzugten Regionen im blau-weißen Freistaat. Und als der Freistaat noch ein Königreich war, hatte man in der Residenz so wenig Vertrauen in die wirtschaftliche Potenz »Bayrisch Sibiriens«, daß man den kostspieligen Aufbau des Eisenbahnwesens lieber privater Initiative überließ. So entstand die Ostbahngesellschaft, die zwar 1876 verstaatlicht wurde, aber nur deshalb, weil man – unbegründeterweise – eine Übernahme des Unternehmens durch das Reich (also »Preußen«) befürchtete. Auch nach Verstaatlichung der Ostbahn, die mit dem Bau der beiden nach Pilsen zielenden Strecken Schwandorf–Furth i. W. und Plattling–Deggendorf–Bayrisch Eisenstein unschätzbare Pionierarbeit zur Erschließung der Waldregionen geleistet hatte, blieb den von der Staatsbahnverwaltung unabhängigen Unternehmen noch reichlich Spielraum. So entstanden drei heute in der Regentalbahn AG zusammengefaßte Privatbahnen, deren kleinste Deggendorf–Metten war.

Ganze 5,3 Kilometer lang war die in der Donaustadt Deggendorf auf die »Waldbahn« Plattling–Eisenstein treffende Bahn ursprünglich, dabei ist das 1,1 Kilometer lange Anschlußgleis zu den Granitbrüchen bei Metten schon mitgerechnet. Diese Granitbrüche sollten das finanzielle Rückgrat der »Lokalbahn Deggendorf–Metten AG«, deren Strecke am 17. Oktober 1891 eröffnet werden konnte, bilden – und taten das auch viele Jahre lang. Daneben blieb die »Paterbahn« (in den Zügen saßen meist auch einige Patres der Benediktinerabtei Metten) eine sehr kurze, sehr unauf-

Am 22. 7. 1977 hat der VT 02 der Regentalbahn den Abendzug im Endbahnhof Metten bereitgestellt. Links neben dem Triebwagen, vor dem Lokschuppen, ist die moderne Kohlenladebühne zu erkennen, die für die Dampflok im regulären Verkehr noch bis 1975 benötigt wurde. Ganz links ist auch noch einer der typischen Regentalbahnwagen der Ursprungsausstattung zu sehen.

Ein Blick in den Fahrgastraum des VT 02 zeigt, wie liebevoll die Regentalbahn ihre Fahrzeuge unterhält. Bei der letzten Hauptuntersuchung sind z. B. alle Holzleisten und Beschlagteile neu lasiert worden. VT 02 wurde am 22. 7. 1938 als T3 an das Bw Teuplitz der Lausitzer Eisenbahn-Gesellschafft geliefert. Nach deren Verstaatlichung kam er als Einzelstück zur Reichsbahn (CvT 835), die im Zweiten Weltkrieg froh gewesen sein wird, ihn an die Regentalbahn verkaufen zu können. Metten 22.7.1977. (Siehe auch Farbteil S. 155)

fällige Lokalbahn. Zum 1. Februar 1928 tat sich dann das kleine Unternehmen mit der Lokalbahn Gotteszell–Viechtach zur »Regentalbahn AG« zusammen, dazu stieß 1973 noch die Lokalbahn Lam–Kötzting.

Obwohl – oder vielleicht weil – eine Verbindung dieser drei Strecken der Regentalbahn AG nur über DB-Gleise möglich ist, fällt immer wieder der Name dieser Gesellschaft (Hauptanteilseigner ist übrigens das Land Bayern), wenn es um die Neuordnung, also das Überleben des Schienenpersonenverkehrs im Bayerischen Wald geht. Für die kleine Bahn im Donautal kam das jedoch zu spät. Zum 23. September 1983 ersetzte die Regentalbahn die Triebwagen nach Metten durch Busse. Für den recht regen Güterverkehr ist die Strecke weiterhin in Betrieb und wird durch die DB mitbedient.

872 Regensburg-Wutzlhofen–Falkenstein (Oberpfalz) 35 km

Wie das manchmal so ist: der prallgefüllte »Abschiedszug« ist keineswegs der letzte, ein paar Stunden desselben Tages (1. Juni 1984) später fährt nämlich noch ein allerletzter Planzug, und weil's so schön war, wird auf Privatinitiative hin wenige Wochen darauf noch eine Abschieds- und Ausflugsfahrt arrangiert. Die wiederum erlebt einen solchen Andrang, daß sie gleich zweimal wiederholt werden muß; am 9. September 1984 fährt dann tatsächlich der letzte Reisezug nach Falkenstein. Er wird keinen Nachfolger haben, denn die Strecke ist inzwischen auf ganzer Länge stillgelegt und abgebaut worden.

Einigen Kritikern der DB-»Stillegungsstrate-

Ein rühriger Bahnbeamter hat den Prellbock des Güterschuppengleises von Falkenstein gelb angestrichen und mit Blumenkästen ausgestattet. Prellböcke – eigenartigerweise von den meisten Eisenbahnlaien als ›Rammböcke‹ bezeichnet – lohnen oft einer näheren Betrachtung, finden sich doch auf ihnen Walzzeichen aus längst vergangenen Zeiten. 23. 9. 1980.

Zwei Jahre später am 9. 8. 1982 sah es in Falkenstein arg verkrautet aus, und auch die Prellbockblumen gibt es nicht mehr. Der Unkrautvernichtungszug scheint lange nicht mehr hier gewesen zu sein. Nachdem es inzwischen im Sprachgebrauch kein ›Un‹-Kraut mehr geben sollte, können sich die Wildkräuter seit 1984 auf den ehemaligen Gleisanlagen der Strecke vollends breit machen. 798 656 wird sie nie mehr mit Öl von der Wagenunterseite verschmutzen.

Zur klassischen Ansicht von Falkenstein gehören die Kirche sowie die Burg, in der sich ein urgemütliches Hotel eingerichtet hat. Unserer Ansicht nach paßte auch die Schienenbusgarnitur recht gut zum Gesamtbild. 998 759 und 798 656 verlassen am 9. 8. 1982 den Ort Falkenstein in Richtung Regensburg.

In Irlbach lag die letzte Haltestation der Lokalbahn vor der Hauptstrecke. Auch seine Wartehalle ist eine Einzelanfertigung und würde eine entsprechende Sammlung bereichern. 798 821 und 998 878 werden in einer Viertelstunde im Regensburger Hauptbahnhof einlaufen. 23. 9. 1980.

gien« steht das »Falkensteiner Bockerl« als ein Musterbeispiel dafür, wie man Strecken durch massiven Buseinsatz und üble Fahrplangestaltung kleinkriegt. Gerechterweise muß man dem aber entgegenhalten, daß der nördliche Vorwald wahrhaftig nicht zu den dichtbesiedelsten Regionen des Landes zählt, Züge sind da nun einmal im Nachteil.

Dafür gehört das Falkensteiner Land zweifellos zu denjenigen Flecken, die so gern als »romantisch« bezeichnet werden – was aber vor einigen Jahrzehnten meistens auch gleichzeitig bitterarm bedeutete. Die Eisenbahn brachte hier für den Bayerischen Wald mit dem Fremdenverkehr ganz neue, erfreuliche Perspektiven. Mit der Bahn wuchs der Wohlstand.

Spät genug kam der Vorwald zwischen Cham und Regensburg in diesen Genuß, obendrein nur unvollständig. Am 21. Dezember 1913 fuhr der Eröffnungszug vom Regensburger Hauptbahnhof ab, verließ in Wutzlhofen die Gleise der alten Ostbahn-Hauptstrecke nach Hof und nahm Kurs auf Falkenstein. Rund um die gleichnamige Burg hoffte man damals noch auf eine baldige Verlängerung der Strecke bis Cham, die auch vorgesehen war. Aber dann kam der Erste Weltkrieg, wichtigere Dinge forderten ihr Recht, und so konnte sich der nur ein paar hundert Seelen zählende Markt Falkenstein bis vor gar nicht so langer Zeit in dem Ruf sonnen, immerhin Endstation einer leibhaftigen Staatsbahnstrecke zu sein.

875 Steinburg (Niederbayern)–Miltach 29 km

Mit Ende des Sommerfahrplans 1984, am 28. 9. 1984, stellte die DB auf dem Abschnitt Steinburg–Miltach der Nebenbahn Straubing–Miltach den Reisezugverkehr ein, nachdem hier das Fahrgastaufkommen immer weiter zusammengeschmolzen war. Und es dauerte nur zwei Jahre, dann war nur noch der Stummel Straubing–Bogen für planmäßige Reisezüge offen. Im »DB-Programm für Bayern«, einem von den Bundesbahndirektionen Nürnberg und München Ende 1985 vorgelegten Konzept über die Zukunft der Schiene, war Steinburg–Bogen nämlich als eine der Strecken aufgeführt, die baldmöglichst auf Busbedienung umgestellt werden. Inzwischen ist der Abschnitt Bogen Ost–Konzell-Streifenau auch für den Güterverkehr stillgelegt und die Strecke abgebaut worden.

Der Straubing–Miltacher Bahn hat es eigentlich immer an potenten Kunden gemangelt. Als dann auch noch die Fahrgastzahlen immer weiter schrumpften, traf das den Nerv. Für die Schwierigkeiten ist nicht zuletzt die ungünstige Trassierung der Strecke, deren Bahnhöfe von den dazugehörigen Orten weit entfernt liegen, verantwort-

Unter einer Wegbrücke liegt der Haltepunkt Wiespoint. Pfeiftafel, Streusandkiste und das regengeschützte Ortsschild gehören zur Ausstattung. 798 669 schiebt am 22. 9. 1980 einen Bei- und einen Steuerwagen nach Miltach. Der Wagen wurde am 6. 9. 1959 in Plattling in Dienst gestellt und am 27. 10. 1983 beim Bw Plattling ausgemustert: 24 Jahre, in denen er die meisten Nebenbahnen des Bayerischen Waldes kennengelernt haben dürfte.

Ziegelbauten besitzen nur wenige Bahnhöfe im Bayrischen Wald: Mitterfels und Konzell Süd zeigen auf unserer Strecke diese Bauweise. Am Bahnsteig von Konzell Süd wird am 22. 9. 1980 gearbeitet. (Siehe auch Farbteil S. 155)

lich. Bei der heillos zerstreuten Siedlungsstruktur im Vorwald ist das natürlich ein doppeltes Manko für den schienengebundenen Verkehr.

Als ob die Bayerische Staatsbahn all das schon geahnt hätte! Beinahe tastend, immer wieder bedrängt von den interessierten Gemeinden, wurde die Lokalbahn mit teilweise kräftigen Steigungen aus dem Donautal auf die Höhen vorgeschoben. Von Straubing bis Bogen (hier wird die Donau überbrückt) wurde sie am 9. Dezember 1895 eröffnet, von Bogen nach Steinburg am 16. Mai 1896 und von Steinburg nach Konzell am 5. Dezember 1896. Nun war erst einmal Schluß. Für den Weiterbau nach Miltach bedurfte es einer neuen Konzession, so weit hatte man ursprünglich gar nicht gewollt. Erst am 1. Juni 1905 wurde dann die Lücke geschlossen.

876 Deggendorf Hbf–Eging 33 km

Als Musterbeispiel für den Lokalbahnbau kann die Strecke Deggendorf–Kalteneck, heute übrigens mit 54 Kilometern längste Nebenbahn der Direktion Nürnberg, gelten. Unter Berührung möglichst jeden Ortes, jedes größeren Steinbruchs und Holzsammelplatzes schlängelt sie sich durch Felder, Wälder und Wiesen aus dem Donautal durch die Streusiedlungen des Vorwaldes nach

Endstation Eging am 22. 7. 1977. Das schmucke Bahnhofsgebäude repräsentiert den späten bayerischen Lokalbahnstil aus der Zeit kurz vor dem Ersten Weltkrieg. Für den Packraum des Steuerwagens 998 815 stehen zahlreiche Koffer bereit; für die ersten Urlauber dieses Sommers ist der Aufenthalt im Bayerischen Wald vorbei. Andere schwere Brocken birgt der Rungenwagen im Güterzug. Seine Lok 212 327 wartet auf die Ausfahrt des Schienenbusses, der als erster nach Deggendorf zurückkehren soll.

Direkt am Ufer der Donau liegt der Bahnhof Deggendorf Hafen. Während der Gegenzug u. a. dem Schülerverkehr diente, verlassen am 22. 7. 1977 um 13.29 Uhr nur Frauen den 798 670, die von den Dörfern nach Deggendorf zum Einkaufen fahren. Da das Zentrum vom Hafenbahnhof gut zu erreichen ist, steigen viele Reisende, die nur nach Deggendorf wollen, hier aus. In der nahegelegenen Werft wurde übrigens 1983 ein Dampflokkessel für die Museumsdampflok 28 der SWEG gebaut.

Kalteneck an der Strecke Passau–Freyung, mit der wir uns im folgenden Kapitel zu befassen haben. Mit solchen Strecken, so wichtig sie für die Region auch einst waren, läßt sich heutzutage natürlich wenig anfangen.

Lange genug hatten die Bayerischen Staatseisenbahnen auch gezögert, ehe sie sich zum Bau der Strecke entschlossen; es ist eine der jüngsten im Wald überhaupt. Und obwohl sie beidseitig an andere Bahnen angeschlossen wurde, blieb sie doch ebenso »blutleer« wie viele Stichstrecken.

In zwei Etappen war die Lokalbahn eröffnet worden: Deggendorf–Hengersberg und Eging–Kalteneck am 26. November 1913, das Zwischenstück am 1. August 1914. In zwei Etappen zog die Bundesbahn aus dem spärlichen Personenverkehr auch die Konsequenz: Mit Ablauf des Sommerfahrplans 1972 wurde er zwischen Eging und Kalteneck eingestellt, neun Jahre später, am 25. September 1981, fuhr auch zwischen Deggendorf und Eging der letzte planmäßige Reisezug.

Zufriedenstellendes Frachtaufkommen ist heute nur zwischen Deggendorf und Hengersberg zu verzeichnen – und natürlich zum Deggendorfer Hafen. Außerdem ist manchmal an Werktagen auch noch ein Übergabepaar bis Eging (und darüber hinaus bis Tittling) unterwegs. Zwischen Tittling und Kalteneck liegen die Schienen zwar noch, planmäßig fahren hier jedoch keine Güterzüge mehr.

877 Passau Hbf–Freyung 50 km

Den typischen Problemen der Nebenstrecken im Bayerischen Wald, die wir in den beiden vorausgegangenen Kapiteln kennengelernt haben, mußte auch die Lokalbahn Passau–Freyung Tribut zollen. Als Anfang der 80er Jahre die Kachletbrücke über die Donau generalüberholt werden mußte, packte die DB die Gelegenheit beim Schopfe und stellte den Personenverkehr ein. Letzter planmäßiger Zug war eine auf sechs Einheiten verlängerte Schienenbusgarnitur. An diesem Tag, dem 30. April 1982, fuhren wohl mehr Personen über die Waldbahn als sonst in einem ganzen Monat.

Als die unter Millionenaufwand reparierte Donaubrücke wieder befahrbar und die gesamte Strecke nach Freyung gründlich saniert worden war, wurde der Güterverkehr wieder aufgenommen. Der wird nämlich (in der Hauptsache) von zwei potenten Kunden getragen: der Zahnradfabrik Passau mit ihren umfangreichen Anschlußgleisen bei Tiefenbach und der Bundeswehr-Garnison Freyung. Diese Konstellation läßt die Zukunft der Strecke gesichert erscheinen. Ansonsten ist ein werktägliches Übergabepaar unterwegs, das in Waldkirchen die meiste Arbeit findet.

Waldkirchen, nach Passau bedeutendster Ort an der Strecke, muß auch noch in anderem Zusammenhang erwähnt werden. Hier zweigte die 1910 eröffnete Strecke nach Haidmühle und von dort weiter nach Böhmen ab. Internationalen Rang erreichte sie jedoch nie, 1945 wurde der Grenzübergang für immer geschlossen, der Reisezugverkehr ab Waldkirchen auf der Reststrecke 1963 eingestellt. Der spärliche Güterverkehr endet heute

Wir beginnen unsere Reise nach Passau im Haltepunkt Mayersäge, der vom 28. 9. 1970 bis zum 30. 4. 1982 den Ruhm in Anspruch nehmen konnte, der östlichste Personenbahnhof der Bundesrepublik zu sein. Seine Ausstattung besteht aus aufgeschüttetem Bahnsteig mit Schwellenkante, Pfeiftafel, Streusandkiste, Holzhütte samt Dienstfernsprecher. Der Zug mit 798 764 an der Spitze ist am 29. 7. 1977 leicht verspätet, da wegen der Steigungen und der großen Hitze auf der Hinfahrt nach Freyung der Temperaturwächter dauernd die beiden 150 PS-Motoren abgestellt hatte.

Bei kaum einem Schienenfahrzeug hat man einen so guten Blick auf die Landschaft, wie bei den Schienenbussen und den Akku-Triebwagen. Hier zwischen Neuhausmühle und Fürsteneck folgt die Bahn dem Osterbach, ab Fürsteneck der Ilz. Auf großen Teilstücken der Bahn sind die Kurven so eng, daß jeweils an der Innenschiene eine Zwangsschiene eingebaut wurde, die bei den Schienenbussen mit ihrem langen Achsstand ein erhebliches Jaulen und Quietschen hervorruft. 29. 7. 1977.

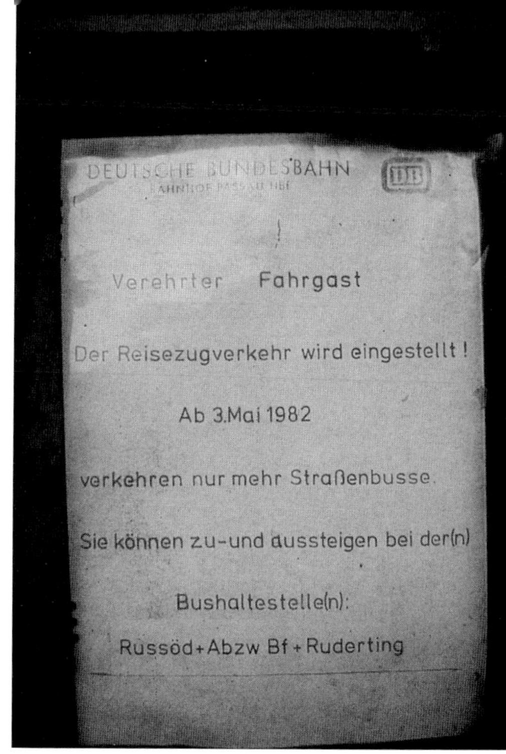

Im Bahnhof Fischhaus weist am 2. 9. 1982 ein Aushang darauf hin, daß die Bahn nicht mehr fährt (für zweifelnde Zeitgenossen sogar mit Ausrufezeichen). Nun heißt es für den Wanderer nur noch, eine der angegebenen Bushaltestellen zu finden. Der letzte Zug fuhr am 30. 4. 1982. Der 1. Mai ist bekanntlich ein Feiertag und der 2. Mai 1982 war ein Sonntag.

798 764 hat inzwischen Tiefenbach erreicht, ein typischer Bayerwald-Bahnhof in Bruchsteinmanier (29. 7. 1977). Woher die Beule im Triebwagendach stammt konnte niemand verraten, aber alle Triebwagenführer sind besonders auf dieser Strecke nach Sturm- und Regennächten oder starkem Schneefall aufmerksam, weil immer wieder mal ein Baum über den Gleisen liegt. In Tiefenbach müssen schon einige Fahrkarten verkauft werden, bis sich aus ihrem Erlös der frische Bahnsteigbelag finanziert hat.

Wirklich Einzigartiges tat sich im Sommer 1982 in Passau: Für eine Nebenbahn wurde eigens eine neue Donaubrücke nahe der Kachletstaustufe gebaut! Nur vier Monate nach der zu diesem Zweck durchgeführten Stillegung war man recht weit gediehen, wie das Bild vom 4. 9. 1982 beweist. Die gemauerten alten Pfeiler erhielten einen Betonaufsatz, und aus vorhandenem Brückengerät war ein neuer Übergang entstanden.

nach wenigen Kilometern in Jandelsbrunn. Daß in Kalteneck eine zweite Strecke abzweigt(e), stand schon im vorigen Kapitel zu lesen.

Neben dem betrieblichen darf natürlich das weit bemerkenswertere landschaftliche Drumherum nicht vergessen werden. Die Strecke, offiziell am 15. Oktober 1892 fertiggestellt (Passau–Röhrnbach war bereits seit dem 6. Dezember 1890 unter Dampf), erlaubte durch das Tal von Ilz, Ohe und Osterbach, über Brücken und Felder, durch Tunnel und Wälder eine eindrucksvolle Reise hinauf nach Freyung. Aber für eine gute Reise braucht es Zeit, ein Luxus, den sich mancher Bürger nicht einmal am Wochenende gönnt. Für die, die es doch tun, setzen die Passauer Eisenbahnfreunde seit 1983 gelegentlich Sonderzüge nach Freyung ein.

884 Nördlingen–Wemding 17 km

Mit insgesamt drei von Nördlingen ausgehenden Strecken haben wir es jetzt und in zwei weiteren Kapiteln zu tun. Den Anfang macht die Lokalbahn nach Wemding; die wohl unbekannteste, jedenfalls kürzeste, jüngste und obendrein am frühesten wieder vom Personenverkehr »entlastete«

Während alle Zwischenstationen nur über kleine Gebäude bzw. Wartehallen verfügten, hatte man Wemding ein respektables Gebäude spendiert. 515 138 wartet am Mittag des 8. 6. 1976 auf die Rückfahrt nach Nördlingen. Der Wagen gehört zur Bauart ›Hamburg‹ (515 101 – 112, 120 – 138), die sich durch ein achtplätziges 1. Klasse-Abteil im Anschluß an den Gepäckraum auszeichnen. Trotz des Namens war die gesamte Serie nie in Hamburg beheimatet; 515 138 lief ab 1958 in Limburg, ehe er 1970 nach Augsburg kam. 8. 6. 1976.

Am 8. 10. 1972 begegnet uns bei Löpsingen 515 029, der nur die zweite Klasse besitzt. Die schönen alten Straßenbäume wurden bisher durch die Straßenbauverwaltung und den ADAC verschont, ein Tribut an die Verkehrssicherheit ist dagegen der weiße Begrenzungspfosten und eine Blinklichtanlage, deren Überwachungssignal im Vordergrund von der Rückseite zu sehen ist. Während die obere Lampe (für das weiße Blinklicht; Signal Bü 1) elektrisch parallel mit dem roten Blinklicht für die Autofahrer beleuchtet wird, brennt das untere orangene Dauerlicht (Signal Bü 0) mit Propangas. Mindestens alle vier Wochen muß der Schwerkleinwagen der Bauart 960 kommen und eine neue Gasflasche bringen.

dieser drei Strecken. Und noch ein nicht unbeträchtlicher Unterschied: Sie blieb als einzige zeitlebens eine Stichbahn. Die Gründe dafür sind geographischer Natur. Wemding liegt am Fuße der Fränkischen Alb, die ohne Einsatz erheblicher Mittel nicht – etwa auf Treuchtlingen zu – hätte überquert werden können. Und so viel hatte man sich nie von dieser Strecke versprochen, als daß derartige Investitionen hätten sinnvoll erscheinen können. Zwar sollen Braunkohlevorkommen im Ries, an dessen Ostrand das hübsche Städtchen Wemding liegt, als wichtiger Anstoß zum Bau der Strecke gewirkt haben, aber zur Braunkohleabfuhr ist es dann tatsächlich nie gekommen.

Dabei könnte die Strecke derartige Massentransporte heute ganz gut gebrauchen. Auf den seit dem 5. Oktober 1903 planmäßig befahrenen Gleisen hat sich der Güterverkehr in den letzten Jahren zwar einigermaßen entwickelt, so daß die Strecke vorerst als gesichert gilt, aber angesichts der betagten Wörnitz-Flutbrücke weiß man nie . . .

Ach ja, der Personenverkehr: Der war am 30. Mai 1981 ganz an den Bus übergegangen.

885 Nördlingen–Dombühl 54 km

»Reichsstädtebahn« – mit diesem recht erhaben dastehenden Titel wurde nicht selten die Strecke Nördlingen–Dinkelsbühl belegt. Am 2. Juli 1876 war die Verbindung der beiden geschichtsträchtigen, auch heute noch mit berechtigtem Stolz ihr mittelalterliches Gewand herauskehrenden Städte eröffnet worden, damals noch als Hauptbahn. Aber der erwähnte, seiner vornehmen Bedeutung jedoch längst ledige Titel – aus den freien Reichsstädten des Mittelalters waren inzwischen einfache bayerische Landstädte geworden – konnte auch nicht darüber hinwegtäuschen, daß die Handelswege im 19. Jahrhundert andere Richtungen genommen hatten. Für Nördlingen machte die große Süd-Nord-Bahn noch einen großen Bogen (siehe KBS 918), das kleinere Dinkelsbühl aber blieb abseits liegen.

Als dieser Mangel durch den Bau der Strecke von Dombühl (Strecke Ansbach–Crailsheim) über Feuchtwangen und Dinkelsbühl selbst nach Nördlingen behoben werden sollte, erlaubten die Bayerischen Staatseisenbahnen nur noch dem südlichen Teil – wie gesehen – den Hauptbahnstatus. Dinkelsbühl–Feuchtwangen, eröffnet am 1. Juni 1881, war zwar ursprünglich ebenfalls als Hauptbahn vorgesehen, wurde dann aber nach Vizinalbahnnormen verwirklicht. Feuchtwangen – Dombühl schließlich wurde von vornherein »vizinal« konzipiert (eröffnet am 15. April 1876). Große Waren- und Reisendenströme, soviel läßt sich aus alledem schließen, flossen schon damals nicht mehr.

Andererseits bereitete die Strecke in Bau und Betrieb auch keine großen Probleme. Ab Dombühl folgt sie bis Feuchtwangen der Sulzach, steigt dann aber sanft hinüber auf die weite, von der Wörnitz durchflossene Hochfläche und fällt schließlich ab Wilburgstetten durch den Öttinger Forst langsam ins Ries hinab. Insgesamt war die Reise über die südliche Frankenhöhe eher be-

Relativ schmucklose, mehr oder weniger große kubische Bahnhofsgebäude (wie hier in Marktoffingen) waren auf fast allen Stationen zwischen Nördlingen und Dombühl zu finden. Eine stilistische Ausnahme bildete nur Schopfloch. Am 31. 1. 1981 hat 212 185 drei 515/815 am Haken. Die Lok wurde jedoch nicht wegen des Schnees vorgespannt, sondern um eine Lokleerfahrt zu sparen.

Auf den Tag drei Jahre später lag ebenfalls Schnee auf der Strecke 885. Kaum zu erkennen ist die Bahnsteigkante des Bedarfshaltepunktes Rühlingsstetten, dessen zugehöriger Ort weitab von der Bahn zu suchen ist. ›Bedarf‹ bestand an diesem Tag keiner; der Triebwagen 515 029 hatte wegen des Fotografen auf Verdacht gehalten. Für Juristen ist sicher die Frage interessant, wie es mit der Verkehrssicherungspflicht auf winzigen Haltepunkten aussieht, auf denen praktisch nie der Schnee geräumt wird?

Natürlich dürfen die berühmten Signale von Wilburgstetten nicht fehlen, die oft als die letzten bayerischen Hauptsignale bezeichnet wurden. Bezieht man sich dabei auf die Originalform mit Rundmast und durchbrochenen Flügeln (allerdings ohne Ruhehaltstellung), so ist dieser Anspruch gerechtfertigt. Die typischen eckigen bayerischen Signalflügel finden sich aber noch häufiger, so z. B. in Garmisch-Partenkirchen. Auch 515 005 gehört zur ersten Akku-Triebwagen-Vorserie mit weniger leistungsfähigen Batterien und nur 2. Klasse, von denen im Bw Augsburg die Wagen 515 005 – 012, 014, 017 – 023, 026 und 029 beheimatet waren.

schaulich als beeindruckend. Wenn nicht ausgerechnet an dieser Strecke im auch heute noch etwas abgelegenen Grenzland zu Württemberg die letzten bayerischen Flügelsignale das Kommen und Gehen von Zügen und Zeiten überdauert hätten, wäre das Ende der »Reichsstädtebahn« wohl ein ganz stilles geworden.

Am 1. Juni 1985 war es soweit, der letzte Zug übertrug seine Aufgabe an den Bus. Busse spielten übrigens im Fahrplan der Strecke 885 einige Jahre lang eine recht eigentümliche Rolle. In fetten Ziffern waren da neben den allesamt mager gedruckten Zugläufen auch Fernbusse der »Deutschen Touring GmbH« aufgeführt, die über die »Romantische Straße« neben den Gleisen herfuhren.

Wie Fernbusse, Reisezüge und altbayerische Signale drohen auch andere Dinge verschütt zu gehen. Zwar soll nach dem Willen der BD München der – keineswegs überzeugende – Güterverkehr zwischen Nördlingen und Dombühl bleiben, aber zumindest im mittleren Abschnitt zwischen Dinkelsbühl und Feuchtwangen würde eine teilweise Stillegung nicht überraschen.

901 Göppingen–Schwäbisch Gmünd 27 km

»Unsere Nachfahren werden diese Strecke einmal wieder eröffnen«, soll der Göppinger Landrat halb wehmütig, halb zuversichtlich schon vor der lange diskutierten Stillegung des Personenverkehr trotzig behauptet haben. Nun, der letzte planmäßige Schienenbus rollte am 2. 6. 1984 zwischen Göppingen und Schwäbisch Gmünd, eine Wiedereröffnung aber ist nicht in Sicht. Zum Silvestertag 1985 wurde schließlich der Abschnitt Göppingen–Maitis-Hohenstaufen ganz stillgelegt, dann demontiert. Warten wir also auf die Nachfahren.

Schön wär's schon! Das 27 km lange Geleise durchs Kernland der alten Staufer bot nicht einfach nur eine landschaftlich reizvolle Reise, sondern auch einen Blick auf die deutsche Geschichte. Am Fuß von Hohenrechberg und Hohenstaufen schlängelte es sich mit zahllosen Windungen und kräftigen Steigungen über den Landrücken zwischen Fils- und Remstal. Rund eine dreiviertel Stunde brauchten die ehemaligen Zahnrad-Schienenbusse der Reihe 797 ebenso wie die »normalen« der Reihe 798 dafür. Romantisch veranlagten Reisenden oder Urlaubern mag das gefallen haben, wer es eilig hatte – und das ist stets die Mehrheit – nutzte das dichte Straßennetz. Nur die Schüler hielten letztlich dem Bähnchen die Treue. Das war der Bundesbahn verständlicherweise zu wenig, um die anstehenden Sanierungsarbeiten der Strecke noch tragen zu wollen. Denn

Am 18. 1. 1977 warten in Schwäbisch Gmünd Süd schon einige Kinder auf den Schienenbus, um ihren Schlitten an den letzten Wagen anzubinden. Das ruft natürlich den Schaffner auf dem Plan, und der Zug mit 797 501 kann erst im zweiten Anlauf den Bahnhof verlassen. Der ehemalige Zahnrad-Schienenbus wurde 1961 bei Uerdingen gebaut und 1984 ausgemustert.

Bei Straßdorf schlängelt sich vor der Kulisse des Rechbergs eine dreiteilige Schienenbus-Garnitur mit dem Steuerwagen voran durch die Landschaft. Am 19. 4. 1984 beginnt das Grün der Blätter sich langsam gegen die Farben des Winters durchzusetzen. Für die Bahnlinie aber gab es nur noch einen kurzen Frühling, denn sechs Wochen später fuhr der letzte Zug.

Kurz hinter Faurndau Nord schließt sich die Nebenbahn der Hauptstrecke Stuttgart–München an, um ihr bis Göppingen zu folgen. Während Faurndau Nord als (unbesetzter) Bahnhof klassifiziert war, ist der ›Hauptbahnhof‹ von Faurndau nur ein Haltepunkt an der Hauptstrecke, der dafür aber heute noch von rund 50 Zügen täglich bedient wird. Das hübsche Bahnhofsgebäude von Faurndau Nord, das stilistisch den anderen Bahnhöfen in etwa entsprach, war daher sicherlich entbehrlich.

auch nach einer Generalüberholung wäre ein großes Manko geblieben: die Bahnhöfe und Haltepunkte lagen größtenteils von den gleichnamigen Orten weit entfernt.

Kurz vor dem Ersten Weltkrieg, in der Eröffnungszeit der Strecke (Gmünd–Wäschenbeuren 1. 8. 1911; Wäschenbeuren–Göppingen 15. 5. 1912), war das noch kein großer Mangel. Die Waldgemeinden werden froh gewesen sein, endlich ihren Bahnanschluß erhalten zu haben. Und wer aus dem gewerbereichen, dicht besiedelten Filstal hinüber ins Remstal wollte, konnte nun auch auf den mühevollen Umweg über Stuttgart verzichten. Für die Städte und Gemeinden in den Flußtälern selbst spielte die kleine württembergische Staatsbahnstrecke sonst kaum eine Rolle. Durch die Hauptstrecken Stuttgart - Gmünd–Aalen und Stuttgart–Göppingen–Ulm waren sie längst gut versorgt.

903 Süßen–Donzdorf 3 km

Halten wir uns an diesen kleinen Nebenbahnrest – und fassen uns kurz. Ursprünglich bis nach Weissenstein auf der Alb ging die am 7. Dezember 1901 von der Württembergischen Staatsbahn eröffnete Verbindung. Mit Ende des Winterfahrplans 1968/69 stellte die DB aber auf dem hinteren, sehr steigungsreichen Streckenteil nach Weissenstein den Personenverkehr ein, im September 1981 folgte dann auch der Güterverkehr. In Donzdorf, der mit Abstand größten Kommune an der ganzen Strecke, war fortan Endstation.

Inzwischen sind die Bürger der Stadt Donzdorf

Die Württembergische Staatsbahn verkleidete ihre Bahnhofsgebäude gerne mit Holzschindeln oder einer Kombination von Holzschindeln und Brettern bzw. Leisten, so wie hier in Donzdorf. Leider achtete man in den folgenden Jahrzehnten bei Anbauten und Erweiterungen wenig auf denkmalpflegerische Aspekte bzw. stilistische Einheit. So ›zieren‹ den weißgestrichenen Kiosk rechts Glasbausteine und Eternitdachplatten. Der zweite Morgenzug aus Süßen ist um 7.00 Uhr eingelaufen und wird in wenigen Minuten nach Göppingen zurückkehren. Hinter der 211 284 läuft ein Pwghs 054 und vier 2. Klasse Umbau-Vierachser (›Alle Züge 2. Klasse‹).

auch dann auf Auto oder Bus angewiesen, wenn sie in Süßen die Züge der Hauptbahn Ulm–Stuttgart erreichen wollen. Für das Winterhalbjahr 1979/80 war letztmalig einer der schon seit Jahren unter schleichender Schwindsucht leidenden Fahrpläne für die Strecke 903 aufgestellt worden, zum 30. 5. 1980 war also der Personenverkehr Geschichte geworden. Das mangelnde Interesse der Bürger an der Nebenbahn dürfte wohl unter anderem seine Ursache darin gehabt haben, daß der Bahnhof Donzdorf sich nicht unbedingt durch Nähe zum Ort auszeichnete. Ein auf vielen (Neben-)Strecken anzutreffender Sachverhalt, dem die DB inzwischen erfreulicherweise wachsendes Interesse schenkt.

Für Donzdorf allerdings ist es zu spät. Der werktäglichen Übergabe zu einem Industriebetrieb hinter dem Bahnhof wird's ebenfalls gleichgültig sein. Die Strecke gilt bei der DB als erhaltenswürdig.

904 Geislingen (Steige)–Deggingen 13 km

Eine weitere Strecke, die zum Zeitpunkt ihres Abschieds bereits eine Amputation hinter sich hatte; eine weitere Strecke, die die Ortschaften der Alb an die Ostbahn Ulm–Stuttgart anbinden sollte; eine weitere Strecke, auf der mit Inkrafttreten des Sommerfahrplans 1980 der Personenverkehr verschwand; eine weitere Strecke, die schon lange ihre ursprüngliche Funktion verloren hatte.

Als am 21. Oktober 1903 der erste planmäßige Zug Geislingen, am Nordrand der Alb, filsaufwärts verließ, hieß der Zielbahnhof nach Wiesensteig. Nachdem mangels Kundschaft die Bundes-

Bis zur Einstellung des Personenverkehrs waren auf der Strecke 904 Vorkriegspersonenwagen zu bewundern. Hier müht sich 211 045 am 7. 8. 1979 damit ab, ihren Zug die steile Rampe von Geislingen Altenstadt nach Geislingen heraufzuschleppen. Seit 1937 wurde hier elektrisch gefahren, und da der Erzverkehr immer noch nicht betrieblich befriedigend abgewickelt werden konnte, wurde 1940 sogar eine Umgehungsstrecke für die Steilrampe eröffnet.

Ein klassisch württembergisches Bahnhofsgebäude mit Bretterverschalung besaß Bad Überkingen, das u. a. durch sein Sprudelwasser bekannt wurde. Im Hintergrund ist zumindest einiges Leergut für dessen Versand zu sehen. Am 14. 5. 1980 – gut zwei Wochen vor der Stillegung – hat 211 043 ihren Zug aus einem BDyg und drei Vorkriegs-Vierachsern nach Bad Überkingen gebracht.

211 042 führt am 5. 9. 1979 bei Bad Überkingen die Normalgarnitur der Degginger Nebenbahn, zu der auch ein vierachsiger Vorkriegs-Packwagen der Einheitsbauart gehört. Bad Überkingen und Deggingen werden heute durch die teilweise vierspurige B 466 an Geislingen angebunden.

bahn die Strecke immer weiter hatte verwahrlosen lassen (böse Zungen mögen behaupten, daß es – hier wie andernorts – eher umgekehrt gewesen sei; damit täte man der Automobilbegeisterung der Bundesbürger allerdings unrecht!), wurde mit Ablauf des Jahres 1968 das westliche Streckenstück von Deggingen bis Wiesensteig aus der Liste der im Betrieb befindlichen Strecken getilgt. Knapp zehn Jahre später schien auch dem Rest der Nebenbahn die Stunde geschlagen zu haben, als ein Dammrutsch die Strecke unterbrach. Noch einmal gewährte das Schicksal Aufschub, erst am 30. Mai 1980 fuhr tatsächlich der letzte Reisezug.

Auch im Güterverkehr gibt es hinter Geislingen keine Verwendung mehr. Bis Geislingen-Altenstadt (im Dritten Reich sogar für den Erzverkehr elektrifiziert) wird die Strecke noch rege bedient, das ist alles. Optimisten mögen sich darüber freuen, daß dieser Abschnitt mit seinem steilen Abstieg vom hoch über dem Ortskern gelegenen Bahnhof Geislingen hinunter in die Stadt der interessanteste ist.

905 Amstetten (Württemberg)–Laichingen 19 km

Nirgendwo sonst in Deutschland gab – und gibt es – in den letzten Jahren so viele nicht bundeseigene Eisenbahnen mit Personenverkehr wie in Baden-Württemberg. Die geringe »Sterblichkeit« ist sicherlich mit darauf zurückzuführen, daß das Gros der Bahnen unter zwei Dachgesellschaften zusammengefaßt ist: der Südwestdeutschen Eisenbahnen AG (siehe KBS 705) sowie der Württembergischen Eisenbahn-Gesellschaft mbH (WEG)/Württembergischen Nebenbahnen GmbH (WNB). WEG und WNB hatten ursprünglich nichts mit einander zu tun und sind reine Betriebsführungsgesellschaften, die zum 1. Januar 1985 endlich fusionierten. Das Kapital der von ihnen betreuten Strecken wurde von unterschiedlichen Eigentümern gehalten. Während die WNB zuletzt nur noch zwei von einst vier Bahnen betrieb, waren es bei der WEG bis zum Sommer 1985 nach wie vor sieben, darunter Amstetten–Laichingen.

Die am 20. Oktober 1901 eröffnete Strecke, die gleich hinter Amstetten auf etwa vier Kilometern 123 Meter bergan klettern mußte, war die letzte »klassische« noch voll in Betrieb befindliche schmalspurige Nebenbahn (Meterspur) auf dem bundesdeutschen Festland. Sie wickelte Güter- und Personenverkehr ab, ihre Strecke war gegenüber dem Eröffnungstag noch nicht gekürzt worden. Das Ende fiel dafür um so drastischer aus. Nachdem am 31. August 1985 der letzte Personenzug und am 13. 9. 1985 der letzte Güterzug gefahren war, wurde sofort mit dem Abbau begonnen. Nur das rund sieben Kilometer lange Teilstück Amstetten–Oppingen konnte von Eisenbahnfreunden gerettet werden. Hier sollen Museumszüge mit der Dampflok 99 7203 der Albtalbahn bzw. der Ulmer Eisenbahnfreunde fahren.

Schon im Februar des Jahres 1985 waren die meisten Züge durch Busse ersetzt worden, im Sommerkursbuch tauchte die Strecke gar nicht mehr auf, es gab aber doch noch einmal einen Fahrplan, »gültig vom 2. Juni 1985 bis auf Widerruf«.

Anfang der 80er Jahre hatte die WEG mit Unterstützung des Landes am Bahnhof Amstetten, wo auf dem Scheitel der Schwäbischen Alb die

Gleich hinter der Bahnhofsausfahrt von Amstetten lag dieser markante Felseinschnitt, der am 30. 7. 1982 vom Triebwagen T 31 und einigen aufgebockten Normalspur-Güterwagen durchfahren wird. Im Hintergrund ist schwach die Hauptbahn Stuttgart–München zu erkennen, die bei Amstetten den Albaufstieg über die Geislinger Steige bereits hinter sich hat. Der Felseinschnitt wurde in den letzten Jahren auf der rechten Seite erweitert, um zusätzlich einer Straße Platz zu machen.

Ein Unikat war dieser aus den zweiachsigen Normalspur-MAN-Schienenbussen abgeleitete vierachsige Triebwagen, der seinen Dienst 1960 bei der Südharz-Eisenbahn begann. Von 1963 bis 1972 lief er auf der Härtsfeldbahn. Typisch für das Laichinger Bähnle war auch der helle Gleiskörper, bedingt durch den fast weißen Kalksteinschotter.

T 30 – noch in alter Lackierung – ist am 28. 8. 1976 mit drei Güterwagen in der Nähe von Laichingen unterwegs. Die Landschaft der Schwäbischen Alb zeigt sich als meist relativ karge Hochfläche. Interessant ist auch die L-Tafel: Bei der Bundesbahn sind von den früheren LP-Tafeln (Läuten und Pfeifen) nach Abschaffung der Läutewerke nur die P-Tafeln übriggeblieben. Vielleicht hat die WEG billig einen größeren Posten übernommen?

Noch vier Jahre vor dem Ende diente die Bahn als Versuchsstrecke für neue LHB-Triebwagen für Bangladesh (Dacca–Chittagong). Im Sommer 1981 konnte man hier für uns so ungewohnte Dinge wie Deckenventilatoren, ›Hock‹-Aborte und Holzklasse bewundern. Bemerkenswert sicher auch die dreistöckige Eisenbahn bei der linken Fahrzeuggruppe: Meterspur-Rollböcke, darauf DB-Normalspur-Flachwagen, darauf Meterspur-Triebwagen. Der rechte Steuerwagen der Garnitur steht an der Rollbockgrube bereits wieder nur auf Normalspur. Der 1981 noch ziemlich ramponiert wirkende T 30 lief ebenso wie der T 31 seit 1956 bei der Härtsfeldbahn, bis zu deren Stillegung. Beide Triebwagen besitzen je vier! 170 PS-Motoren. (Siehe auch Farbteil S. 156)

Nebenbahn auf die DB-Strecke Stuttgart–Ulm trifft, noch eine neue Unterführung zu ihrem Bahnsteig gebaut, außerdem war der Oberbau der gesamten, von schöner Landschaft umrahmten Strecke erneuert und die Werkstatt in Laichingen modernisiert worden. Rausgeworfenes Geld, denn als die WEG 1983/84 nach dem Wegfall staatlicher Beihilfen Kreise und Gemeinden um Hilfe zur Deckung ihres Defizites ansprach, wurde ihr die verweigert. Die WEG war nun nicht mehr bereit, den umfangreichen, aber im wesentlichen auf Schülern basierenden Personenverkehr weiterzuführen. Und auch der sehr spärliche Güterverkehr, der sich seit vielen Jahren auf die Beförderung aufgeschemelter Normalspurwagen beschränkte, lohnte weitere Mühen nicht. Trotzdem ist Amstetten auch heute für Privatbahnfreunde eine Reise wert. Auf der anderen, östlichen Seite des Staatsbahnhofs beginnt die WEG-Strecke nach Gerstetten, die ebenfalls zur Erschließung der armen, von Land- und Forstwirtschaft geprägten Albgemeinden gebaut worden war. Anders als die Laichinger Bahn hat sie aber noch halbwegs befriedigenden Güterverkehr aufzuweisen, kann im Personenverkehr durch geringeres Fahrgastaufkommen zu hohe Defizite vermeiden und auch auf den umständlichen Rollbockbetrieb verzichten – sie ist nämlich normalspurig. Ähnlich wie bald nach Oppingen verkehren auch hier Museumszüge.

911 Mertingen Bahnhof–Wertingen 17 km

Nur rund zwölf Kilometer trennen Wertingen, Endpunkt der von der Station Mertingen an der Süd-Nord-Bahn ausgehenden Lokalbahn, von Welden, Endstation einer anderen, aus Augsburg kommenden Lokalbahn. Beide Strecken entstanden auf Basis des Lokalbahngesetzes vom 30. Juni 1900. Und obwohl beide bequem durch das Laugnabach-Tal hätten verbunden werden können, unterblieb das. Der Schluß liegt nahe, daß sich die Staatsbahnverwaltung ganz einfach nichts davon versprach, weil auch dann die Einnahmen in keinem Verhältnis zum Aufwand gestanden hätten.

Frauenstetten wies wie die meisten Stationen des Wertinger Bähnchens ein kleines Holzempfangsgebäude auf. Am 13. 8. 1980 hätten die Bäume vor dem Regen schützen können, aber es gab weit und breit keine Fahrgäste.

Sehr schlicht ist auch der Bahnhof Wertingen ausgestattet. Das Rampengleis ist durch die Haltetafel (Signal Sh 2) gesperrt, sicherlich wegen der ›Gleisunebenheiten‹ vor dem Prellbock. Bemerkenswert sind auch die Betonschwellen in diesem Gleis, die hier nach anstrengender Hauptbahnnutzung noch einen ruhigen Lebensabend verbringen. 515 011 begann 1955 im fernen Recklinghausen seinen Dienst. 1970 wechselte er nach Wanne-Eickel und 1978 nach Augsburg. Seine endgültig letzte Untersuchung wurde 6 Wochen vor unserer Aufnahme in Limburg durchgeführt.

Daß auf der Weldenbahn der Personenverkehr sogar bis Anfang 1986 überlebte, ist insofern verständlich, als sie direkten Anschluß an Augsburg, die dominierende Stadt der Region, bot. Daß die am 8. Juni 1905 eröffnete Wertinger Nebenbahn wenigstens noch bis zum 29. Mai 1981 Personenverkehr aufweisen konnte, muß dagegen überraschen, ja, fast als Anachronismus gelten. Sie liegt nämlich den Hauptverkehrsrichtungen völlig entgegengesetzt; wer aus Wertingen oder einer der anderen Gemeinden an der Zusam nicht gerade nach Donauwörth oder weiter nach Norden wollte, hatte einen gehörigen Umweg vor sich. Mit Bus oder Pkw ließen sich die wichtigsten Orte der Umgebung einfacher erreichen. Die DB tat schließlich – hier wie in manch anderen Fällen aus durchaus nicht unverständlichen Gründen – ein übriges, um die Entscheidung zum Umsteigen zu erleichtern.

Heute sind auf der nicht sonderlich attraktiven Strecke durchs Donau-Ried nur noch Übergabezüge zu sehen. Nach den Vorstellungen der Direktion München soll der Güterverkehr auch künftig bleiben.

918 Nördlingen–Gunzenhausen 40 km

Von allen in diesem Buch zu beschreibenden Strecken kann Nördlingen–Gunzenhausen auf die vornehmste Tradition zurückblicken, war sie doch Teil des ersten bayerischen Staatsbahnkomplexes, der »Ludwigs Süd-Nord-Bahn«, die sich über 566 Kilometer von Lindau bis Hof durch das blau-weiße Königreich schlängelte. Die Süd-Nord-Bahn war alles andere als eine geradlinige

Süd-Nord-Verbindung, nicht nur der Schlenker über Nördlingen belegt das. Ziel der frühen bayerischen – und nicht nur der bayerischen – Staatsbahnpolitik war es, möglichst viele größere Städte zu verknüpfen und gleichzeitig den erhofften Durchgangsverkehr (etwa von der Schweiz nach Mitteldeutschland) tunlichst lange auf heimischem Gebiet zu halten. Von Lindau über Kempten und Augsburg führte die Strecke nach Donauwörth, Nördlingen, Gunzenhausen, Pleinfeld, Nürnberg, von dort ging's weiter über Bamberg und schließlich nach Hof. In insgesamt 15 Etappen wurde die Süd-Nord-Bahn zwischen 1844 und 1853 eröffnet, zwischen Donauwörth und Öttingen am 15. Mai 1849, zwischen Öttingen und Gunzenhausen am 20. August 1849.

Es war aber nicht nur die Bedeutung der alten Stadt im Ries, die die Staatsbahn über Nördlingen lockte. Zum einen erhoffte man sich von hier aus auch einen baldigen Anschluß an das württembergische Staatsbahnnetz (der 1863 bei Aalen auch zustande kam), und zum anderen mache den Baumeistern der Hahnenkamm, der Bergrücken zwischen Donauwörth und Weissenburg, arges Kopfzerbrechen.

Rund 60 Jahre später wurde dann aber doch durch den Hahnenkamm eine Hauptstrecke geschlagen: Donauwörth–Pleinfeld, eröffnet 1906. In Treuchtlingen kreuzte diese eine andere bayerische Nord-Süd-Hauptlinie, die zwischen 1857 und 1870 fertiggestellte Verbindung Würzburg–Ansbach–Gunzenhausen–Ingolstadt–München. Schon mit dieser hatte die Strecke Nördlingen–Gunzenhausen–Pleinfeld erheblich an Bedeutung einbüßen müssen, ab 1906 trug sie dann endgültig nur noch lokalen Charakter.

Bis heute aber läßt sich am Schienenstrang zwischen Nördlingen und Pleinfeld die einstige Bedeutung ablesen. Alles war vorbereitet für den zweigleisigen Ausbau: Bahnhofsanlagen, Dämme, Brücken. Wie bei fast allen bayerischen Hauptstrecken hatte man aus Sparsamkeitserwägungen aber zunächst nur ein Gleis gelegt, und das genügte auch vollauf. Bis 1889 lagen Doppelgleise nur auf

Sowohl Oettingen als auch Wassertrüdingen besaßen große, der ›internationalen‹ (Sachsen–Bodensee) Durchgangsstrecke angepaßte, Bahnhofsgebäude. 212 018, versehen mit einem fest angebauten Schneepflug, ist mit ihrem Zug am 9. 9. 1985 in Oettingen eingelaufen.

Ein Blick auf das Oettinger Bahnsteig-Ensemble offenbart manch jahrzehntelang vertrautes, aber nie ins Bewußtsein gedrungene Detail. Oder sind Ihnen schon einmal die seltener werdenden halbkreisförmigen Abfallkörbe aus Drahtgeflecht aufgefallen. Der moderne Briefkasten dürfte wahrscheinlich ebenso demontiert worden sein wie der Süßigkeitenautomat, nachdem der letzte Zug 1985 Oettingen verlassen hat.

Zum Vergleich ein ähnliches Bild aus Wassertrüdingen. Hier werben verblichene Plakate für die ferne Vogelfluglinie, und das Innere eines Bpmz-Großraumwagens verspricht ›Urlaub von Anfang an‹. Zu den Süßigkeiten-Automaten wäre noch nachzutragen, daß deren Sortiment auf Bahnhöfen meist ganz anders zusammengesetzt ist als anderswo.

›Man setzt sich hin. Man schaltet ab. Und plötzlich merkt man,‹ ... wie 212 232 den Bahnhof Wassertrüdingen verläßt. 1350 PS oder wie man heute sagt rund 1000 kW sind etwas übermotorisiert für einen ›Silberling‹ sowie den urtümlichen Stückgutwagen der Bauart Pwghs 054. Nun, die Dieselverschwendung dauerte nur kurz. Noch im Winterfahrplan 1984/85 liefen Akku-Triebwagen auf dieser Strecke, und nach dem Sommerfahrplan 1985 war sowieso Schluß.

411 der 4705 Staatsbahnkilometer. Erst bis zur Jahrhundertwende holte hier die Staatsbahn schnell auf.

Zwischen Nördlingen und Pleinfeld jedoch kam es nicht mehr dazu, die Gründe dafür sind genannt. Im Reiseverkehr hielt sich bis 1982 lediglich noch ein Eilzugpaar Nördlingen–Nürnberg, ansonsten nur Nahverkehrszüge. Die wurden dann mit Ablauf des Sommerfahrplans 1985 am 27. September ebenfalls eingestellt. Im Güterverkehr, der insgesamt recht schwach und auf Wassertrüdigen konzentriert ist, soll die Strecke via Nördlingen weiter genutzt werden.

941 Mühldorf (Oberbayern)– Wasserburg (Inn) Bahnhof 36 km

Möglich, daß schon bald nach Erscheinen dieses Buches hier wieder Reisezüge fahren. Nach dem bereits erwähnten »DB-Programm in Bayern« und einem darauf fußenden Vertrag zwischen dem Freistaat und der DB vom März '86 soll nämlich der mit Einstellung des Schienenpersonenverkehrs am 28. September 1985 eingerichtete »Schienenersatzverkehr« seinerseits wieder ersetzt werden: durch Züge nämlich.

Solches Tun, so es denn Realität werden sollte, wäre selten genug. Seltener, ja kurioser noch war das, was als Grund für die Einstellung des Schie-

Schienenbustreffen in Wasserburg Bahnhof, von wo aus man am 7. 8. 1983 noch in vier Richtungen mit dem Schienenbus fahren konnte. Im Bild (von links nach rechts) nebeneinander 998 762, 998 865 und 798 762. Selbst wenn die Strecke nach Mühldorf wieder eröffnet wird, wird sich ein solches Bild kaum noch einmal wiederholen lassen.

Schienenbus-Steuerwagen 998865 am 8. 8. 1983 im Bahnhof Soyen. Ähnlich wie die meisten Bahnhöfe der Hauptbahn zwischen Rosenheim und Mühldorf besitzt auch Soyen ein typisch bayrisches, fast kubisches Bahnhofsgebäude.

Auch die Innbrücke bei Königswarth muß grundlegend saniert werden, bevor der Verkehr wieder rollen kann. Am 9. 8. 1983 rollt 798 785 mit zwei Beiwagen über das Bauwerk, dessen Pfeiler und Widerlager für einen zweigleisigen Ausbau ausgelegt sind. Die Pfeiler und Widerlager werden übrigens gerne von Alpinisten zum Klettern benutzt, wie es der erstaunte Chronist im August 1983 mehrfach beobachten konnte.

Haltepunkt Innbrücke Süd am 8. 8. 1983. Der Schienenbus, der im Hintergrund schwach erkennbar im Haltepunkt Innbrücke Nord aus Mühldorf eingelaufen ist, hat sich geleert, und die Reisenden samt Express-Gut und Gepäck marschieren über die baufällige Brücke, der ein Schienenbus nicht mehr zugemutet werden darf. Eine nicht ganz unähnliche Situation gab es auch auf einer Bahnbuslinie, bei der die Straßenbrücke über eine Bahnstrecke nur mit einem leeren Bus befahren werden durfte, so daß die Fahrgäste erst hinter der Brücke wieder einsteigen durften.

998 872 wartet in Innbrücke Nord auf die Rückfahrt nach Mühldorf. Statt des Bahnkörpers führt ein sogfältig gezimmerter Brettergang über den Inn, der zur Beleuchtung sowohl Lampen als auch einen Fensterstreifen aus Plastikfolie erhalten hat.

nenverkehrs herangezogen worden war: die Jettenbacher Brücke über den Inn war nicht mehr begehbar. Im wahrsten Sinn des Wortes begehbar, befahren wurde sie wegen drohender Einsturzgefahr schon seit 1978 nicht mehr. Fortan mußten Reisende auf der Route Mühldorf–Rosenheim auf der einen Seite der Innbrücke aussteigen, diese zu Fuß überqueren und am anderen Brückenkopf in den wartenden Schienenbus steigen. Angesichts der Leidenswege ihrer Kunden zeigte die DB immerhin Herz und spendierte für den rund 150 Meter langen Fußweg eine Bretterverkleidung als Wetterschutz und auch einige Kofferkulis; die aus Draht natürlich.

Die Innbrücken hatten schon zur Zeit des Baus der Strecke Mühldorf–Wasserburg–Rosenheim für überregionales Interesse an dieser ansonsten fast nur lokal bedeutenden Verbindung gesorgt. Mehr als die Brücke bei Jettenbach war es die Königswarther, die immerhin 50 Meter hoch sowie 280 Meter lang ist und deren mittleres Feld in gerüstlosem Vorbau erstellt worden war. Das war damals (Mühldorf–Rosenheim wurde am 1. Mai 1876 in ganzer Länge eröffnet) eine kleine technische Sensation. Bleibt zu hoffen, daß die bereisenswerte Strecke durch das hier eher »platte« Oberbayern künftig durch keinerlei Sensationen oder Kuriositäten mehr auf sich aufmerksam macht und bald wieder eine von vielen »ganz normalen« Strecken sein wird, auf denen ganz normale Reisezüge fahren.

972 Kempten (Allgäu) Hbf–Isny 38 km

Auch diese Nebenbahn ist ein »Brückenopfer« geworden, aber für sie wird es mit Sicherheit keine Wiederauferstehung geben. Nur noch ein knapp vier Kilometer langer Rest wird heute als Anschlußgleis von Kempten aus bedient, von den übrigen 34 Kilometern wird vermutlich schon bald nicht mehr viel zu sehen sein.

Daß die DB die Gelegenheit beim Schopfe

Einige besonders idyllische – oder je nach Sichtweise – auch primitive Haltepunkte besaß die Strecke Kempten–Isny. Wie gefällt Ihnen z. B. Leutfritz, dessen ›Bahnhof‹ am 16. 5. 1980 durch den 627 008 angefahren wird? Die wenigen Bewohner von Leutfritz müssen seit 1984 auf den Luxus der Baureihe 627 verzichten; sie werden Ende 1987 durch die neue Bundesstraße 12 n entschädigt.

Auch die Hütte in Klausenmühle dürfte ihresgleichen suchen, zudem gibt es hier in der Nähe einige Wassermühlen, die den Wanderer zu einem Besuch einladen. Nach Klausenmühle fuhr der Zug aus den im Text erwähnten ›technischen‹ Gründen nur bis 1983. 16. 5. 1980.

Die berühmten ›glücklichen‹ Kühe, sicher bekanntestes Markenzeichen des Allgäus weiden in Sibratshofen am Hang über dem Bahnhof. Wer möchte sich nicht auf die Bank oberhalb der Weide in die Sonne setzen und den Blick auf die Allgäuberge sowie den wendenden 627 004 genießen. Zum Zeitpunkt der Aufnahme am 4. 9. 1984 endete die Strecke bereits hier, und keinen Monat später war es ganz vorbei mit einer der landschaftlich schönsten deutschen Strecken. (Siehe auch Farbteil S. 156)

packte und zunächst den Abschnitt Sibratshofen–Isny nicht mehr mit Zügen bediente (seit dem 14. April 1983), weil eine Brücke über die Argen für zu altersschwach befunden worden war, kann man ihr kaum verübeln. Allzuviele Fahrgäste werden sich auch nicht beschwert haben, denn per Bus über die Bundesstraße 12 war Isny (von wo übrigens bis 1969 auch Reisezüge nach Leutkirch fuhren) zuletzt knapp eine halbe Stunde schneller zu erreichen als mit dem Zug. Das liegt nicht nur am »bösen Willen« der »stillegungsversessenen« Bundesbahn, sondern hauptsächlich ganz einfach daran, daß die als Gemeinschaftswerk von den Bayerischen und der Württembergischen Staatsbahnen gebaute und am 15. Oktober 1909 eröffnete Strecke die beträchtlichen Höhenunterschiede ohne teure Tunnel und Viadukte meistern sollte. Ergebnis: Die deshalb notwendige künstliche Längenausdehnung dehnte auch den Fahrplan bzw. die Fahrzeiten, die Bahnhöfe lagen zudem von den gleichnamigen Ortschaften recht weit entfernt. Wer »nur mal so« die herrliche Allgäuer Landschaft in Ruhe genießen wollte, wird sich daran kaum gestoßen haben. Wer jedoch täglich auf Zug oder Bus angewiesen ist, sieht das anders.

Nachdem von Sibratshofen bis Isny, also auf dem »Hoheitsgebiet« der Direktion Stuttgart, der Anfang gemacht worden war, ließ ihrerseits die Direktion München am 29. September 1984 in Bayern die Stillegung folgen; übrigens offiziell getarnt als »Schienenersatzverkehr wegen schadhafter Brücken«, da eine Stillegungserlaubnis des Verkehrsministeriums noch gar nicht vorlag. Die »offizielle« Stillegung erfolgte erst zum 31. 5. 1986.

982 Landsberg (Lech)–Schongau 29 km

Die wachsende Attraktivität der bayerischen Landeshauptstadt bekam auch das Lechtal zu spüren – allerdings im negativen Sinne. Alle Verkehrsadern, die nicht auf München ausgerichtet waren, verloren besonders seit den 60er Jahren dieses Jahrhunderts zusehends an Bedeutung. Was sich querlegte oder schon quer lag, sollte den Zug der Zeit verpassen. Das gilt natürlich erst recht für eine kleine und behäbige Lokalbahn, wenn auch schon Städte wie Schongau, Luftlinie immerhin rund 40 Kilometer von der Hauptstadt entfernt, zum Einzugsbereich der Metropole gehören. Es ist kein Zufall, daß als einzige der einst drei von Schongau ausgehenden Strecken diejenige nach Weilheim (– München) übriggeblieben ist. Dabei ist sie über 30 Jahre jünger als die Landsberger, über die am 16. November 1886 der Eröffnungszug schnaufte.

Daß Schongau via Landsberg, das seinerseits seit 1872 über Kaufering Anschluß an die Süd-Nord-Bahn Lindau–München hatte, ans Eisenbahnnetz geknüpft wurde, hatte natürlich in erster Linie finanzielle Gründe. Mehr als eine Lokalbahn wollte die Staatsbahnverwaltung »nicht springen lassen«; und da Lokalbahnen billig sein mußten, blieb nur eine Trassierung durch das rela-

Der Schülerzug aus Schongau ist am 29. 3. 1976 mit 795 525 und Beiwagen 995 425 in Asch-Leeder eingelaufen. Der Beiwagen stammt übrigens aus der Eschweger Firma Orion, ein Betrieb, welcher außer bei Schienenbusbeiwagen nie in der Eisenbahngeschichte aufgetaucht ist. Das Bahnhofsgebäude macht schon einen arg verfallenen Eindruck.

Neun Jahre später am 26. 7. 1985 ist das Empfangsgebäude abgerissen, und der Personenverkehr eingestellt. Noch relativ häufig passiert ein Güterzug den Bahnhof Asch-Leeder und wird auch den einsamen Güterwagen bei Gelegenheit wieder mitnehmen.

Bis zur Betriebseinstellung wurde die Strecke im Personenverkehr mit Akku-Triebwagen der Baureihe 515 bedient, die u. a. die einmotorigen Schienenbusse der Reihe 795 abgelöst hatten. Am 24. 4.1984 verläßt der 515 010 den Bahnhof Unterdießen in Richtung Landsberg. Wie bei vielen Akku-Triebwagen kann man am Zierstreifen erkennen, daß sich der Wagenkasten unter der Last der schweren Batterien durchgebogen hat und in der Mitte ›durchhängt‹. 515 010 ist zudem einer der ältesten Wagen dieser Reihe (Baujahr 1955). Neben dem Bahnhof finden wir wie in Asch-Leeder eine große Kastanie, deren Alter – gerechnet nach der Streckeneröffnung – etwa 100 Jahre betragen dürfte.

tiv breite und steigungsarme Lechtal übrig. Solange die Bahn konkurrenzlos war, mußten sich die Reisenden mit diesem Umweg und Umstand abfinden.

Erst 1917 erhielt Schongau durch eine neue, steigungsreichere Strecke den langersehnten Bahnanschluß Richtung München, sechs Jahre später war die Nebenbahn nach Kaufbeuren durchgehend befahrbar. Diese, die letzte, war in Sachen Stillegung die erste: 1972 wurde der Reiseverkehr eingestellt, kaum etwas ist von ihr geblieben. Am 2. Juni 1984 wurde dann auch der Reisezugverkehr nach Landsberg eingestellt. Auf dieser Strecke soll aber wenigstens der Güterverkehr bleiben, dessen Hauptnutznießer die Forstwirtschaft ist.

984 Ettringen–Markt Wald 7 km

Was hier bislang geschah, war sozusagen nur das Vorspiel. Denn Ettringen–Markt Wald war nur ein kleines Zwischenstück der Nebenbahn Gessertshausen–Türkheim. Und genau auf der soll nach dem bereits erwähnten Vertrag zwischen DB und Freistaat Bayern möglichst bald der Personenverkehr ganz eingestellt werden.

Die zum Abschuß freigegebene Strecke verknüpfte quer durch den Naturpark »Augsburg Westliche Wälder« die Hauptbahnen Buchloe–Memmingen und Augsburg–Ulm. Nennenswerte Ortschaften gibt es hier in Mittelschwaben nicht, zwischen Wäldern und Feldern liegen verstreut die Dörfer und Höfe. Die letztlich gewählte Tras-

Am 17. 2. 1976 konnte man zwischen Ettringen und Markt Wald noch mit dem Modernsten, was die DB im Nahverkehr zu bieten hatte, eine Reise unternehmen. Das wurde sogar im ›Spiegel‹ gerügt, der in einem Bericht über die DB schrieb, sie ›verstecke‹ ihre modernsten Triebwagen auf irgendwelchen Nebenbahnen um Augsburg. Vieles hat sich seither verändert. Das im Hintergrund sichtbare Einfahrsignal von Markt Wald aus Richtung Ettringen wird nie wieder ›Freie Fahrt‹ zeigen und auch die 13 Triebwagen der Baureihe 627 werden immer Einzelstücke bleiben, weil Bahnen, auf denen sie von der Kapazität ausreichen würden, sowieso auf Busverkehr umgestellt werden.

Beim ehemaligen Haltepunkt Schnerzhofen wurden die Gleise an einer Straße bereits unterbrochen. Die noch liegenden Gleise veranschaulichen am 25. 3. 1987, wie sich die Natur zaghaft nach noch nicht vier Jahren Stillegung ihr Terrain zurückerobert, nachdem sie fast 75 Jahre dem Bahndamm weichen mußte.

sierung ergab sich vermutlich einfach anhand der Tatsache, daß so der am weitesten nach Süden weisende aller in Frage kommenden Bachläufe verfolgt werden konnte. Es hätten sich wegen der lockeren Besiedlung auch andere Trassen angeboten, das Ergebnis mußte ebenso willkürlich wie umstritten bleiben.

Auch den Bayerischen Staatseisenbahnen war offenbar nicht ganz wohl bei dieser typischen Lokalbahn. Über vier Jahre dauerte es, ehe nach dem ersten der insgesamt fünf Teilstücke auch das letzte endlich eröffnet werden konnte: Ettringen–Markt Wald war am 20. Dezember 1911 an der Reihe.

Mit dem 27. 5. 1983 verschwanden hier wegen des miserablen Gleiszustandes still und leise die letzten Zugläufe aus den Fahrplänen. Markt Wald–Gessertshausen soll folgen, Ettringen–Türkheim ist bereits zum 9. Januar 1987 stillgelegt worden. Während über die Zukunft des Güterverkehrs dort noch spekuliert werden kann, hat die DB auf dem Zwischenstück bereits Fakten geschaffen: Die Strecke ist hier unterbrochen und soll möglichst bald aus der Landschaft verschwinden.

Kursbuchstrecken 10001 und 10006 siehe hinter KBS 218

Eröffnungsgesellschaften der behandelten Strecken

Gesellschaft	Strecke
Aachener Industriebahn	454
Aachen-Jülicher Eisenbahn	454
Altona-Kieler Eisenbahn	142, 146, 148
Badische Lokaleisenbahnen	705
Badische Staatseisenbahnen	726, 738
Bad und Reederei Spiekeroog	10006
Bayerische Staatseisenbahnen	812, 821, 822, 825, 872, 875, 876, 877, 884, 885, 911, 918, 941, 972, 982, 984
Bergisch-Märkische Eisenbahn	249, 361, 411, 448, 455, 460
Berlin-Hamburger Eisenbahn	161
Braunschweigische Eisenbahn	256
Braunschweigische Landeseisenbahn	231
Dampfschiffsreederei Norden	10001
Deutsche Bundesbahn	140, 231, 453
Deutsche Reichsbahn	367, 644, 784
Dortmund-Gronau-Enscheder Eisenbahn	285
Eschweiler Bergwerks-Verein	453
Georgsmarien-Bergwerks- und Hüttenverein	202, 283
Hannöversche Staatseisenbahnen	257
Hessische Ludwigsbahn	665, 675
Hessische Staatseisenbahnen	527, 528, 559, 589, 661
Kiel-Schönberger Eisenbahn	133
Kleinbahn Werne-Ermelinghof	283
Köln-Bonner Kreisbahnen	494, 495
Köln-Bonner Eisenbahnen	495
Kreis Kirchhain	527
Kreis Oldenburger Eisenbahn	140
Lenz & Co	133, 705
Lokalbahn Deggendorf-Metten	866
Münster-Enscheder Eisenbahn	285
Oldenburgische Staatseisenbahnen	216
Pfälzische Eisenbahnen	641 (neu), 651
Pfälzische Maximiliansbahn	675, 681, 682, 683
Pfälzische Nordbahnen	665, 666

Bibliographie

Die nachfolgende Bibliographie stellt nur die auch wirklich benutzten Monographien und Zeitschriftenaufsätze namentlich vor. Der tatsächliche »Bücherberg« zum Thema ist wesentlich größer, wobei aber viele Arbeiten auch immer wieder auf die nachfolgend aufgeführten zurückgreifen.

Nicht einzeln erwähnt sind die zahllosen Streckenmeldungen in den Zeitschriften »Schiene«, »Eisenbahnkurier« (EK), »Eisenbahn-Magazin« (EM), »Lok-Magazin« (LM) und »DGEG-Nachrichten«. Ohne diese meist kurzen, aber in letzter Zeit erfreulicherweise mehr Raum gewinnenden Sachstandsberichte hätte sich die Arbeit an diesem Buch wesentlich schwieriger gestaltet.

Ein besonderes Dankeschön muß den Pressestellen der einzelnen Bundesbahndirektionen ausgesprochen werden. Mit großer Geduld haben sie teilweise sehr detaillierte Fragen ebenso detailliert beantwortet, was oft mit mühsamen Nachforschungen innerhalb der Bahnverwaltungen verbunden gewesen sein dürfte.

A) Übergreifende Darstellungen

Biermer, Magnus: Die Preußisch-Hessische Eisenbahngemeinschaft, Giessen 1911
Deutsche Reichsbahn (Hg.): Die Deutschen Eisenbahnen in ihrer Entwicklung 1835-1935, Berlin 1935
Döhn, Hans: Eisenbahnpolitik und Eisenbahnbau in Rheinhessen 1835-1914, Diss. Mainz 1957
Dröll: 60 Jahre hessische Eisenbahnpolitik 1836-1896, Leipzig 1912
Fiegenbaum, Wolfgang: Nebenbahnen in Deutschland, Stuttgart 1981
Fricke, Hans-Joachim: Die innerdeutsche Grenze und ihre Auswirkungen auf den Schienenverkehr, Landsberg-Pürgen 1980
Fuchs, Konrad: Eisenbahnprojekte und Eisenbahnbau am Mittelrhein 1836-1903, Diss. Mainz 1953
Fuchs, Konrad: Die Erschließung des Siegerlandes durch die Eisenbahn, Wiesbaden 1974
Gottwald, Alfred und Roggenkamp, Helmut: Lok-Magazin Jahrbuch bzw. Jahrbuch Schienenverkehr, Bände 1-5, Stuttgart 1982-1986
Hoppstädter, Kurt: Die Entstehung der Saarländischen Eisenbahnen, Saarbrücken 1961
Hoppstädter, Kurt: Die Entstehung des Eisenbahnnetzes im Moseltal und in der Eifel, MS ungedruckt, 1963
Kind, F. W. R.: Entwicklung und Ausdehnung der Eisenbahngesellschaften im niederrheinisch-westfälischen Kohlengebiet, Leipzig 1908.
Klee, Wolfgang: Preußische Eisenbahngeschichte, Stuttgart 1982
Kufahl, Andreas und Alteneder, Wolfram: Die Nebenbahnen der DB Nürnberg, Bonn 1986
Kuntzemüller, Albert: Die Badischen Eisenbahnen, Karlsruhe 1953
Marggraff, Hugo: Die Königlich Bayerischen Staatseisenbahnen, Nachdruck Stuttgart 1981
von Mayer, Arthur: Geschichte und Geographie der Deutschen Eisenbahnen, Nachdruck Moers 1984
Mihailescu, Peter-Michael und Michalke, Matthias: Vergessene Bahnen in Baden-Württemberg, Stuttgart 1985
Mühl, Albert: Die Pfalzbahn, Stuttgart 1982
Mühl, Albert und Seidel, Kurt: Die Württembergischen Staatseisenbahnen, Stuttgart 1970
Müller, Karl: Die Badischen Eisenbahnen, Heidelberg 1904
Pressedienst der BD Hamburg (Hg): 100 Jahre Eisenbahndirektion Hamburg, Hamburg 1984
Rogl, Hans Wolfgang: Abseits der großen Strecken, Düsseldorf 1983
Rossberg, Ralf Roman: Grenze über deutschen Schienen, Freiburg 1980
Staisch, Erich: Hauptbahnhof Hamburg, Hamburg 1981
Sturm, Heinz: Die pfälzischen Eisenbahnen, Speyer 1967
Supper, Otto: Die Entwicklung des Eisenbahnwesens im Königreich Württemberg, Nachdruck Stuttgart 1981

Totsuka, Kendso: Geschichte des hessischen Eisenbahnwesens, Diss. Gießen 1909
Weigelt, Horst: Bayerische Eisenbahnen, Stuttgart 1982
Wolff, Gerd: Die Privatbahnen in der Bundesrepublik Deutschland, Freiburg 1984
Zeitler, Walther: Eisenbahnen in Niederbayern und der Oberpfalz, Weiden 1985
Zeitler, Walther und Hufschläger, Helge: Die Eisenbahn in Schwaben, Stuttgart 1980
Zimmer, Gerhard: Die Entstehung der Eisenbahnstrecken in der Eifel, in: Eifel-Jahrbuch, Düren 1973

B) Für einzelne Strecken wurde darüber hinaus noch folgende Literatur verwendet:

Strecke:
133: Feldmeier, Hans: Die Eisenbahn in Kiel, Freiburg 1980
158: Ludwig, Ralf: Ende einer Heidestrecke, in: EM 12/81
202: Hülsmann Lothar: Der Haller Willem, Lübbecke 1983
204: Menninghaus, Werner: 100 Jahre Eisenbahn in Lippe, Lübbecke 1981
216: Gaida, Hans-Jürgen: Dampf zwischen Weser und Ems, Stuttgart 1979
218: Knoblauch, Uwe: »Aus nach 100 Jahren«, in EM 8/1983
231: Höltge, Dieter: Braunschweigs Eisenbahnen und Straßenbahnen, Gifhorn 1972
249: Högemann, Jürgen: Eine Hauptbahn ohne Zukunft, in: EK 11/84
256: Löttgers, Rolf: Hundert Jahre Ilmebahn, in: LM 123
257: Nöldeke, W.: Die Kursbuchstrecke 202, in: LM 10
261: v. Mallersdorf, W.: Nach 18 Jahren . . ., in: EK 4/85
283: Seebach, Bernd: GmP nach Werne, in: EM 4/81
364: Löttgers, Rolf: Abschied von zwei Nebenstrecken, in: LM 109
367, 369, 425: Baaden, Michael: Zwischen Lahn und Dill, in: DGEG-Nachrichten Nr. 61
412: Mylenbusch, Fritz: Die Geschichte der Oberbergischen Eisenbahnen, Gummersbach 1965
421: Baaden, Michael: Einstellung des Personenverkehrs der Eisenbahnstrecke Siershahn-Altenkirchen, in: DGEG-Nachrichten Nr. 62,
Löttgers, Rolf: Hundert Jahre und zwei Tage, in: EM 2/84
434: Jakubowski, Hans-Joachim: Nebenbahnen in der Eifel, in: Eisenbahn-Illustrierte, 1/1982
452, 453, 454, 457: Rockelmann, Ulrich: Turmbahnhöfe, in: Welt der Eisenbahn, 11/1980
460: Steinhauer, Günter: Die Eisenbahnstrecke Mönchengladbach Hbf – Rheydt-Geneicken – Rheydt-Odenkirchen, in: DGEG-Nachrichten Nr. 75
494, 495: Herdam, Wolfgang: Die Köln-Bonner Eisenbahnen, Freiburg 1981
Palm, Stefan: Durchs Vorgebirge, in: EM 11/85
522: Hertwig, Roland: Rückzug aus Nordhessen, in: EK 4/85
528: Eckert, Dieter: Die Lumdatalbahn, in: EM 5/85
545: Eckert, Kurt: Klein- und Nebenbahnen im Taunus, Augsburg 1978
Münzer, Lutz: Nebenbahnknotenpunkte heute, in: LM 113
548: Kopp, Klaus: Die Aartalbahn, Wiesbaden 1983
601: Kemp, Klaus: Die Ahrtalbahnen, Freiburg 1983
606: Tröster, Gerhard: Zum Beispiel Dudenroth, in DGEG-Nachrichten, Nr. 55
627, 631: Schiffhauer, Helmut: Die Eisenbahn in und um Karthaus, in: Eisenbahn-Illustrierte 12/1983
635: Tröster, Gerhard: Köllertalbahn ade!, in: DGEG-Nachrichten Nr. 69
644: Tröster, Gerhard: Im besten Alter beerdigt, in DGEG-Nachrichten Nr. 48
731: Gerber, Rainer: Die Kandertalbahn, WdE-Sonderheft 4, Grenzach 1980
821: Klebes, Günther: Die »Seekuh«, Freiburg 1978
872: Ehm, Rainer: Zum Abschied vom »Falkensteiner Bokkerl«, in: DGEG-Nachrichten Nr. 63
885: Bräunlein, Manfred: Die Entstehung der Nebenbahn Nördlingen – Dinkelsbühl – Dombühl, in: EK 8/85
901: Nething, Gunther: Bahnstrecke Göppingen – Gmünd wird stillgelegt, in: DGEG-Nachrichten Nr. 59
941: Geiger, Martin: Dampfroß ohne Feuer, Wasserburg 1982
Schüssler, Clemens: Bald nur noch Busbetrieb? in: EK 2/1985
10001/10006: Rogl, Hans Wolfgang: Die Nordsee-Inselbahnen, Düsseldorf 1980.
Kurverwaltung Spiekeroog (Hg): Wie es begann . . ., Spiekeroog O. J.

Bildnachweis

J. Eckardt	S. 126
P. Hoyme	S. 165 o, u
L. Kenning	S. 38 o, u, 78 u, 84 o, 93, 94 o, 95, 141 u, 142 o
F. Lüdecke	S. 40, 147 o
P.-M. Mihailescu	S. 228, 229 u
F. Weidelich	S. 234

sowie aus der Sammlung W. Fiegenbaum Aufnahmen folgender Bildautoren:

G. Bartling	S. 54 o, 73 o, 175 u, 181 o, 260
R. Bruch-Reinhaus	S. 104 u, 105
L. Kenning	S. 50, 131 o, 140 o
N. N.	S. 153 o, 193 o, 205 u
R. Schöbinger	S. 254, 255 o
H. Sickert	S. 156 o, u, 186 o, 190, 198, 199, 204, 205 o, 207, 236, 237, 238, 239 o, u, 240, 241, 242 o, u, 243, 244 o, u, 246 o, u, 247, 270 o, u, 272 o, 273 u, 274, 275 o, u, 276, 277, 278 o, u, 280 o, 281 u, 282, 283, 286, 290, 291 o, u, 294, 295
K.-H. Sprich	S. 154 u, 155 o, 232 o, u, 233, 280 u, 281 o

Alle anderen Aufnahmen stammen von den Autoren.

REPUBLIK
FRANKREICH
DEUTSCHLAND
SCHWEIZ
ÖSTERREICH
TSCHECHOSLOWAKEI
LUX.
HUNSRÜCK
PFÄLZER BERGLAND
PFÄLZER WALD
TAUNUS
WESTERWALD
VOGELSBERG
RHÖN
SPESSART
ODENWALD
THÜRINGER WALD
FRANKENWALD
FICHTELGEB.
OBERPFÄLZER WALD
BÖHMERWALD
BAYERISCHER WALD
STEIGERWALD
FRANKENHÖHE
FRÄNKISCHE ALB
SCHWÄBISCHE ALB
SCHWARZWALD
VOGESEN
ALLGÄUER ALPEN
BREGENZER WALD
LECHTALER ALPEN
KARWENDEL
KITZBÜHLER ALPEN
SALZBURGER ALPEN
KÖLN
BONN
KOBLENZ
TRIER
SAARBRÜCKEN
METZ
NANCY
STRASBOURG
MULHOUSE
BASEL
ZÜRICH
FRANKFURT
WIESBADEN
MAINZ
DARMSTADT
MANNHEIM
HEIDELBERG
KARLSRUHE
STUTTGART
FREIBURG
WÜRZBURG
NÜRNBERG
REGENSBURG
AUGSBURG
MÜNCHEN
INNSBRUCK
SALZBURG
PASSAU
ERFURT
GERA
ZWICKAU
KARL-MARX-STADT
PLZEŇ